完美转身

刘海燕 编著

其实PPT设计没那么难！

中国铁道出版社
CHINA RAILWAY PUBLISHING HOUSE

内 容 简 介

本书主要介绍了制作演示文稿之前如何进行素材的收集与整理，在制作时是否选择模板或自行原创，在PPT使用过程中要掌握的平面设计知识，幻灯片中文本对象以及图形对象的设计理念，如何在幻灯片中体现数据和关系，以及如何使用动画提高幻灯片的演示水平和档次，最后从演讲的角度介绍了如何进行完美的PPT展示等内容。

书中不再像基础书那样只讲PowerPoint软件操作，而是介绍PPT使用理念与心得体会。全书语言轻松，版式美观，排版灵活，案例时尚新颖，体例丰富，体现人文化、个性化。

本书定位于有一定PPT使用基础的公司管理人员、行政人员、文秘、企业员工、老师及公务员等。特别对于想要提升PowerPoint案例水平的读者有很大的启示作用。

图书在版编目（CIP）数据

完美转身：其实PPT设计没那么难！/刘海燕编著
北京：中国铁道出版社，2012.10
ISBN 978-7-113-15117-1

Ⅰ．①完… Ⅱ．①刘… Ⅲ．①图形软件 Ⅳ．①TP391.41

中国版本图书馆CIP数据核字（2012）第171092号

书　　名：完美转身——其实PPT设计没那么难！
作　　者：刘海燕　编著

策划编辑：张亚慧　　读者热线电话：010-63560056
责任编辑：苏　茜　　编辑助理：王　婷
特邀编辑：余　洋　　责任印制：赵星辰

出版发行：中国铁道出版社（北京市西城区右安门西街8号　　邮政编码：100054）
印　　刷：北京米开朗优威印刷有限责任公司
版　　次：2012年10月第1版　　2012年10月第1次印刷
开　　本：787mm×1 092mm　1/16　印张：14.75　字数：344千
书　　号：ISBN 978-7-113-15117-1
定　　价：49.00元

我们为什么要编写这本书

我没有专业的平面设计知识；

我不会复杂的软件操作；

我不知道什么样的风格适合我；

模仿对于我来说都很困难；

我更没有时间去精雕细琢；

……

可我依然希望自己尝试着做PPT；

我讨厌每次演示都要假手于人；

更讨厌千篇一律的模板样式；

我也想成为一个职场PPT达人；

尽管我觉得这是多么困难！

如果你也存在以上的忧虑；如果你从未接触过PPT，却希望了解它；如果你只是PPT初学者，感觉学习没有头绪；如果你想让演示文稿与众不同，大放异彩；如果你对PPT设计心生向往，却望而却步，**那么，本书正好能够帮助到你！**

现在市面上关于PPT的书籍层出不穷，有的按部就班教你如何学习软件操作，让你从技术上全面突破PPT；有的教你如何进行版式设计、颜色搭配、文字变形……抛给你众多的平面设计知识。不过在实际工作中，我们并没有必要成为一个PPT高级技工，也没有可能让所有人都成为平面设计师。

而本书并没有传授给你那些让人枯燥的操作技术方法，也不会抛给你太多的平面设计知识塞满你的大脑，让你在制作PPT的过程中无时无刻不因担心有悖设计常识而感到惶恐。

我们仅想要告诉你：其实PPT设计没那么难！没有所谓的高级技巧，没有一成不变的规则，没有固定的模式，也没有最完美的方案。你就是你，你不需要成为任何人，因为每个人都可以成为PPT达人，只要你在工作环境中发挥自我优势，将优势放大并融汇到你的PPT作品中，就会看到意想不到的效果。

这就是思维的力量，《完美转身——其实PPT设计没那么难!》将教会你如何抛开操作技能，掌握设计理念，引导自己去开发无限创意。

本书定位于有一定PPT使用基础的公司管理人员、行政人员、文秘、企业员工、老师及公务员等。特别对于想要提升PowerPoint案例档次的读者有很大的启示作用。

由于编者经验有限，加之时间仓促，书中难免会有疏漏和不足之处，恳请专家和读者不吝赐教。

编 者

2012年6月

CONTENTS
目 录

Chapter 01

第一章

PPT的素材收集与整理

磨刀不误砍柴工。动手制作PPT之前，我们也需要对PPT的素材进行一些收集和整理，理清制作PPT的大概思路，才能提高制作的效率。

PPT红宝书……>> 01

Concise Information

From Word

从Word文档中提炼信息

随着PowerPoint 软件的不断升级，PPT制作与设计的水平不断进步，越来越多的人认识到，PPT不只是一种常见的办公工具，它还是一种简单实用的设计工具。

不过，我们不得不承认，辅助演示是PPT最初的任务，也是PPT的根本任务。除了设计人员以外，大多数使用PPT的人都是为了让自己的演示更加清楚明了。

在实际工作中，PPT内容并不是凭空想象出来的，它一定来源于某些事件或素材。例如Word 文档、Excel表格、电子邮件、出版物、图片、视频等各种各样的素材，如图1-1所示。

图1-1 PPT的材料来源

而在这些素材中，我们使用最为广泛的就是Word文档。在PowerPoint中有一项功能是根据Word文档来创建PPT，具体做法是打开PowerPoint软件后，单击“新建幻灯片”按钮的下拉按钮，在其下拉菜单中选择“幻灯片（从大纲）”命令，然后在打开的对话框中选择目标Word文档即可，如图1-2所示。

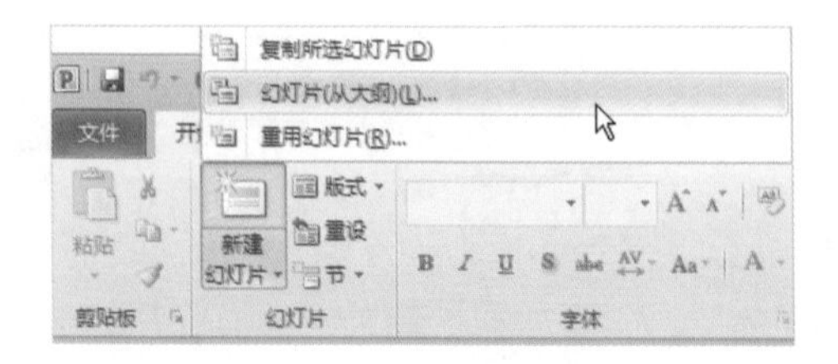

图1-2 将Word文档创建为PPT

这种方式最大的优点就是节省时间，但是它却存在着很多弊端。例如，当Word文档没有规范的大纲级别时，用它来创建的PPT就可能出现结构混乱的情况；另外，利用此方法创建PPT，将默认为把Word文档中所有带大纲级别和项目符号的文字复制到PPT中，这反而加重了我们整理PPT的工作量。

为了避免不必要的麻烦，建议大家使用手动创建PPT的方法，从Word文档中摘录需要演示的内容。由此一来，就需要对Word文档的内容进行处理。接下来，将举例说明在Word文档中精练信息的技巧。

如图1-3所示为一份“营销主管的职责和任务”Word文档。

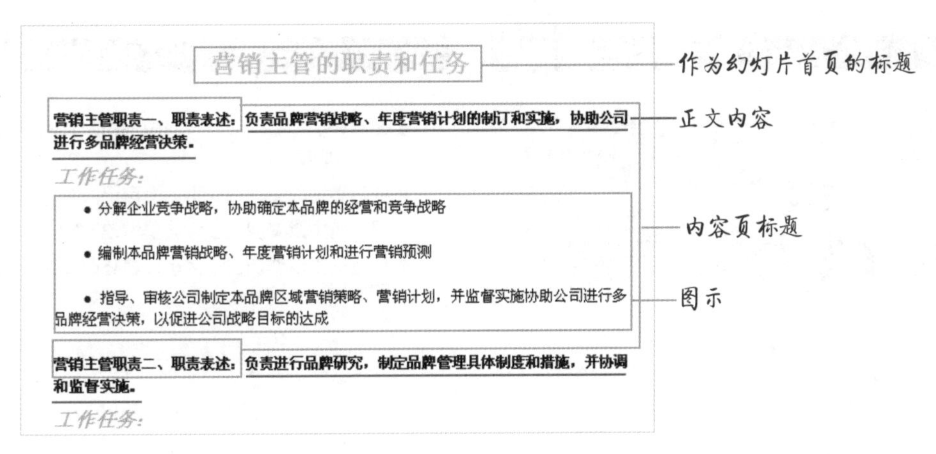

图1-3 精练Word文档中的文字

在这份文档中，我们直接将文档的标题作为PPT的标题，然后将正文中的每一个“营销主管职责”作为每张内容幻灯片，把“工作任务”制作成简单的图示，最终效果如图1-4所示。

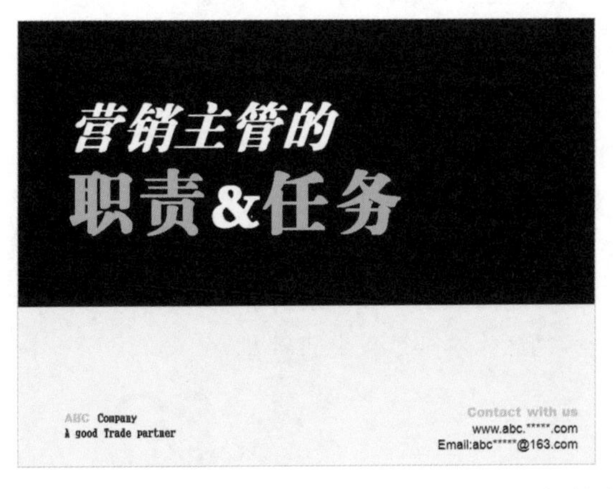

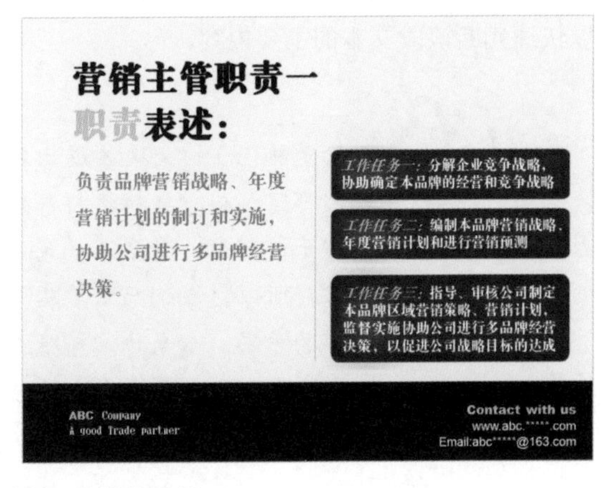

图1-4 将文档创建为PPT的最终效果

以上的案例比较特殊，Word文档内容已经浓缩过了，我们可以把内容区分好之后，直接把相应的文本复制粘贴到PPT中即可。但是有些时候就没有这么省事了。也许你的老板或上司会给你一个未经整理的、篇幅较长的文档，例如发言稿、演讲词等。这个时候，我们除了要划分各级标题和内容之外，还需要提炼每部分的摘要。因为PPT不是Word文档，它要演示的是演讲者在演讲过程中的整个逻辑框架和中心内容，并不是演讲者所说的每一个字。

接下来，请观察下面一组PPT，如图1-5和图1-6所示。

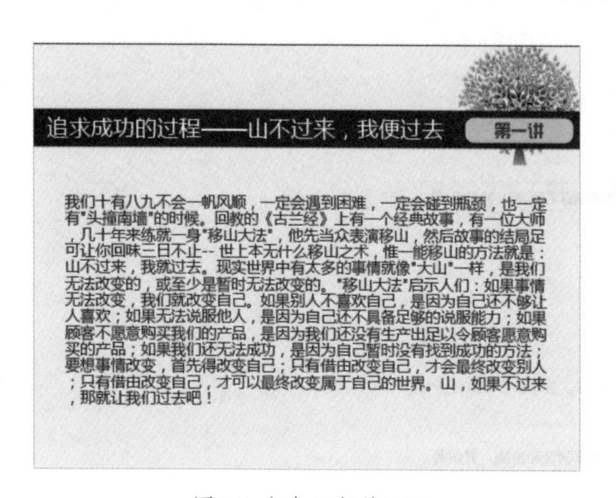

图1-5 文本冗长的PPT

追求成功的过程——山不过来，我便过去
第一讲

- 如果我们还无法成功，是因为自己暂时没有找到成功的方法。
- 要想事情改变，首先得改变自己。
- 只有借由改变自己，才会最终改变别人。
- 只有借由改变自己，才可以最终改变属于自己的世界。

图1-6 简洁明了的PPT

如图1-5所示的PPT中，制作者将素材文档中所有的文本内容都复制到了PPT中，虽然保持了内容上的绝对完整性，但是这样的PPT不仅降低了可读性，还不利于受众对主要内容的掌握。而如图1-6所示的PPT，将文档中的文本进行提炼，这样就使PPT中的内容一目了然了。

为了节约精练文本的时间，建议重点阅读每段文本的首句和尾句。一般来讲，从首尾句可以快速判断该段文本的主要内容。

无论是从PPT的美观程度出发，还是从PPT的实用性出发，我们都建议尽量保持幻灯片内容文本简洁明了。因为在有限的演示过程中，受众不一定能记下在演示文稿上展示的所有内容，所以，我们只需要提炼每条信息的概要，让受众明白大概的意思。如果你希望受众能够记住你演示过程中的所有内容，则可以向受众分发演示讲义。

PPT红宝书……>> 01

Collection And
Analysis Of Data

整理与分析数据资料

除了文本以外，数据是PPT中使用最广泛的素材之一。无论是销售情况汇报、财务分析，还是社会现象的调研、学术论文的分享，都离不开对数据的分析和处理。

也许你已经很擅长Excel、SPSS等数据分析软件的使用了，但是将它们搬到PPT中，这些数据就必须参与到你的演讲中来。在此，将与大家分享在制作PPT的过程中，整理与分析数据资料的技巧。

数据处理三部曲

- 检查数据
- 按受众特质展示数据
- 选择图表的形式

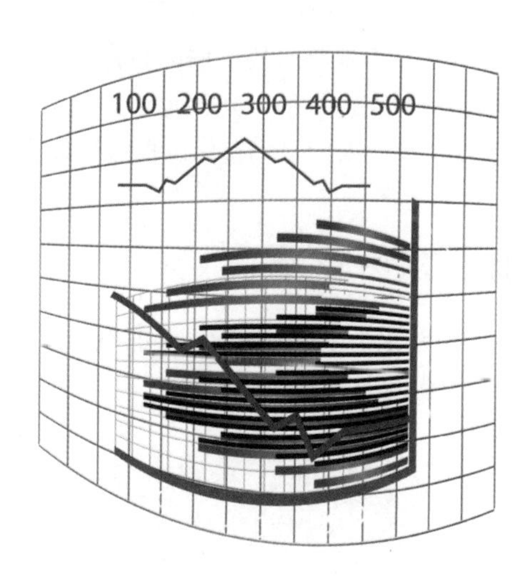

1 检查数据

之所以要在PPT中提供数据，就是希望通过这些量化的元素，让自己要传达的观点和信息更加可信和科学。因此，我们必须要具有严谨的态度，不要抱有侥幸的心理，认为一点小纰漏可以逃过受众的眼睛。文本中的错误，不足以摧毁你的演示，但是数据上的错误一定能带给你不小的尴尬。提醒大家，在使用数据之前，务必要对数据进行反复验证和推敲。如图1-7所示为数据的检验步骤。

图1-7 数据的检验步骤

数据的来源一定要保持真实性，看看它是否来源于行业或公司的真实情况，或者是否来源于可信的官方网站，不要将来历不明的数据作为自己观点的基础。另外，数据的时效也很重要，最好采用最新的数据。最后，建议重新推论数据的正确性，这样既能减少失误，还能更熟悉自己提供给受众的“证据”。只有你认真对待数据，数据才会认真对待你。

2 按受众特质展示数据

在此所提到的受众特质主要是指受众的身份。按照身份的不同，我们要有目的性地选择所要演示的数据，如图1-8所示。

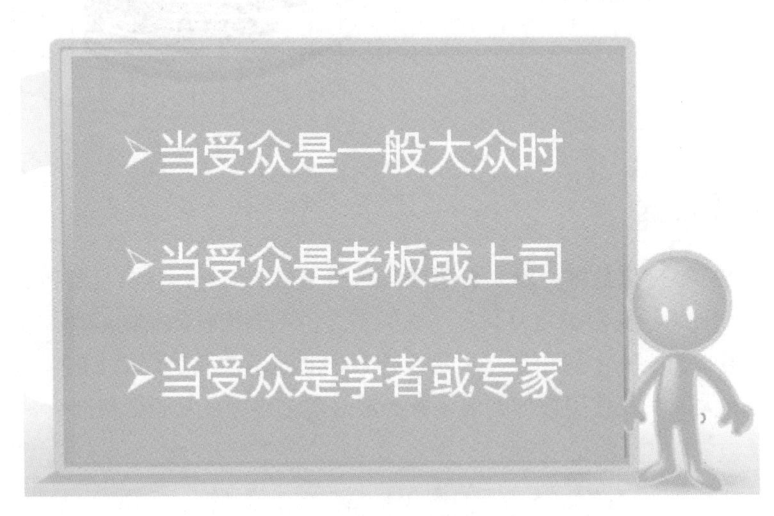

图1-8 数据的受众

※ **当受众为一般大众时**：例如向你的客户、目标消费群体、公众公开一项财务状况或调查报告时，你需要注重数据所要说明的结果，整个推论的过程可以简化。因为一般大众并不是数据分析员，他们更关心结果。

※ **当受众为老板或上司时**：如果要将数据演示给老板或上司，一定要确保数据的完整性，且在演示过程中，要尽量突出数据的阶段性或对比性。

※ **当受众为学者或专家时**：在学术性的会议上，经常将数据演示给学者或专家，这时需要注意数据的理论来源，以及整个方法推论过程的科学性。在这种情况下，数据的推论过程比结果更重要。

3 选择图表的形式

如果前期已经确保了数据的准确与真实，也按照受众选择了需要演示的数据，那么接下来的一步就是选择用什么样的形式将数据搬到PPT中了。我们常用的形式有文本、图示、表格和图表，如图1-9所示。

图1-9 展示数据的形式

选择什么样的形式由制作者自己决定，只要考虑到两点即可：1. 怎么让数据的展示更加生动、形象、容易理解；2. 怎么让数据的展示适合PPT的风格，并且具有美感。

PPT红宝书……>> 01

To Creat

A Clear Outline

创立明确的提纲

创立明确的PPT提纲已经是老生常谈了。特别是在一个长篇幅的PPT中，如果事先没有一个明确的提纲，就会像瞎子摸象一样，既不会有全局的把握，也很难在细节上找到方向。

在此我们依然提到这个问题，并不是像例行公事一样平铺直叙，而是希望可以用这样的方式，提醒大家，一个明确的提纲在制作PPT过程中所具有的重要性。

在日常生活中，无论是公文、会议报告还是课件等，都需要事先拟出一个提纲。这个提纲就如同书的摘要和目录，不仅让作者在写作的过程中能始终抓住主线，找到逻辑结果，也能让读者在看书的过程中快速进入主题。

有明确的提纲

才会有清晰的逻辑

我们又从提纲说到逻辑了。为什么"逻辑"这个词会在PPT的设计与制作中出现得如此频繁呢？因为贯穿整个PPT的，联系你与受众的关键就是逻辑。

有人认为，建立一个明确的逻辑就是从封面、目录到内容结束逐一罗列出来就行了。那么，只能说你还不太了解提纲的作用。接下来，将从三个方面介绍如何创建一个明确的提纲。

1 分析演示的环境与受众

这是每个人在做PPT之前首先需要弄明白的。我们是在什么时候演讲，都有哪些人关注，在什么样的环境中进行演讲，我们有多少时间来演讲？甚至包括前一个演讲者与后一个演讲者大概是什么情况？这都可以事先了解的，如图1-10所示。

- 我在什么时候演讲？
- 我对谁演讲？
- 我有多少时间可以演讲？
- 我能脱颖而出吗？

图1-10 需要思考的问题

把这些问题作为第一个考虑因素，写在草稿纸上。然后将自己设想为受众，置于这样的演讲环境中，闭上眼睛思考，接下来你希望看到一个什么样的演示。并把你的感受写下来。

这一步可以帮助我们客观地、快速地选择用什么样的形式和风格来演示我们的内容。

2 罗列信息的先后顺序

如果明天我就要进行一次演讲，那么我一定会在家先预演几遍。例如：走上台去先与在座所有人士打招呼。接着做个简短的自我介绍，然后以一个幽默的小故事引入我要演讲的话题。进入主题之后，我首先卖个关子给受众，把我所有的证据一件一件抛给受众，最后和受众一起引出我想要得到的结论……

以上只是一个假设。但是在实际的操作过程中，就是要以这样一种方式来进行。把你的整个演讲当做一次舞台剧，因此在上台之前，你需要无数次排练，在这个排练过程中，将你的设想、台词、证据，甚至你的包袱按顺序记录在纸上。用它作为制作PPT的“剧本”。

3 搭建PPT的整体框架

“封面、导航页、PART 1内容页、PART 2内容页……PART 6内容页、封底。”

这是传统PPT的篇幅结构，绝不是我们所说的PPT的整体框架。真正有操作意义的框架，应该是从逻辑出发来安排你的信息结构。例如：总分结构、并列结构、因果结构、对比结构、转折结构等。

> 基本的逻辑关系就是以上提到的几种，复杂的无非是将这些关系重新组合而成。
>
> 但是，在PPT的制作中，我们一定要将逻辑关系结构简单化，把复杂的关系转化为一个一个基本的关系。切勿把你的PPT当做悬疑片的剧本，让受众看得摸不着头脑。

PPT红宝书……>> 01

Recommendation Of

Useful PPT Websites

常用的PPT素材网站介绍

随着信息技术的不断发展，我们的工作和生活不再是闭门造车的时代了，网络给我们带来了越来越丰富的分享，也给我们提供了越来越多的便捷。

与时俱进是这个时代的精神，只有多学习别人的作品，才会知道自己的差距，才会知道目前的流行元素。原创并不等于拒绝任何值得学习的东西。

拒绝学习的“原创”就是固步自封

1 收藏PPT素材与教程网站

在我们制作PPT的时候，常常因为素材的缺乏而苦恼，现在，向大家介绍一些PPT素材和教材网站，希望能带给大家更多的制作和设计灵感。

※ 锐普PPT论坛（http://portal.rapidbbs.cn/）：国内最牛的PPT网站，也是最活跃最专业的PPT交流社区，该网站提供海量免费的素材和教程，如图1-11所示。

图1-11 瑞普PPT论坛

※ 锐普PPT商城（http://www.rapidppt.com/index.php）：锐普PPT商城所提供的素材和案例是需要收费的，但是其演示效果绝对让你耳目一新，如果你希望制作高水准的PPT，这个网站就值得收藏了，如图1-12所示。

图1-12 锐普PPT商城

※ slideboom网站（http://www.slideboom.com/）：这家网站是Ispring公司参与开发的，网站在线展示诸多的精彩作品，对于希望制作超炫动画效果PPT的朋友来说，是非常有帮助的，该网站上的案例或素材在注册之后就可以免费下载了，如图1-13所示。

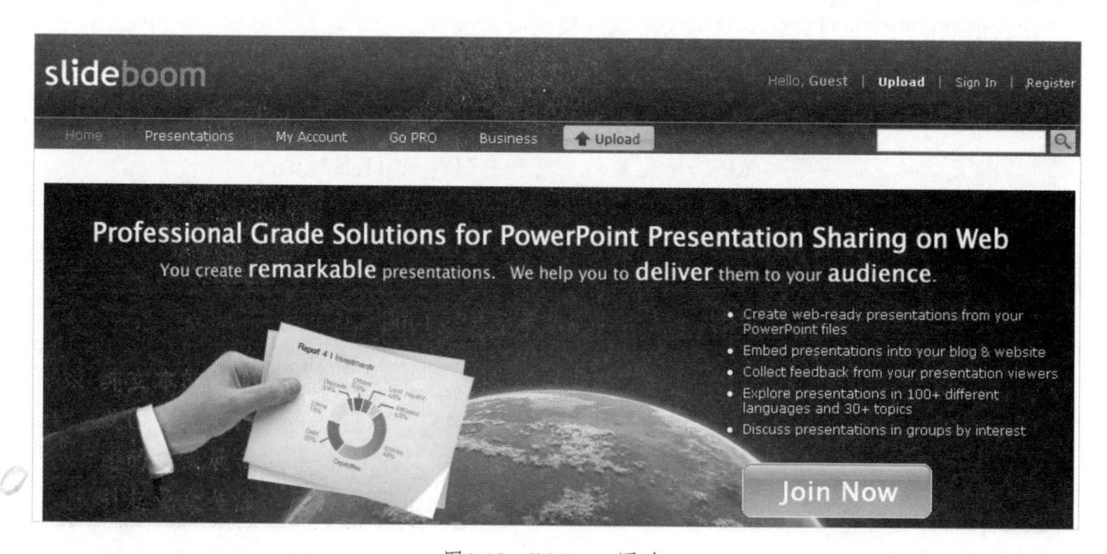

图1-13 slideboom网站

※ slideshare网站（http://www.slideshare.net/）：它是全球影响最大的一个专业PPT网站，成立有六年之久了。以开发和分享商务PPT模板著称。其模板多以欧美风格为主，是商务PPT制作者的学习宝典，如图1-14所示。

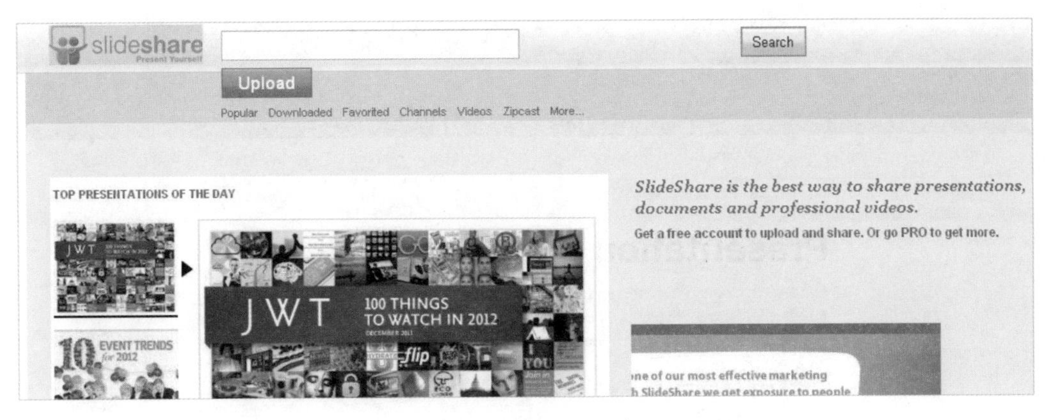

图1-14 slideshare网站

※ PPT天堂网站（http://pptheaven.mvps.org/）：PPT天堂网站与锐普网站有过合作，它是国内最知名的外国PPT网站了。该网站也是侧重于PPT的高级动画和交互效果的，从这个网站上可以让你了解目前全球范围内，PPT的动画发展到了什么水平，如图1-15所示。

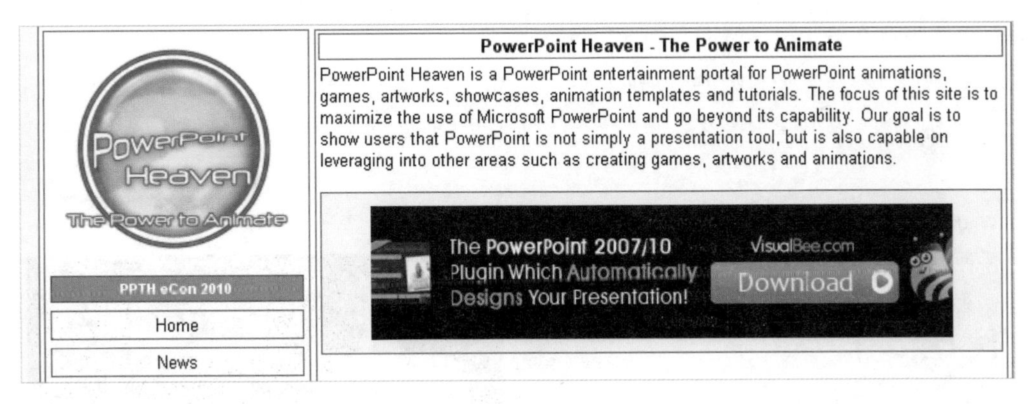

图1-15 PPT天堂网站

2 关注PPT达人的个人网站或博客

凡是有兴趣深入了解PPT的人，大概都知道《演说之禅》这本书，它所讲解的不是幻灯片软件的功能和操作，而是如何从思想上、方法上来思考幻灯片演示，它确实给很多制作PPT的人带来了希望和启迪。因此，《演说之禅》的作者加尔雷纳德被称为PPT教父，同时这本书也被看作是PPT领域的启示录。

如图1-16所示即为教父加尔雷纳德的个人网站（http://www.garrreynolds.com/index.html）。该网站不仅成为演讲者获得演示技巧的圣地，也是很多PPT设计与制作人员汲取养分的圣地。

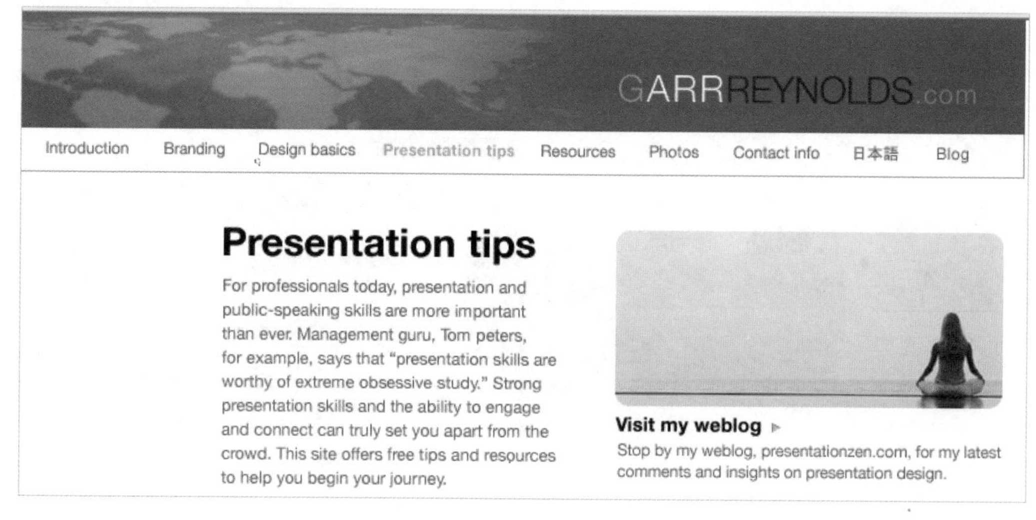

图1-16 加尔雷纳德的个人网站

由此可以看出，关注PPT大师或PPT达人的个人网站、博客或微博，我们也可以获得不小的收获。下面将向大家介绍一些个人博客和网站。

※ 如图1-17所示为世界级PPT演说家Nancy Duarte的个人网站，她不仅在PPT的创意设计和色彩搭配上让人望尘莫及，在PPT演示的技巧上也是颇负盛名的。

图1-17 Nancy Duarte的个人网站

※ PPT设计及其他（http://pptdesign.blogbus.com/），是国内比较出名的博客。其作者大乘起信被很多PPT制作者誉为“前辈”。他的博客更新较慢，但是每篇博文都是精髓所在，能带给人不小的启发，如图1-18所示。

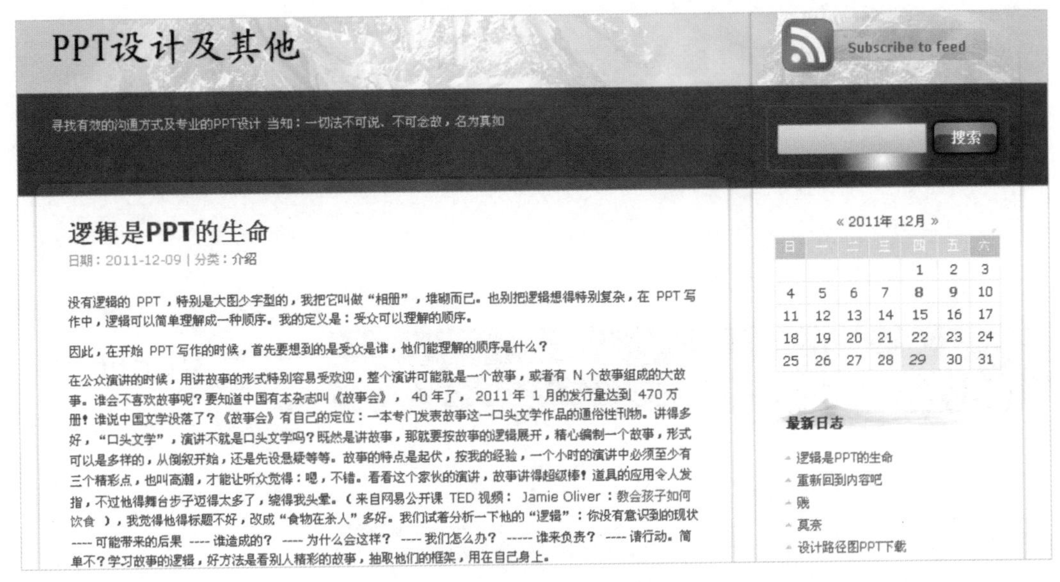

图1-18 大乘起信的博客

※ 70man网站（http://www.70man.com/），如图1-19所示，它不同于大乘起信的PPT博客。从网站主页上的标签可以看出，这里已经聚集了很多PPT达人了，包括孙小小、般若黑洞、秋叶等，且有更多的人在不断地加入。在这个网站中，就可以向各位达人取经了。

图1-19 70man网站

3 收藏图片与图标等素材网站

在制作PPT的时候常常需要一些适合的图片或图标，而这些素材可能在剪辑管理器、Microsoft官网中很难找到，那么，下面给大家介绍两个网站，可能会有所帮助。

※ 如图1-20所示为123vectors网站，其中可以下载各种各样的图片、矢量素材、图标等，同时还可以学到很多关于设计的知识。

图1-20 123vectors 网站

※ 如图1-21所示为InterfaceLIFT网站，在这个网站中可以根据分辨率大小下载背景图片，另外还有图标等素材可供下载，更新比较快，图片质量很高。

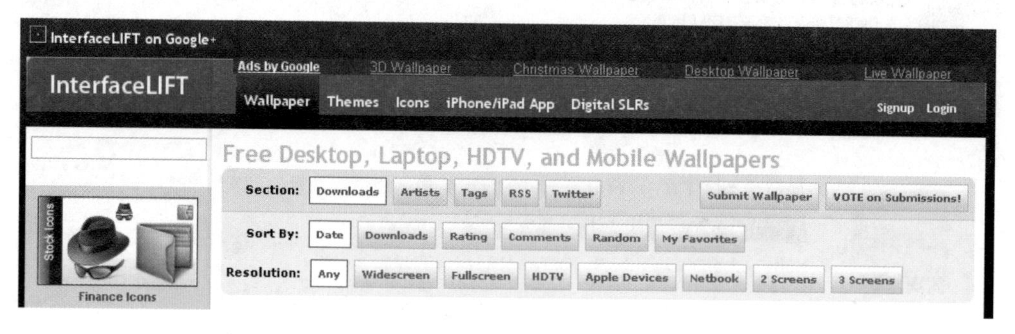

图1-21 InterfaceLIFT

Chapter 02

第二章

PPT模板，该套用还是该原创

我们喜欢使用PPT模板，是因为很多时候它能节省我们的时间和精力；然而我们又讨厌使用PPT模板，因为它禁锢我们的思想，剥夺我们的创造力。

PPT红宝书……>> 02

Select Ready-Made Templates

选择现成的模板

“我对PPT不熟悉，你能给我一个PPT模板吗？”

类似这样的问题，你可能询问过别人，也可能被别人询问过。在我们刚刚接触PPT的时候，要亲自完成一份PPT，对于我们来说是很棘手的事。这个时候，“模板”就成了我们的救命稻草，有了模板，我们仿佛看到了希望，有了底气。

那么，模板从哪儿来呢？伸手找别人要模板之前，先问问自己，别人的模板又是从什么地方来的。在此，我们将告诉新入门的朋友，PPT模板的两大来源。然后本着“拿来主义”的精神套用现成的模板，也许对这个阶段的你来说是很有帮助的。

1 Microsoft网站内置的模板

在PowerPoint中就有一些PPT模板，它们来自于Microsoft网站。这些模板虽然在美观上不及其他模板，但是简单实用。

例如，打开PowerPoint软件之后，单击“文件”选项卡，选择“新建”选项卡，就可以在“可利用模板和主题”栏中选择适合的模板类型，如图2-1所示。

图2-1 内置模板

例如，选择“可用的模板和主题”栏中的“样本模板”命令，选择“都市相册”选项，然后单击右侧的“创建”按钮，即可创建“都市相册”演示文稿。如图2-2和图2-3所示。

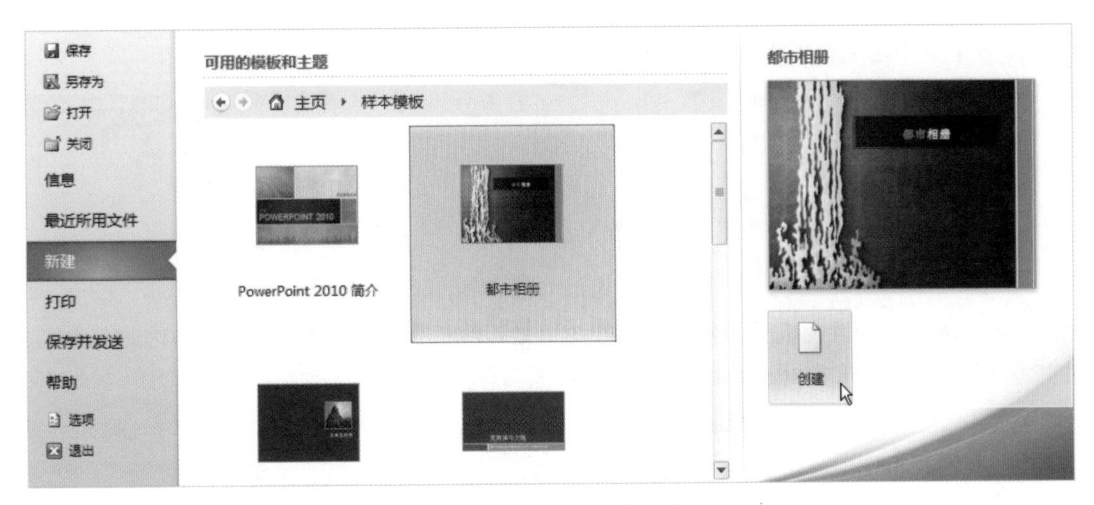

图2-2 根据已选择的模板创建

图2-3 “都市相册”演示文稿

除了样本模板可以选择之外，还可以在“Office.com 模板”栏中根据分类选择所需要的模板。

另外，在Office.com搜索文本框中输入关键字，然后单击其右侧的搜索按钮，则可以在Office.com网站上快速搜索符合要求的PPT模板。

2 网站上下载的模板

Microsoft网站内置的模板虽然创建方便，但是其数量有限，且更新比较慢。因此，大家还可以考虑从网络中下载模板进行套用。

在第一章中我们已经向大家介绍了很多下载免费模板的网站，在此我们具体介绍怎么从网站上下载免费模板使用，以“无忧PPT”网站为例。

在无忧PPT（http://www.51ppt.com.cn/）网站首页导航栏中切换到“PPT模板”选项卡，将进入PPT模板分类选择页面，在其中有“商务模板”、“色彩模板”、“行业模板”、“自然风景模板”、“科技模板”、“会议模板”等几十种模板的类型。单击每个模板分类栏目右侧对应的“更多”按钮，可获得更多的模板，如图2-4所示。

选中模板之后，进入到下载页面，单击“PPT下载地址”超链接，即可将目标模板下载到电脑中，如图2-5所示。例如下载“绿色的初夏-自然PPT模板”，其最终效果如图2-6所示。

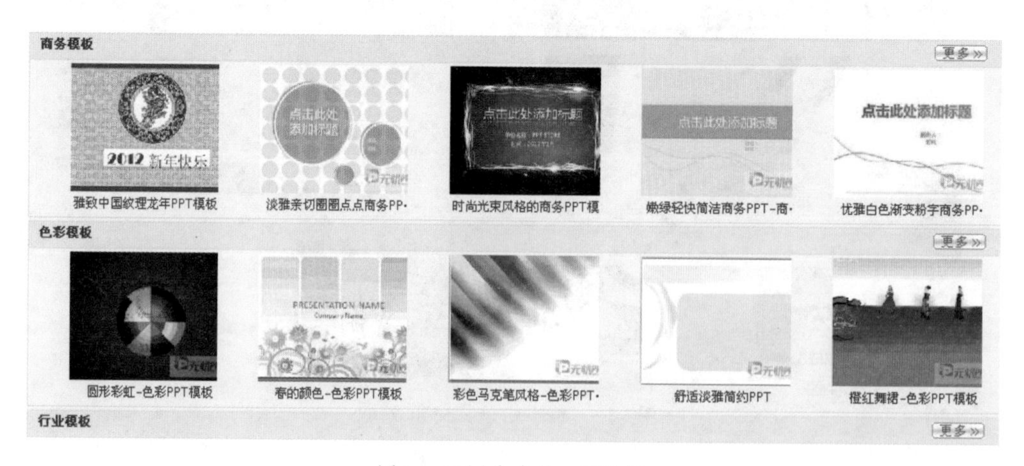

图2-4 不同分类的PPT模板

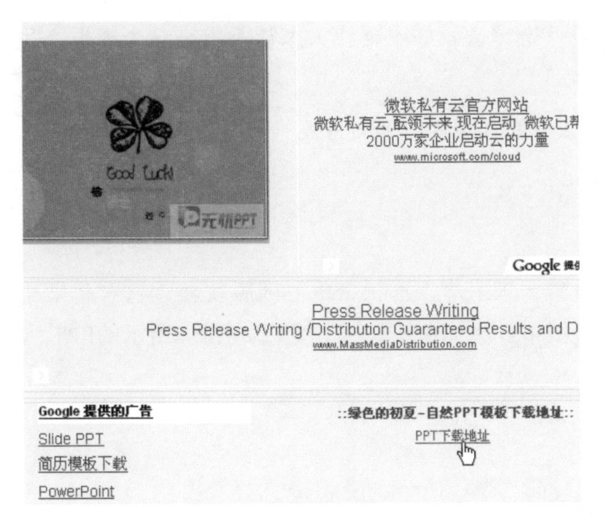

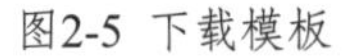
图2-5 下载模板

图2-6 “绿色初夏”模板

PPT红宝书……>> 02

Change Ready-Made Templates
Into other apearance

将现成的模板改头换面

带上面具
未必能认出我

当我们学会应用模板之后，新的问题又出现了。“能不能让我们的模板看上去和别人的不一样？”、“怎么做才可以不让别人发现我用的是现成的模板？”

的确如此，一成不变地套用模板，会让我们觉得不安，心中充满怀疑：大家会不会认为我不会做PPT？是不是用现成的模板会被人鄙视？万一有人和我用一样的模板怎么办？

看过那么多电视剧和小说，我们知

道，一个人要想别人认不出他来，就需要乔装打扮一番。如果要让大家认不出来这个模板，我们也可以把它改头换面。

在PPT中，我们用于乔装模板的最简单方法主要有四种，下面将逐一介绍。

1 增加元素法

增加元素法是指在现成的PPT模板中，增加一些图片、形状、色彩或版块，让它看起来与原模板有所差别。例如，在图2-7所示的现成模板中，添加色块，将其变成如图2-8所示的PPT。

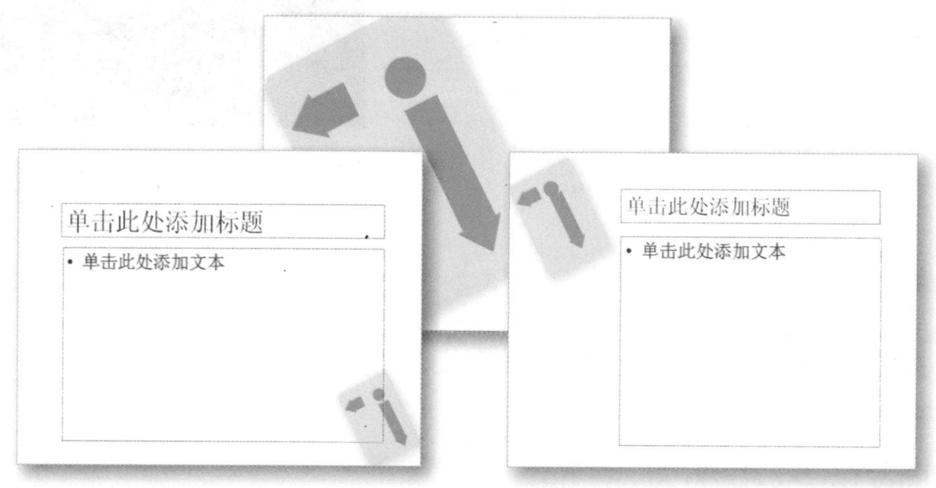

图2-7 现成的模板1

图2-8 改变后的模板1

2 减少元素法

与增加元素法相对，减少元素法是指将现成模板中的某些元素，例如图片、形状、色彩或版块移出。例如，在如图2-9所示的现成模板中，将其中的云朵、色块等元素删除，加以修改后获得如图2-10所示的效果。

图2-9 现成的模板2

图2-10 改变后的模板2

3 改变外形法

改变外形法一般是指改变现成模板中的形状或图片的外形。例如将如图2-11所示模板中的五角星形状改变为椭圆形形状，就得到如图2-12所示的效果。

图2-11 现成的模板3

图2-12 改变后的模板3

4 更换颜色法

从视觉上来看，颜色给人的视觉刺激是最大的。因此更换模板的颜色是改变模板的最简单方式。如图2-13所示的模板，原本是蓝色系的，经过改变后，就变成了红色系的模板，最终效果如图2-14所示。

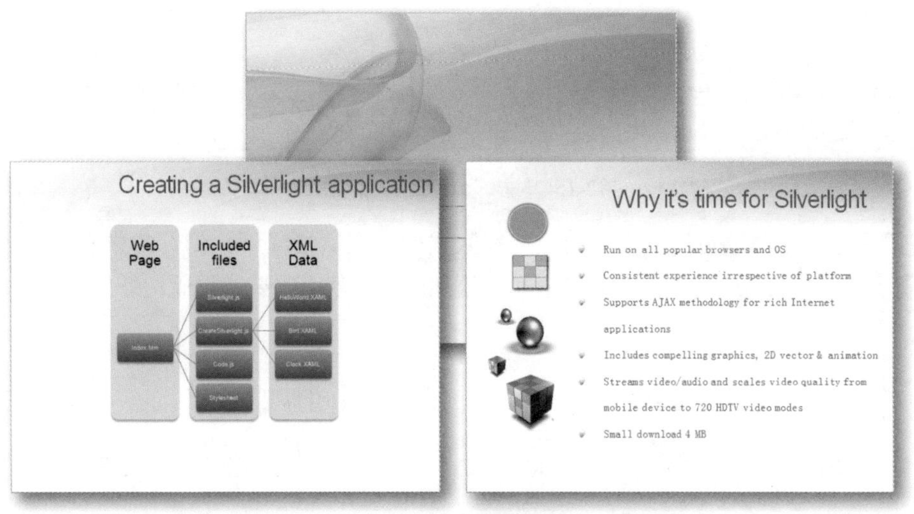

图2-13 现成的模板4

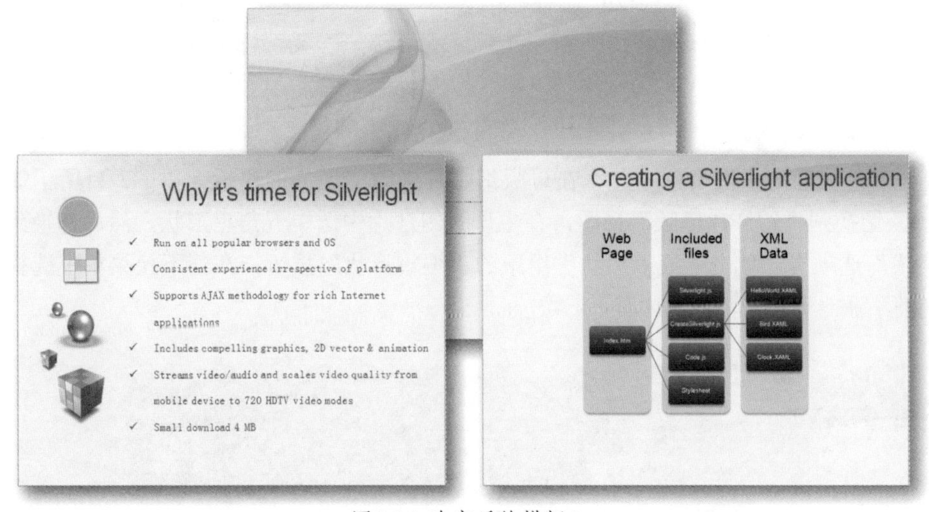

图2-14 改变后的模板4

有的朋友可能在改变模板的时候又遇到了新的问题："我下载的模板完全不能修改，你又是怎么做到改变它的颜色或形状的？"

很多模板都不是在幻灯片编辑窗口可以直接修改的，因为作者在制作模板的时候是在"幻灯片母版"视图中制作的。因此，我们要对模板进行修改的时候，也需要在母版幻灯片中进行。在PowerPoint软件中，切换到"视图"选项卡，单击"母版视图"组的"幻灯片母版"按钮，可进入"幻灯片母版"视图，如图2-15所示。

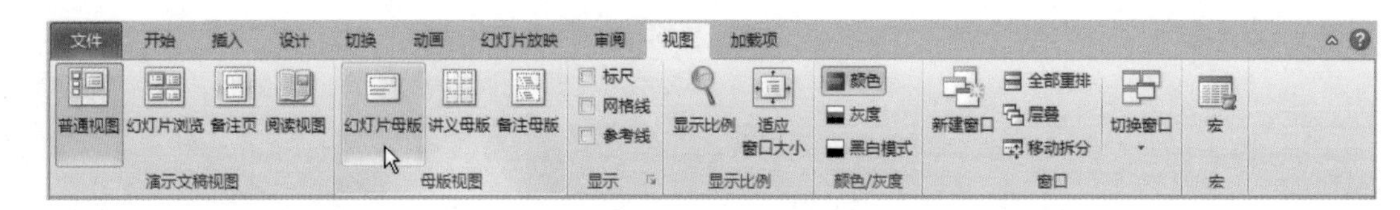

图2-15 单击“幻灯片母版”按钮

幻灯片母版是规定幻灯片中页面设计和版式的，默认情况下，幻灯片中有11种版式，如图2-16所示。如果要改变这些版式，或者重新添加版式，就必须要在母版幻灯片中操作。

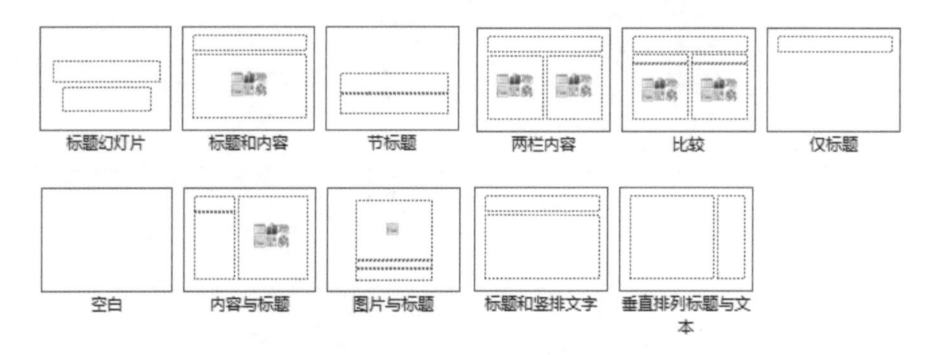

图2-16 11种默认的幻灯片模板

接下来，我们将举例说明，怎么在母版幻灯片中改变现成的模板。以图2-11所示的现成模板3为例，切换到“幻灯片母版”视图，在主母版幻灯片中选中五角星形状，然后切换到“绘图工具 格式”选项卡，单击“插入形状”组中的“编辑形状”按钮，在其下拉菜单中选择“更改形状/椭圆”命令即可，如图2-17所示。

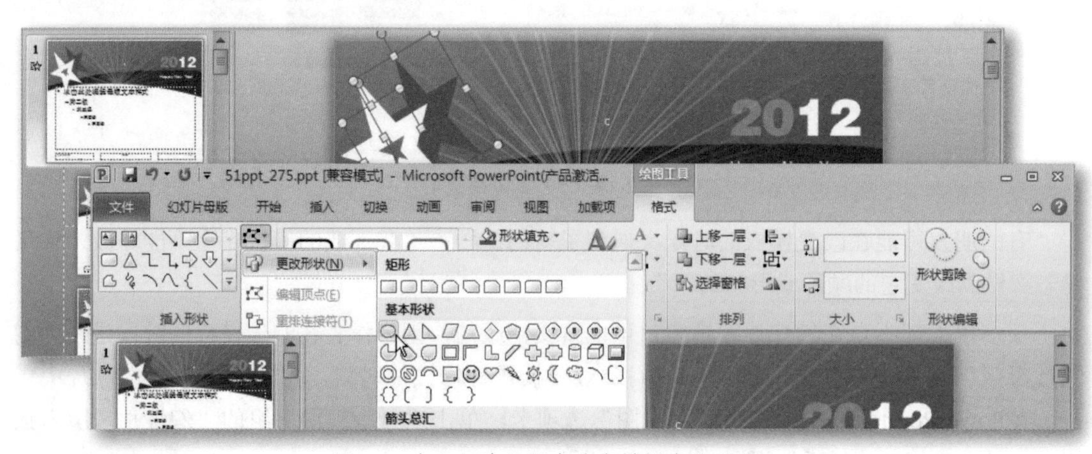

图2-17 在幻灯片母版中改变模板中的形状

PPT红宝书……>> 02

Adjust The Details Of

Ready-Made Templates

调整模板的细节

有时候我们套用了模板，也对模板进行了一系列的改变，但是它看上去依然那么别扭，这又该怎么办呢？如图2-18和图2-19所示。其中图2-18所示为制作者下载的原始模板，而图2-19所示为制作者添加相应文本之后的效果。

图2-18 国外模板

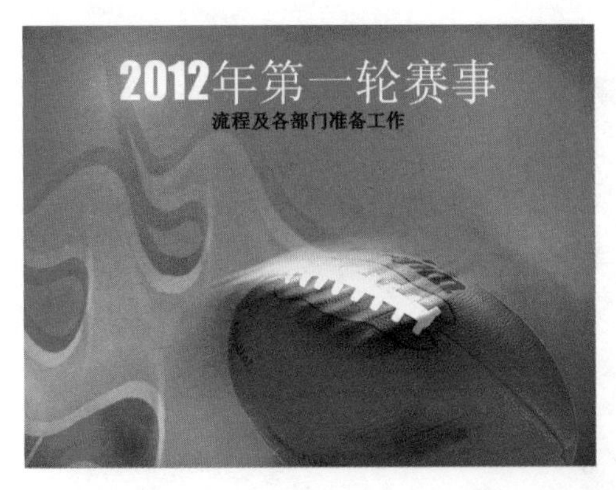

图2-19 添加文本后的效果

这是一款国外模板，当我们在其中输入中文文本的时候，字体就会发生改变，一般会默认为“宋体”字体。与模板最初的文字效果有很大的差异。这是因为模板在设计之初，是以英文文本为基础的。下面，我们将向大家介绍怎么在PowerPoint中调整模板的细节。包括设置模板中文本的格式、添加新的版式、为幻灯片添加LOGO或水印、设置幻灯片的页码格式等。

1 设置模板中的文本格式

为了节省制作幻灯片的时间，我们可以在母版幻灯片中统一设置幻灯片的文本格式。例如在母版幻灯片中调整如图2-18所示的模板中的文本格式，在主母版幻灯片中选中文本框中的文字，然后切换到“开始”选项卡，单击“字体”下拉按钮，在弹出的列表中选择“方正大黑简体”，如图2-20所示。

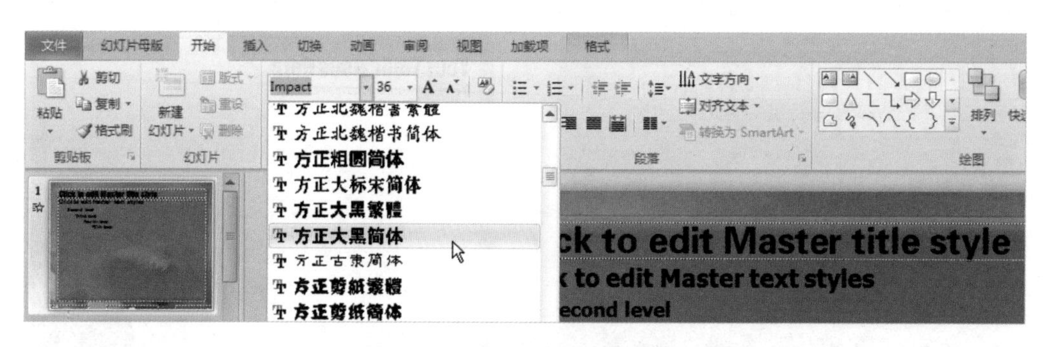

图2-20 调整模板中的文本格式

接下来，按照同样的方式调整标题和内容文本的格式，最后退出“幻灯片母版”视图，在幻灯片中输入相应的中文，就可以得到如图2-21所示的效果。

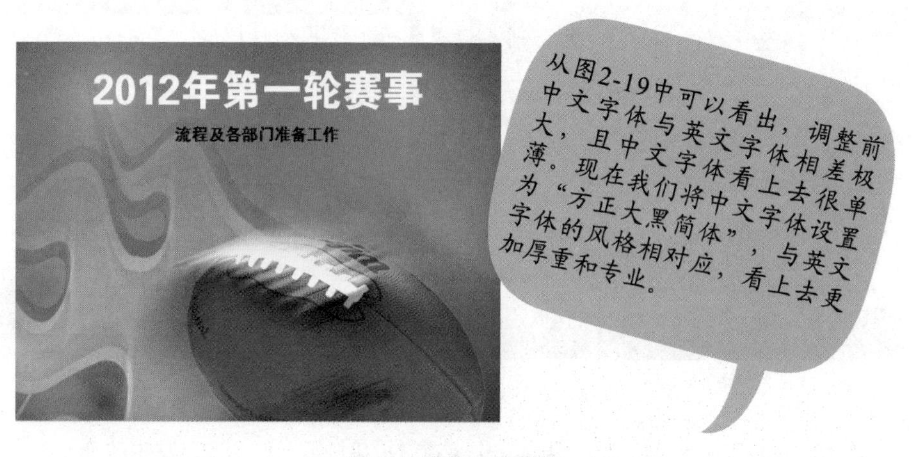

图2-21 调整后的效果

2 添加新的版式

在下载的模板中，不一定设置好的每种版式都适合我们。如果需要按照自己的想法设置新的版式，则可以在“幻灯片母版”视图中添加新版式，下面将介绍添加新版式的具体方法。

在“幻灯片母版”视图中，单击“编辑母版”组中的“插入版式”按钮，这时在母版幻灯片的最后会插入一张新的母版幻灯片。然后单击“插入占位符”按钮的下拉按钮，在其下拉菜单中选择需要的占位符，并调整占位符的位置、大小和格式，如图2-22所示。

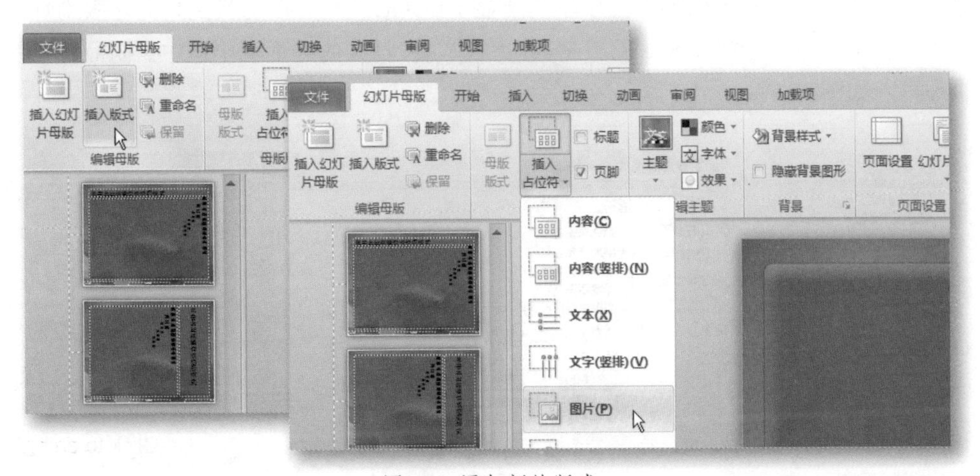

图2-22 添加新的版式

例如，为图2-18所示的模板添加一个图片版式，再添加一个竖排内容文字的版式，效果如图2-23所示。

图2-23 添加的新版式

3 为幻灯片添加LOGO或水印

LOGO在PPT中出现的频率较高，甚至在有些模板中，也有模板制作机构或个人的LOGO。有些朋友下载模板之后没有检查就套用在自己的PPT中，殊不知其中却镶嵌着别人的LOGO。因此，在使用下载的模板时，一定要进入母版幻灯片中仔细检查，将不需要的LOGO、文字等信息删除。如果有必要，可以加入自己的LOGO。

在母版幻灯片中设置LOGO的方式比较简单，通常在主母版幻灯片中的适当位置插入LOGO文字或图片即可。如果在封面幻灯片中不需要显示LOGO，则可以切换到封面母版幻灯片，在空白处单击鼠标右键，选择“设置背景格式”命令，在打开的对话框中选中“隐藏背景图形”复选框即可，如图2-24所示。

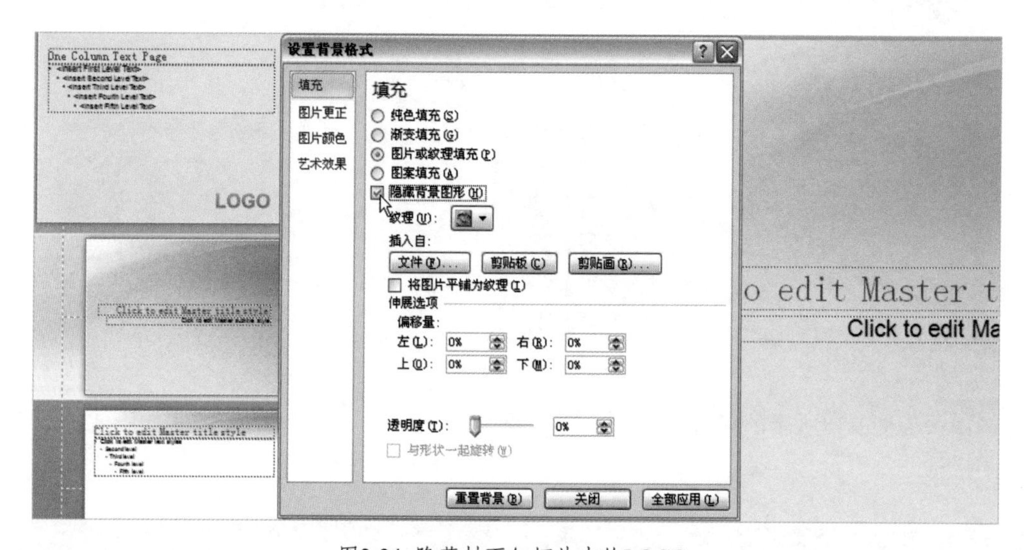

图2-24 隐藏封面幻灯片中的LOGO

另外，水印也是在PPT中可能出现的元素，起到保护版权或广告的作用。水印的添加方式与LOGO的添加方式相似。略有不同的是，水印图片或文字的颜色不宜过深，以免影响主题内容的呈现，另外需要注意的是，水印图片或文字应该始终位于幻灯片的最底层。

4 设置幻灯片页码的格式

默认情况下，幻灯片中不会显示页码。但是在一些篇幅较长的幻灯片中，页码是相当有必要的。在PowerPoint中不仅能够为幻灯片添加页码，还可以添加日期和页脚等信息。其操作方法相似，下面我们将以在幻灯片中设置页码的格式为例具体说明。

首先切换到“幻灯片母版”视图，选中主母版幻灯片，切换到“插入”选项卡，单击“文本”组中的“幻灯片编号”按钮，打开“页眉和页脚”对话框，选中“幻灯片编号”和“标题幻灯片中不显示”复选框，最后单击“全部应用”按钮即可，如图2-25所示。

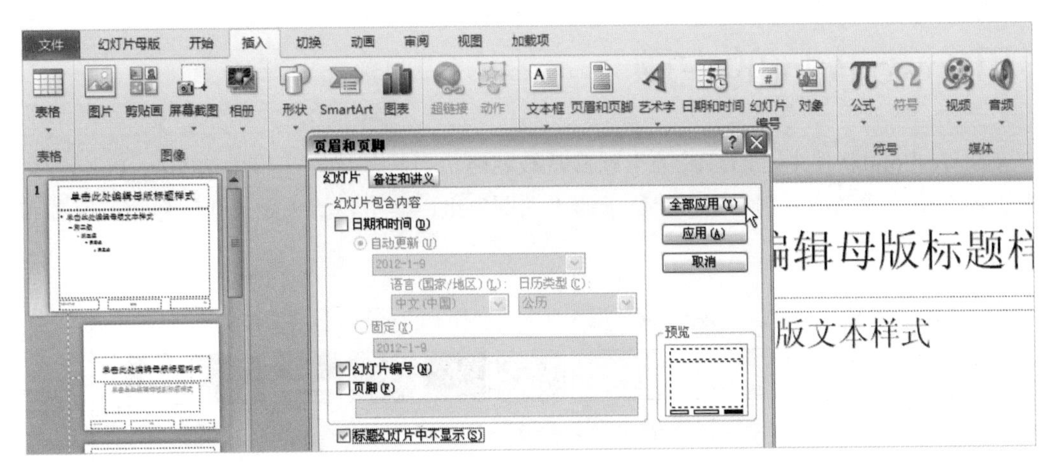

图2-25 为幻灯片添加页码

我们可以看到，在母版幻灯片的右下方，有“ ”这样一个文本框，其中的“#”代表自动编号的页码，我们可以通过对其设置文本格式而改变页码的格式。

另外，当我们设置完格式后，首页幻灯片一般不显示页码，从内容幻灯片开始自动编码，但是页码是以“2”开始的。如果想要使第一张内容幻灯片以“1”开始编码，则需要改变幻灯片页码的起始值。

在主母版幻灯片中单击“页面设置”按钮，打开“页面设置”对话框，将“幻灯片编号起始值”设置为“0”即可，如图2-26所示。

图2-26 设置页码的起始值

PPT红宝书……>> 02

Make The Best Use Of
the theme

善用PowerPoint的主题

在PowerPoint软件中，幻灯片的主题常常被忽略，但它却特别实用。在PowerPoint的“设计”选项卡中，我们能看到如图2-27所示的“主题”组，其中包括主题样式、颜色、字体和效果等。

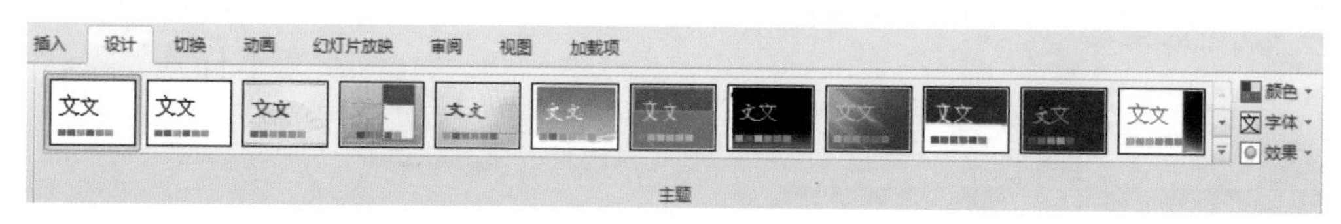

图2-27 “主题”组

单击“主题”组中的“其他”按钮，将打开如图2-28所示的主题样式库，默认情况下，PowerPoint中包含44种内置的主题。另外，还包括“来自Office.com”的12种网络主题。

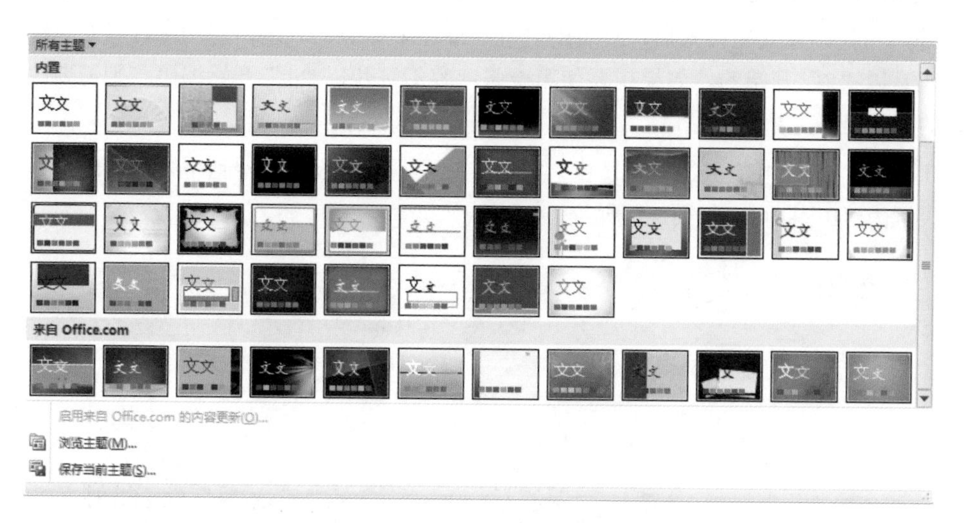

图2-28 PowerPoint的主题

将鼠标光标移动到这些主题选项上可以预览效果，如图2-29与图2-30所示，分别为应用内置主题和网络主题的效果。

图2-29 内置的幻灯片主题

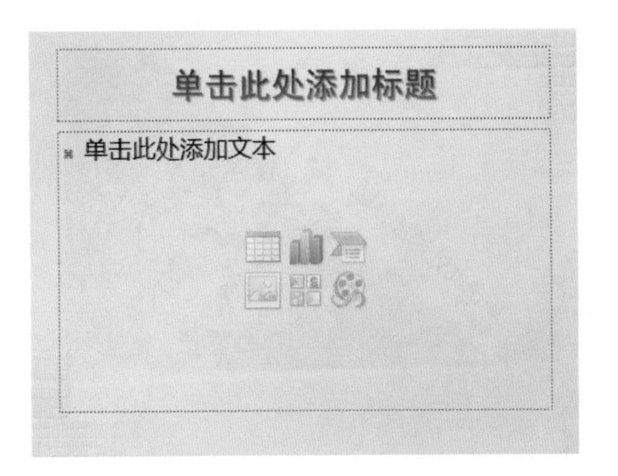

图2-30 来自Office.com的主题

现在，我们已经明白怎么从主题库中选择更多的主题，那么，“主题”组中的“颜色”、“字体”、“效果”功能又有什么玄机呢？接下来将逐一介绍。

1 颜色

单击PowerPoint“主题”组中的“颜色”按钮，在其下拉菜单中可以看到“内置”的主题颜色、“自Office.com”的主题颜色和“自定义”主题颜色。其中内置的主题颜色就有几十种。当选中某种主题颜色时，幻灯片的主题就会发生相应的改变。如图2-31所示的幻灯片，如果为它们选择不同主题颜色，其效果如图2-32所示。

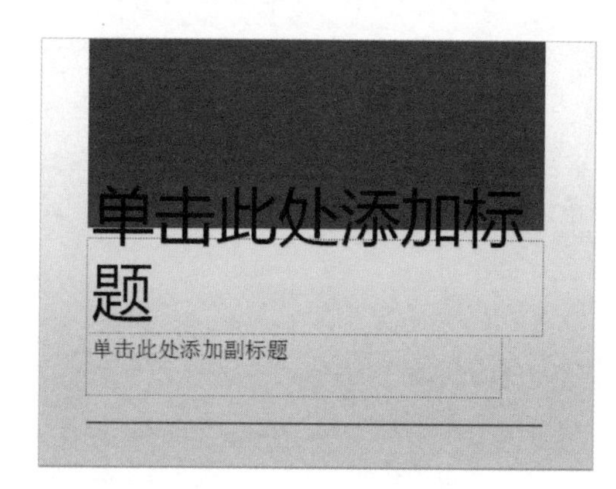

图2-31 不同主题的幻灯片

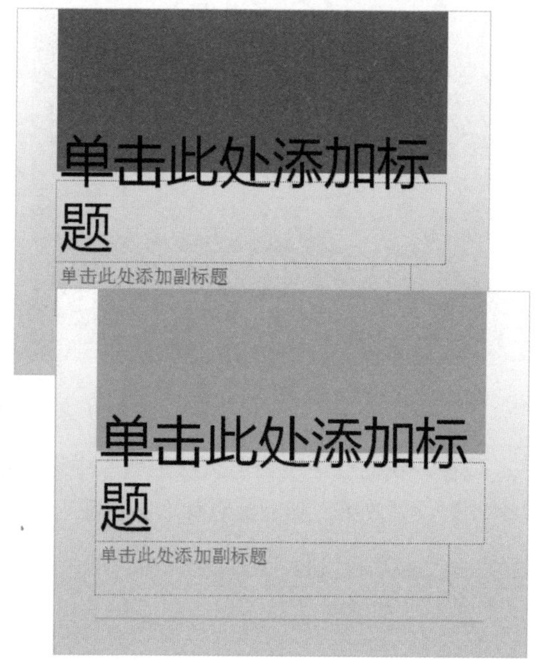

图2-32 改变主题的颜色

如图2-32所示为PowerPoint内置的主题颜色，如果想要根据实际需要，对幻灯片的背景、文本、超链接等设置颜色，则可以单击“颜色”按钮，在其下拉菜单中选择“新建主题颜色”命令，在打开的“新建主题颜色”对话框中，即可对幻灯片各元素的颜色进行自定义设置，如图2-33所示。

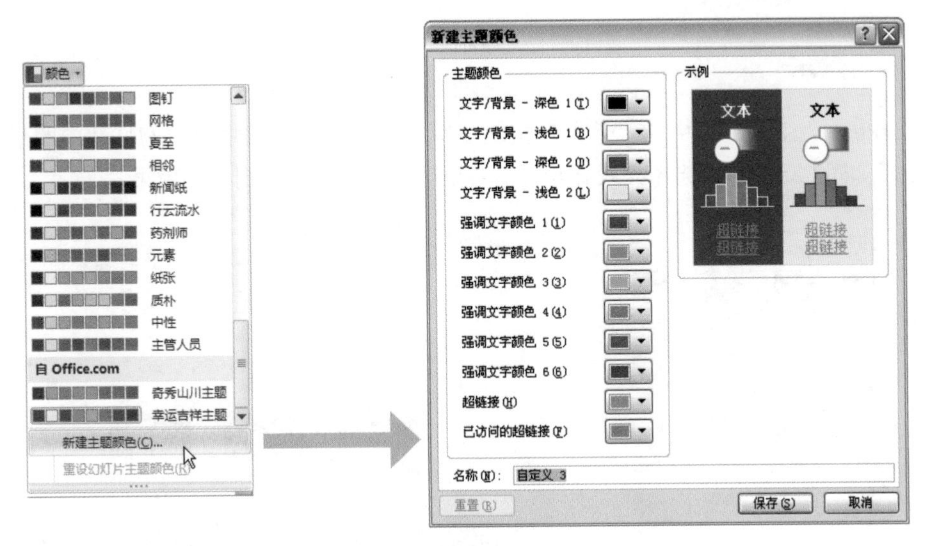

图2-33 新建主题颜色

2 字体

在设置幻灯片中文字的字体时，很多人的习惯是，逐一输入文字，再逐一设置文字的字体。如果想要省时省事，则可以借用主题中的“字体”功能。单击“主题”组中的“字体”按钮，在其下拉菜单中可以选择标题文本和内容文本的字体。同样，如果想要重新组合标题和内容的字体，则可以选择“新建主题字体”命令，在打开的对话框中自定义字体，如图2-34所示。

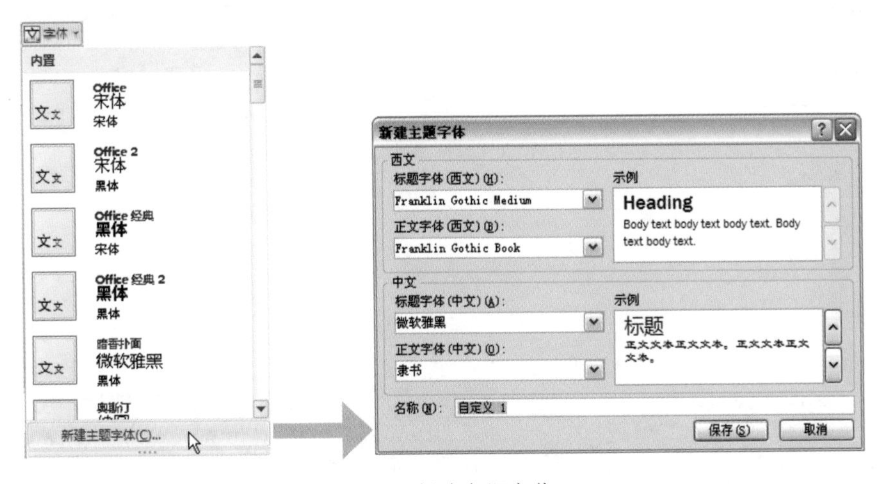

图2-34 新建主题字体

3 效果

PowerPoint“主题”组中的“效果”按钮使用频率并不高。它主要对幻灯片中的形状、图示起作用。如图2-35所示为选择“凤舞九天”效果选项之后幻灯片图示的效果。

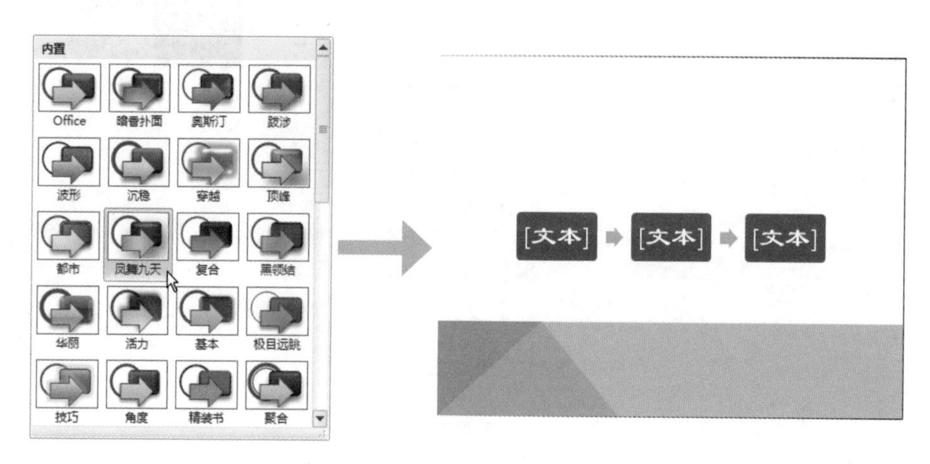

图2-35 选择主题效果

另外，如果希望把某个PPT的样式设置为幻灯片的主题，并且在今后的工作中可以快速套用，则可以单击“主题”组中的“其他”按钮，在其下拉菜单中选择“浏览主题”命令，在打开的对话框中选择目标幻灯片，最后将其保存为幻灯片主题即可，如图2-36所示。

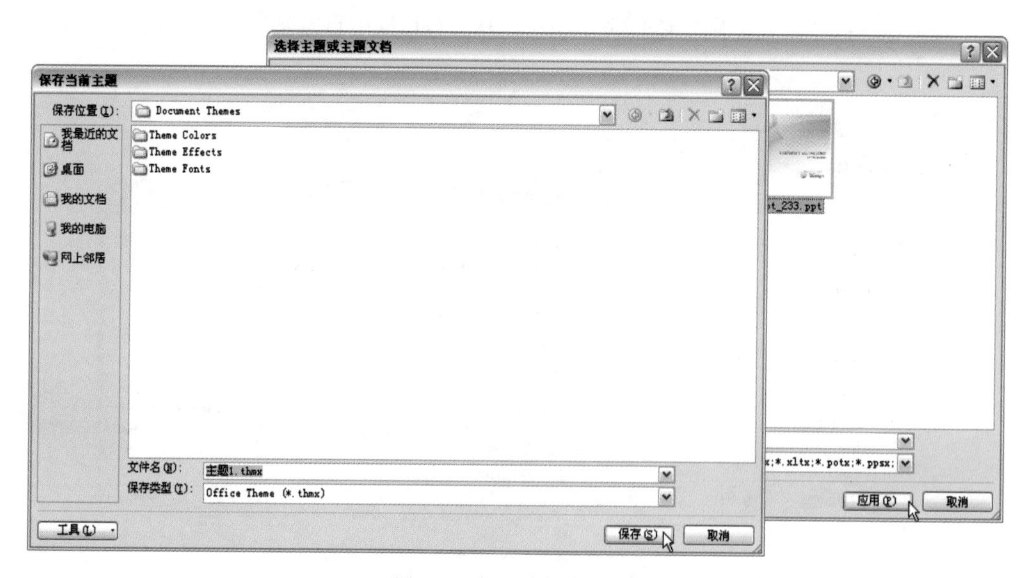

图2-36 套用并保存主题

在“幻灯片母版”视图中，一共有11张幻灯片母版，即PowerPoint默认的11种版式。其中首张幻灯片为主母版幻灯片。在主母版幻灯片中设置格式，插入图片、文字或形状时，其他母版也会有相同的变化。

PPT红宝书……>> 02

The Template
Is Not Required

模板不是必需的

“模板，模板！到底什么样的模板才最适合我呢？”

当我们的脑海中出现这样的疑问时，可否想过，如果没有模板又会是怎样？

想一想，是模板为你工作，
还是你为模板工作

不要让模板变成枷锁，禁锢
你的思维

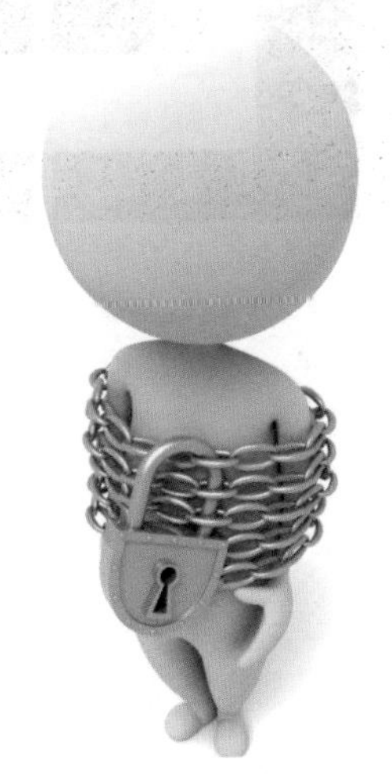

要知道，人们创造模板，只是帮助那些有需要的人快速完成工作。如果你将时间浪费在修改和创造模板之中，显然就本末倒置了。模板是PPT的一项辅助工具，但不是创造PPT的必备环节，没有模板，也可以有好的PPT。

下面一起来分享PPT达人的作品，希望从作品中，你可以得到启发，如图2-37所示。

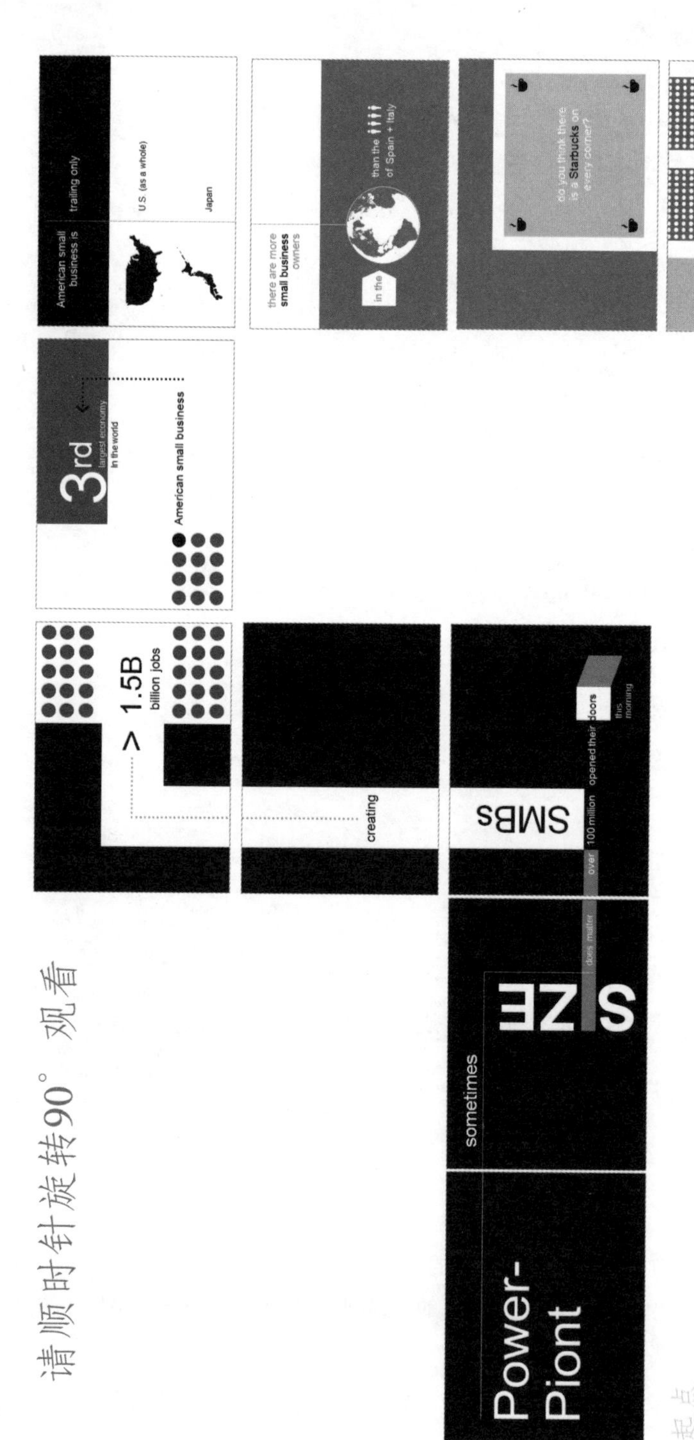

终点

图2-37 PPT达人作品欣赏1

如图2-37所示的PPT作品，要达到这样的创意和效果，绝非模板可以做到的。在没有模板的时候，很多人会失去制作PPT的信心。有没有模板并不重要，重要的是设计PPT的思维，例如图2-38～图2-40所示的幻灯片。

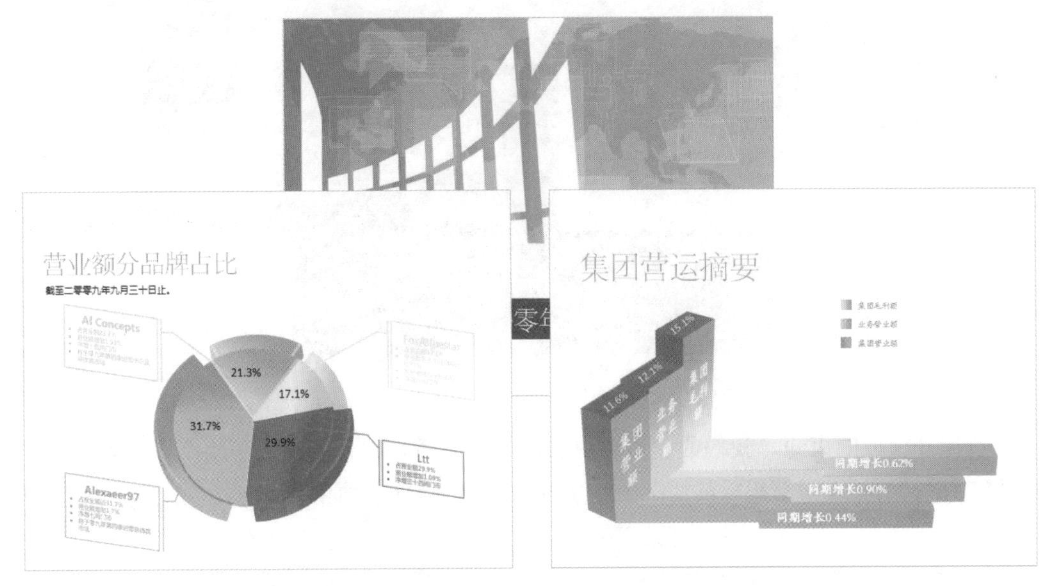

图2-38 普通青年制作的PPT

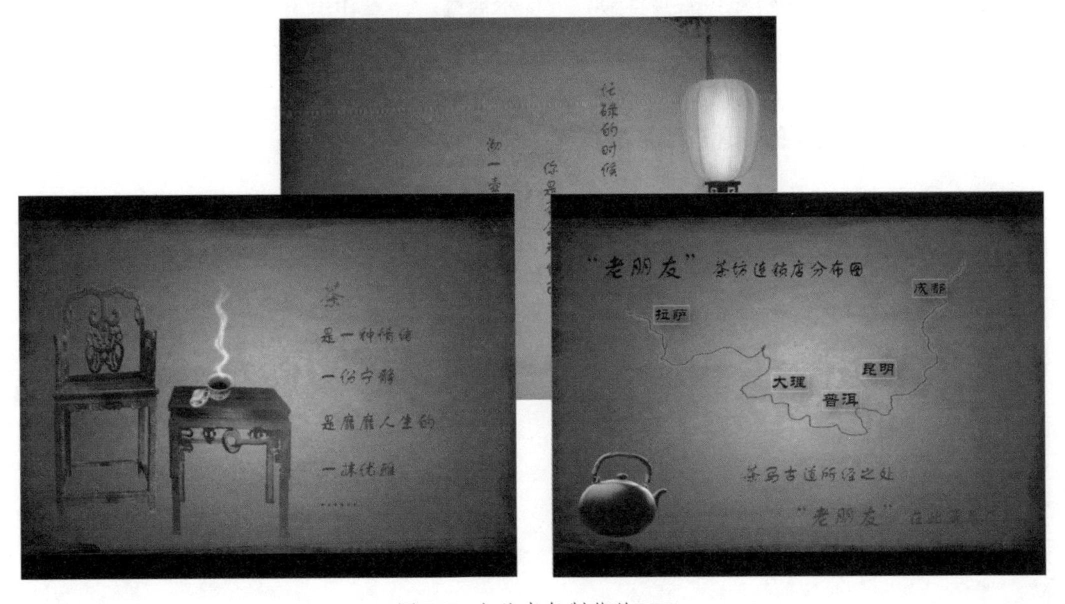

图2-39 文艺青年制作的PPT

图2-40 菜鸟制作的PPT

其实抛开模板的束缚，我们的创造会更加简单、灵活、赋有美感。在此，将向大家介绍三个设计PPT的技巧，在没有模板的情况下，使PPT的设计方便、简单。

1 选择一组颜色

“我该用什么图片做幻灯片的背景呢？”这个问题可能会让很多人纠结。于是，花时间去各大网站收集图片，但又很难制作出风格统一的幻灯片。甚至有的时候会适得其反，让幻灯片显得杂乱，如上图2-40所示的效果。一般而言，一张幻灯片的主要颜色最好不要超过三种。例如底色为深色，那么文字的颜色就最好是浅色，如图2-41和图2-42所示。

图2-41 简单颜色的PPT一

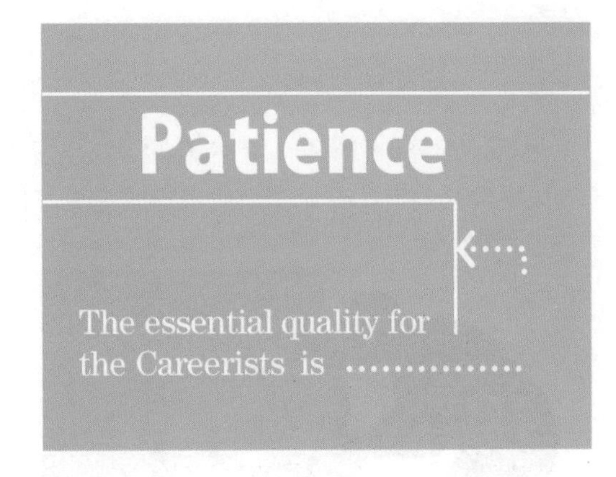

图2-42 简单颜色的PPT二

2 巧妙应用基本形状

越简单的东西就越有创造力，因此，在考虑使用复杂的图案和形状时，我们不要忽略基本形状的力量。如果擅于使用和变形这些基本形状，就能带来意想不到的效果，例如图2-43所示的幻灯片。

一、来自校外的资讯

人学是开放而自由的场所，研究生相对于本科生有更开阔的眼界和汲取知识、资讯处理的能力，相对于时间安排也更为紧凑与理性。在资讯爆炸的年代，知识层面高端、眼界开阔的研究生们是否会认真阅读和参与到我们的校园媒体当中呢?

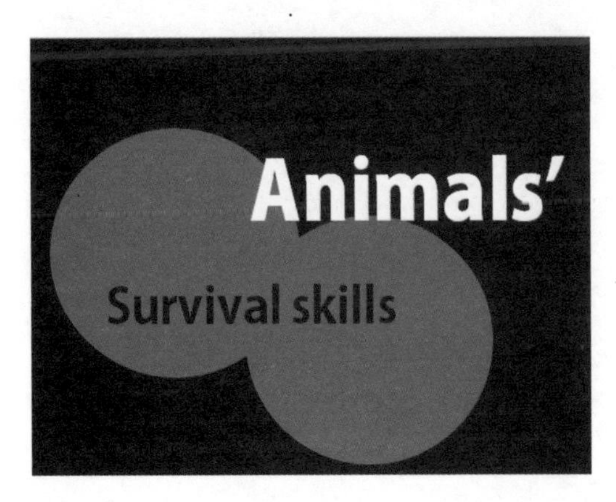

图2-43 使用简单的形状

图2-43所示的左图中，主要使用了矩形、圆形和燕尾形制作成了具有立体感的幻灯片；而在图2-43所示的右图中，直接将两个圆形拼合在一起，用红色和黑色相搭配，使视觉的冲击力更强烈。

3 选择字体

最后，选择一种有创意的字体也是尤为重要的。制作者可以根据自己的喜欢来选择，使用手写风格较强的字体一般会产生不错的效果。例如图2-44所示的幻灯片。

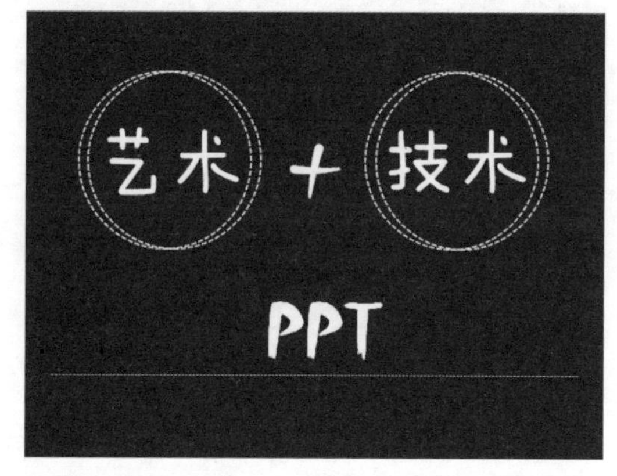

图2-44 选择你喜欢的字体

Chapter 03

第三章

PPT中的平面设计技巧

PPT是一种演示工具，也可以作为一种设计主体，因为PPT是视觉元素的集中体现，因此掌握一定的平面设计技巧对我们制作PPT有很多的帮助。

PPT红宝书……>> 03

All-Pervasive
Graphic Design

无处不在的平面设计

有人肯定会问，我们这本书不是在讲PPT吗？怎么又说到平面设计呢？平面设计被广泛认为是广告业的专属名词，其实不然。在我们的生活中，平面设计无处不在的。如公交车车体广告、书籍装帧、节日促销广告、产品包装等，如图3-1所示。

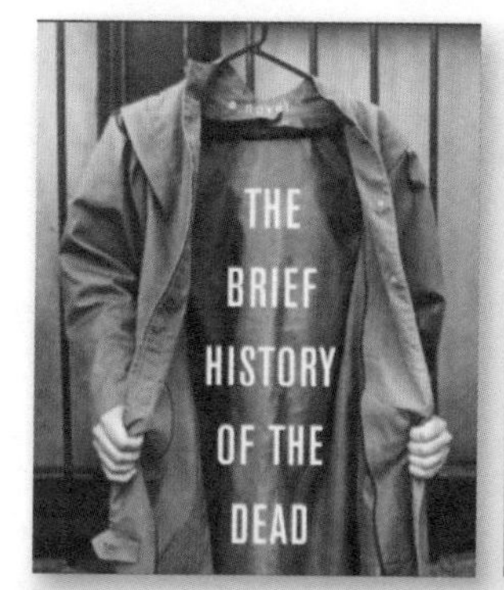

图3-1 生活中的平面设计

除此之外，还有服装上的印花、期刊杂志、相册、请帖、宣传单等等，都是平面设计，包括与PPT比较相近的网页，也都有平面设计的影子，例如图3-2所示的创意网页。

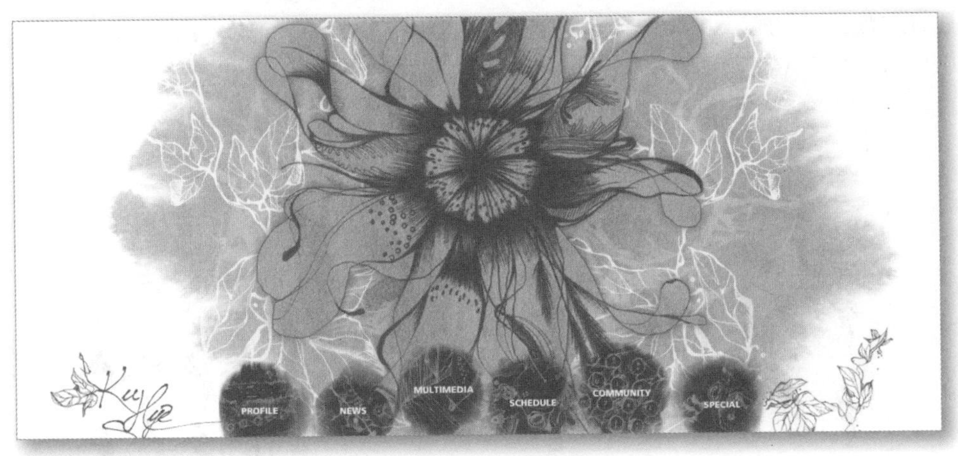

图3-2 创意网页

事实上，凡是与视觉作为沟通和表现的方式都会应用平面设计的技巧。PPT的设计与制作最终是要以视听的方式展现给大众。因此，无论是从符号、文字、几何形状、构图、版面和色彩上，它都是与平面设计息息相关的。要想制作一份既实用又美观的PPT，就有必要了解平面设计的相关知识。接下来将向大家介绍在PPT中，平面设计运用的三种技巧。

1 以小见大

我们制作PPT的时候，它是以电脑屏幕大小呈现图像的，11寸到19寸，差别不大。但是，当我们将PPT展示给受众的时候，它可能以1.5平方米的屏幕展示，可能以3m×4m米的屏幕展示，也可能以16m×9m的屏幕显示，甚至更大。这就需要我们在设计PPT的过程中能够“以小见大”。

要做到以小见大，就必须把握两个原则：一是不能太小；二是不能太大。不能太小是指，在PPT设计中，我们需要展示的是一个大致的轮廓，而不是设计元素的细节同，如图3-3所示。

图3-3 原图片

像这样一幅图，细节的比较丰富，色彩也比较多，如果要把它放置在幻灯片中，很容易分散观众对幻灯片文本内容的关注力，所以，我们需要对其进行一次修改，将其变换为剪影的形式。

要将这幅图制作成剪影的形式非常简单，只要在PowerPoint中选中图片，单击“图片工具 格式”选项卡“调整”组中的“颜色”按钮，选择黑白变体选项，之后还可以单击“艺术效果”按钮，根据实际情况选择一种艺术效果，如图3-4所示。

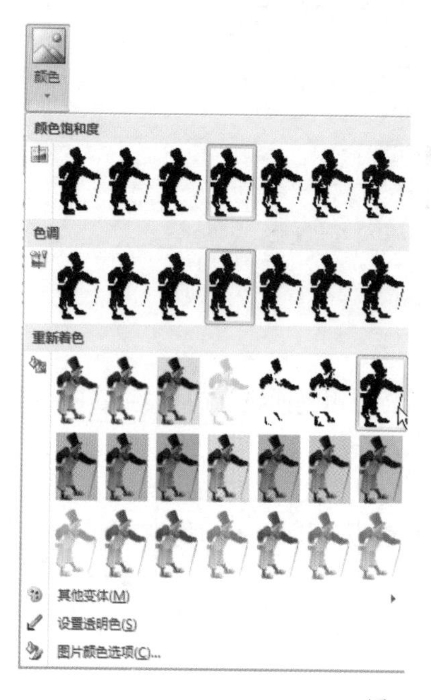

图3-4 制作剪影

如图3-5所示为修改图片前后的对比效果，修改之后淡化了图片的细节色彩，从而让文本内容更突出。

图3-5 修改前后对比图

再举个例子，如图3-6所示的幻灯片背景，画面是由若干个彩色的小圆圈构成，看上去结构复杂，图片过满。

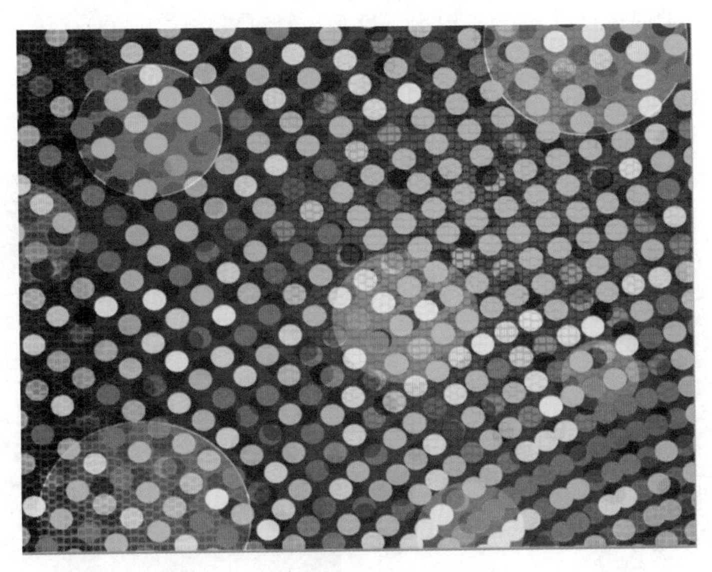

图3-6 复杂的幻灯片背景

为了让这张背景图片更适合幻灯片，我们必须弱化图片中的细节。弱化细节有多种方式，例如虚化图片，用色块遮挡部分图片，如图3-7所示，则为用圆形遮挡部分图片以弱化细节。

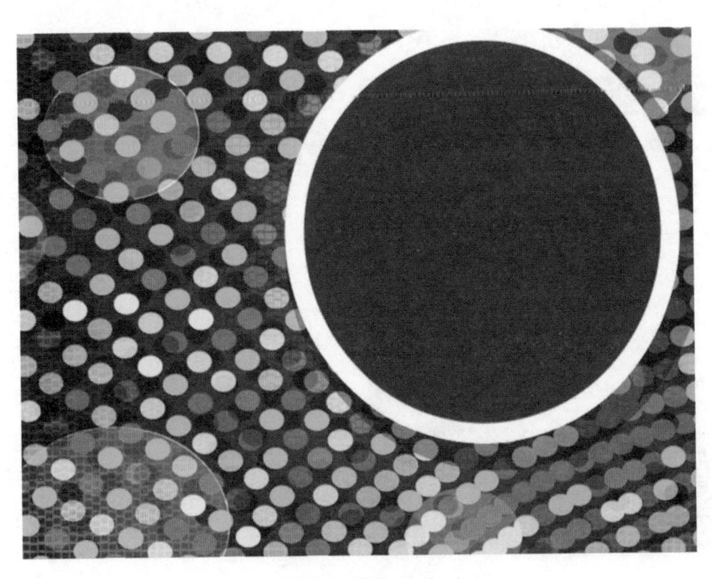

图3-7 弱化细节

2 穿透力

穿透力就是一种能直入人心的吸引力。这种力量可以在较短的时间内吸引到观众的注意力，让观众的焦点集中到目标位置，并让观众产生特别清晰和深刻的记忆。如图3-8所示，为具有穿透力的一组平面设计作品。

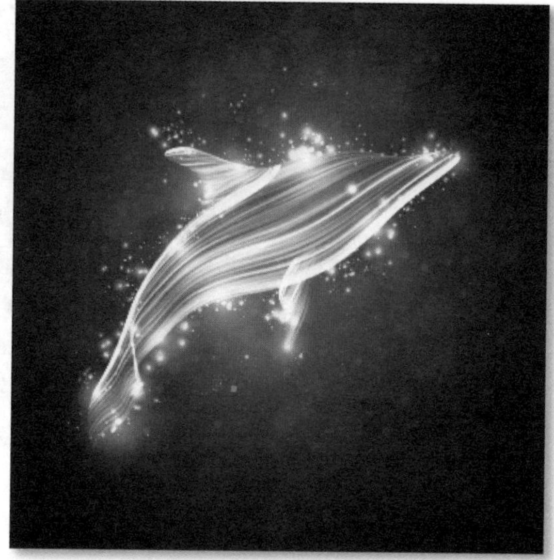

图3-8 具有穿透力的图片

从图3-8中可以发现，具有穿透力的平面设计作品主要是通过色彩、光线和三维立体效果来实现的，在我们的PPT中，不仅能使用这三种方式来增强PPT的视觉穿透力，还可以运用PPT动画的方式来增强。如图3-9所示的PPT动画效果，就能在短时间内让观众聚焦并留下深刻印象。

图3-9 具有穿透力的PPT动画

3 让文本更具观赏性

在PPT中最常见的文本设计方式包括：为文本选择适合的字体字号、设置不同的填充效果以及为文本添加艺术字效果。除了这些方式之外，我们再介绍几种方式，可以快速增强文木的设计感，首先观察如图3-10所示的效果。

图3-10 常见的文本设计方式

如图3-10所示的第一幅图的文本，用的是连字的方法，即将前一个汉字或英文字母的某一笔画与第二个的某一笔画相重叠；第二幅图使用了形状遮挡的方法，即将线条形状设置为与背景相同的颜色，然后排列在文本之上；第三幅图用了替代的方法，即用形状替代文本中的某一笔画或某一部分；最后一幅图则是用了矩形衬底的方法，将文本设置为与背景相同的颜色，然后用矩形色块衬托在文本之下，不过在衬托的时候，文本的部分需要在矩形之外，呈现文本不完整的假象。

这几种方式是最简单也是最常见的文本设计方式，希望可以为大家带来一些启发。

为了快速提升大家的审美力，以及平面设计的能力，下面介绍一些平面设计者的网站，供大家欣赏和学习，如图3-11～图3-13所示。

※ Likecool网站（http://www.likecool.com/），该网站涉及到的平面设计知识比较全面，有利于帮助我我们拓展思维。

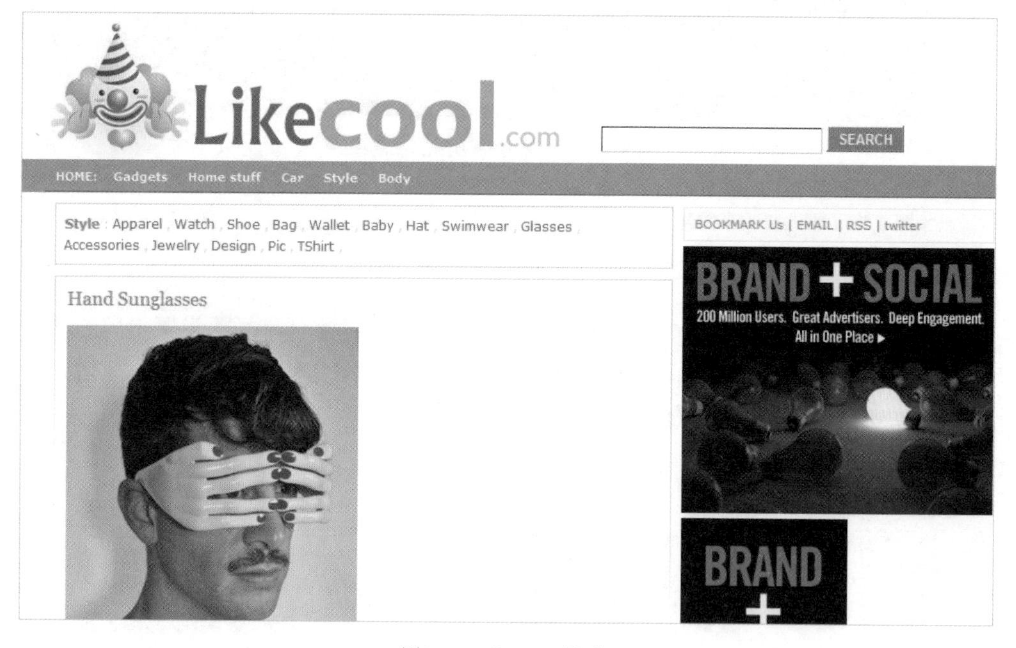

图3-11 Likecool网站

※ abduzeedo网站（http://abduzeedo.com/），以广告设计为主，想学习最流行的构图和配色就不要错过这个网站。

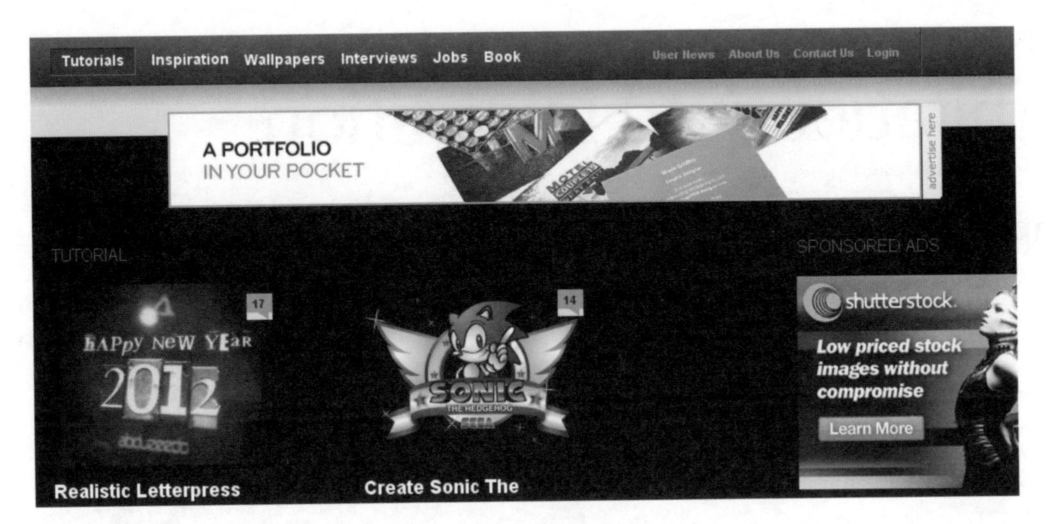

图3-12 abduzeedo网站

※ 10steps.sg网站（http://10steps.sg/），该网站是国外比较流行的设计师行业网站，其中包括插画设计、图标设计、书籍装帧设计、广告设计等多种类型的设计作品和经验分享，从中可以探测到最前沿的设计思路。

图3-13 10steps.sg网站

PPT红宝书……>> 03

Imitation And Innovation

Of The PPT Design

PPT设计的模仿与创新

对于初学者来说，PPT设计的模仿是有必要的。没有谁天生就能掌握一套精湛的PPT设计技能，只有不断的模仿和学习，才有超越的可能性。

模仿是一种技能，
也是创新的前奏

例如，我们看到某电影海报使用了京剧扮相的人物图像，看上去文艺味儿十足，那么，我们可不可以借鉴这张海报，将京剧扮相的人物图像搬到我们的PPT中呢？如图3-14所示。

图3-14 京剧人物扮相图像的幻灯片背景

另外，书籍的装帧设计也可以作为我们制作PPT的参考和模仿对象，例如图3-15所示的一组书籍装帧图片。

图3-15 书籍装帧图片

图3-15 书籍装帧图片（续）

这组图片都是国外平面设计大师的优秀作品，4张图片虽然构图和色彩，甚至文字都不相同，但是它们具有一个共同点，就是给人美的感受。

欣赏和学习这些作品不仅能提高我们的审美能力，还能为我们的PPT设计提供思路。如图3-16～图3-19所示则为模仿这些作品所设计的PPT。

图3-16 模仿效果（一）

图3-17 模仿效果（二）

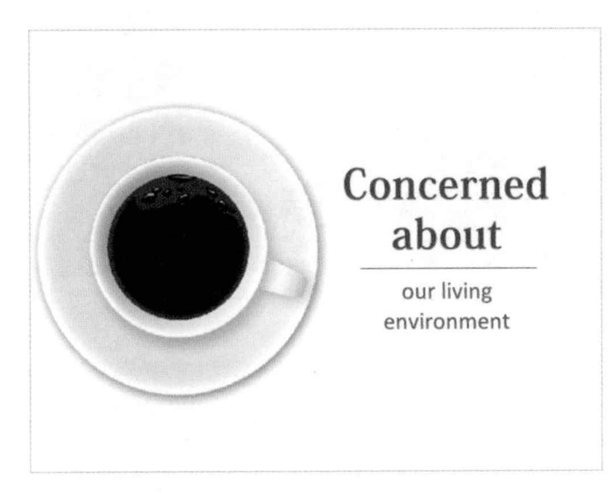

图3-18 模仿效果（三）

图3-19 模仿效果（四）

如图3-16所示，是对书籍装帧第一幅图的模仿，同样运用了眼镜或镜头等可以成像的物品，不过在模仿的基础上，我们稍作了些改变。如图3-17到3-19都是对书籍装帧图片的模仿，不过我们可以看出，在PPT中这样的设计风格依然是有效的、美观的。这样看来，只要可以模仿，无论是广告招贴还是电影海报，无论是书籍装帧还是网页设计，都可以应用到我们的幻灯片中。

当然，最好的模仿作品应该是别人的PPT佳作。如图3-20所示的例子，正是一份PPT的动态图片展播的效果。

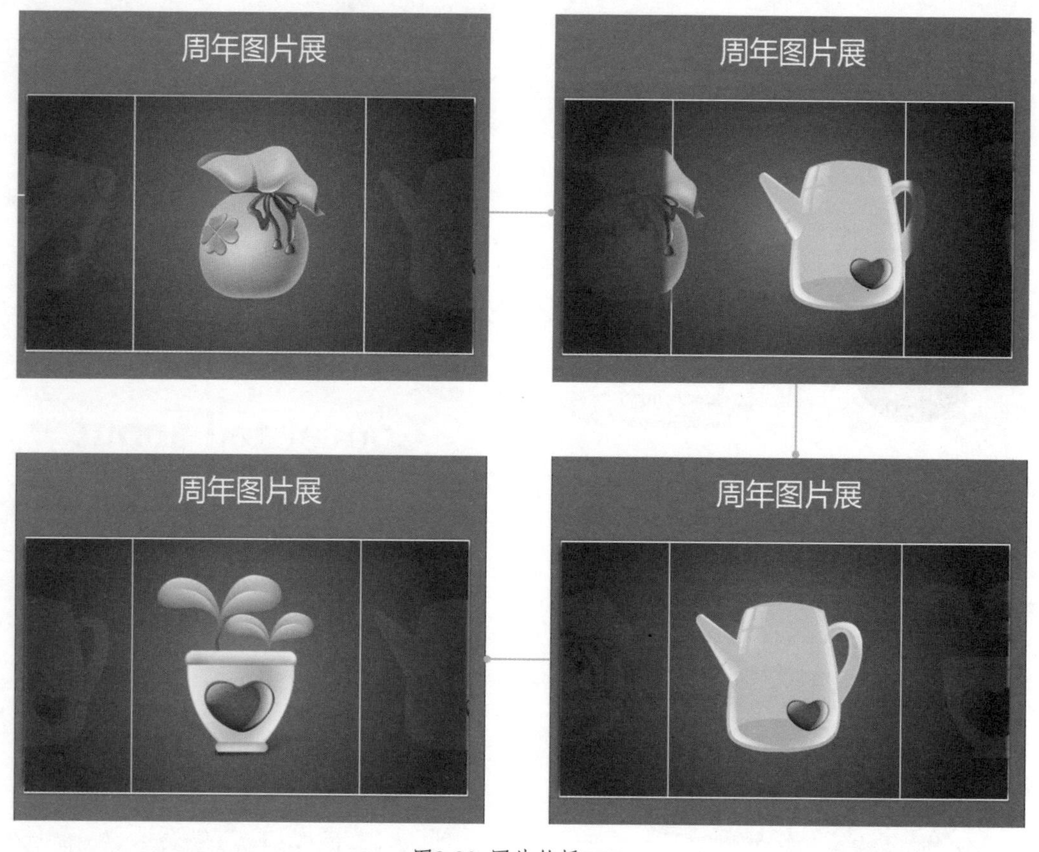

图3-20 图片轮播PPT

在如图3-20所示的PPT中，图片从右边相继进入画面，且形成传送带似的效果，接下来，我们将这样的图片展示方式“搬到”自己的PPT中，其效果如图3-21所示。

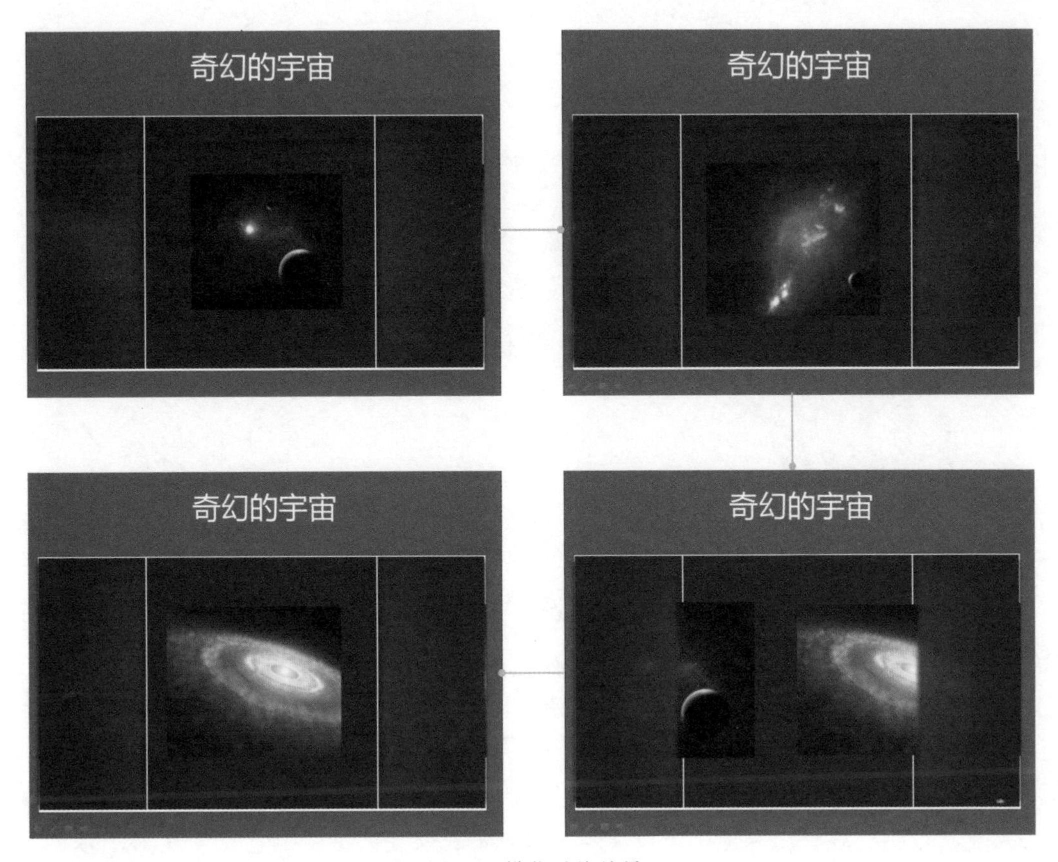

图3-21 模仿后的效果

PPT红宝书……>> 03

How Starting From The Theme

To Create Own Design

怎样从主题出发开始设计

要设计什么样的PPT，并不是我们凭空幻想的，必须基于PPT的主题内容。从PPT的主题出发，衍生到PPT的风格、配色、图文、版式等等，如图3-22所示。这一系列设计元素都必须符合PPT的主题内容的要求。

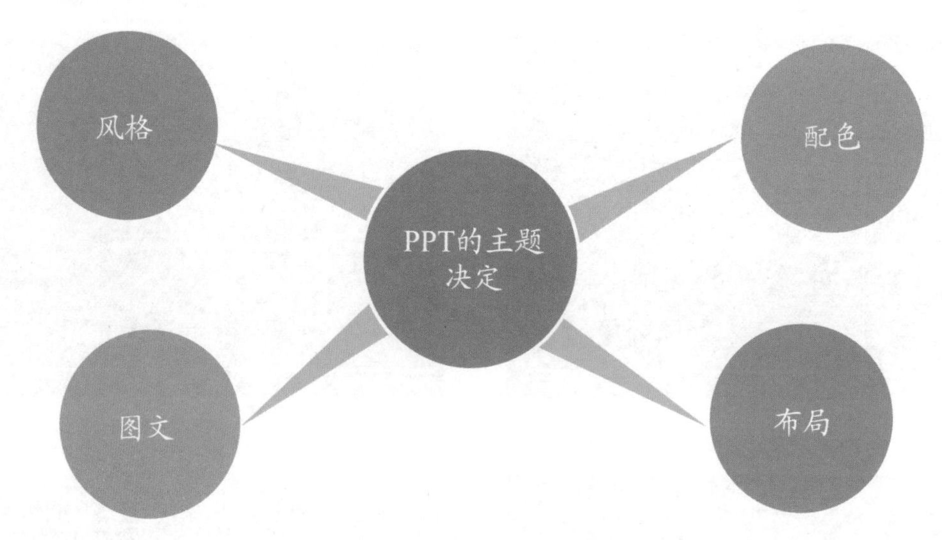

图3-22 PPT主题决定PPT的设计路线

例如，我们现在要为某服装公司的服饰设计夏季新品发布会的PPT，那么，我们首先需要对PPT的主题内容进行分析。

※ **整体风格**：从“夏季”和“新品”这两个词可以提炼出一个信息，该PPT的整体风格应该是清爽的、明亮的、朝气蓬勃的。

※ **色彩**：由于展示的是夏季的新品发布，所以色彩的运用尤为讲究，一定要给人一种清爽、愉快、轻松的感觉，所以淡雅系的色彩比较受欢迎，颜色过重就不适宜了，如图3-23所示。

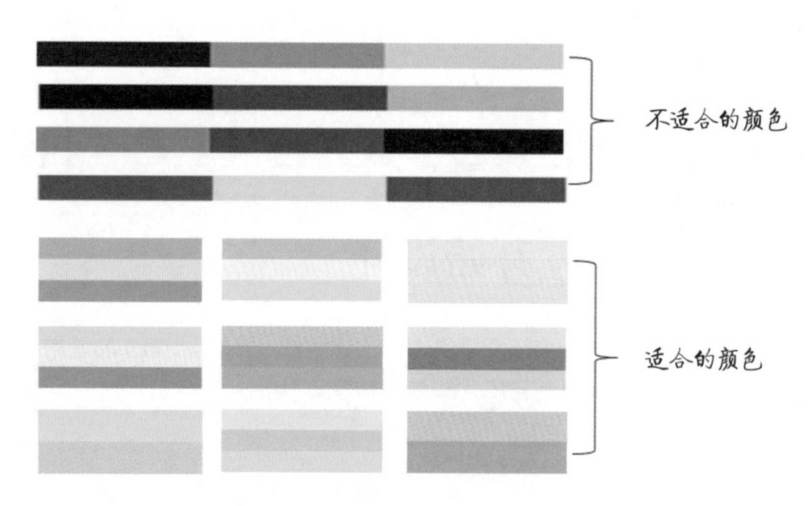

图3-23 配色分析

※ 布局：该PPT是新品发布PPT，重点在于对新产品的图片展示和文本描述，因此建议PPT的布局为左右结构，图片应该放置在版面的焦点位置。

按照以上分析，我们来尝试制作这份新品展示PPT。如图3-24所示为制作该PPT可以用到的素材。

图3-24 素材图片

在前面我们已经提到过了，该PPT最好采取左右结构的布局方式，为了更好地展示产品的图片和描述信息，可以适当改变幻灯片的原始大小，如图3-25所示，在打开的“页面设置”对话框中修改页面的大小，并设置幻灯片的背景颜色。

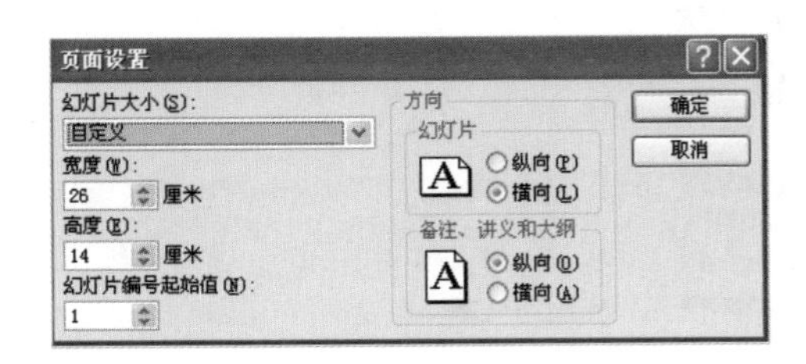

图3-25 设置幻灯片的页面大小及背景颜色

设置好页面大小和背景颜色之后，得到图3-26所示的效果。

图3-26 幻灯片背景

接下来，调整图片的大小和位置，将其放置在幻灯片的相应位置，并将产品图片的纯白色背景颜色设置为透明色，同时，为花朵图片选择一种偏暖色的图片颜色，然后为其添加阴影效果，具体参数如图3-27所示。

图3-27 设置花朵图片的格式

进行到这一步的时候，可以得到如图3-28所示的效果。

图3-28 插入图片之后的效果

最后，将文本内容放置在幻灯片之后，该案例的最终效果如图3-29所示。

图3-29 案例的最终效果

制作产品推广类的PPT尤其注重主题内容的突显。所以，首先我们必须全方位地了解主题内容是什么，具有什么样的特征，适合怎么样去表现，脱离主题特征的设计只是在闭门造车，就算设计再好，也失去了原有的意义。

PPT红宝书……>> 03

What Kind Of
Layout Design Is Reasonable

什么样的版式才是合理的

在上一节我们已经讲到，版式的设计思路也是受到幻灯片主题内容影响的，如图3-30所示为一份培训PPT，从版式设计上来说，这份PPT是不合理的。

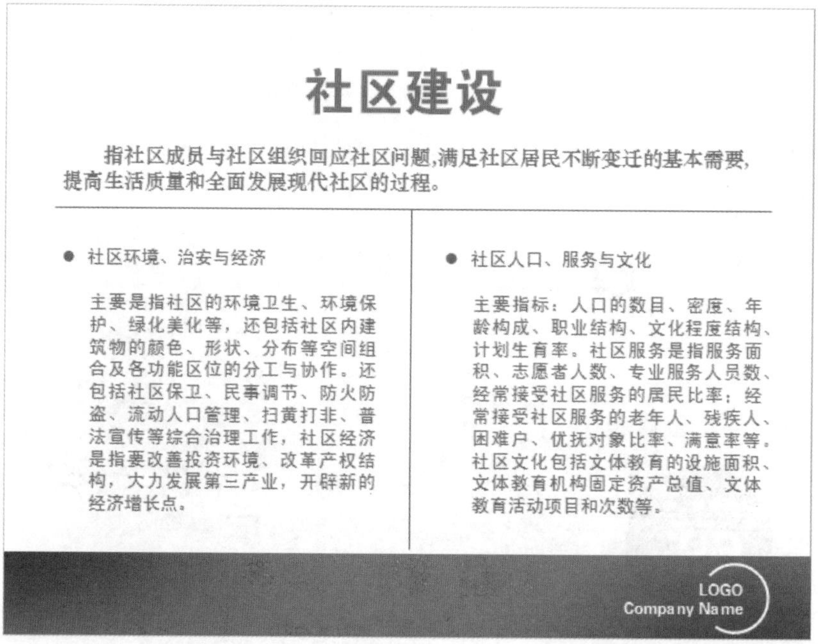

图3-30 版式设计不合理的幻灯片

乍一看也许并不能发现哪里不合理，不过仔细思考一下，这是一份培训幻灯片，也就是用于教学的幻灯片，教学幻灯片有个特点：文本内容较多。为了让这类幻灯片看上去不那么密集和枯燥，我们最好把正文的字号控制在24到36这个范围内，且每页幻灯片不要填充太多的文本，最好的方式为一个知识点对应一张幻灯片。而观察图3-30所示的幻灯片，其中包括3个知识点，却都挤在一张幻灯片中，导致版式过于紧凑。

下面，我们对该幻灯片进行修改，得到如图3-31所示的效果。

社区建设的定义

指社区成员与社区组织回应社区问题，满足社区居民不断变迁的基本需要，提高生活质量和全面发展现代社区的过程。

社区环境、治安与经济

➢ 环境主要是指社区的环境卫生、环境保护、绿化美化等，还包括社区内建筑物的颜色、形状、分布等空间组合及各功能区位的分工与协作。
➢ 治安包括社区保卫、民事调节、防火防盗、流动人口管理、扫黄打非、普法宣传等综合治理工作。
➢ 社区经济是指要改善投资环境、改革产权结构，大力发展第三产业，开辟新的经济增长点。

LOGO
Company Name

社区人口、服务与文化

➢ 社区人口的主要指标包括人口的数目、密度、年龄构成、职业结构、文化程度结构、计划生育率。
➢ 社区服务是指服务面积、志愿者人数、专业服务人员数、经常接受社区服务的居民比率；经常接受社区服务的老年人、残疾人、困难户、优抚对象比率、满意率等。
➢ 社区文化包括文体教育的设施面积、文体教育机构固定资产总值、文体教育活动项目和次数等。

LOGO
Company Name

图3-31 修改后的PPT

根据教学类幻灯片的特征，我们将最初的单张幻灯片修改为了3张幻灯片，从布局上看，也有了较大的变化，与修改前相比，幻灯片内容的可读性大大提高了。

当PPT中需要展示图片的时候，我们通常会根据图片的外观进行版式设计。不过让人头疼的是，图片大多都是矩形的，因此在图片型的幻灯片中，版式常常被明显区分为几块矩形区域，如图3-32所示的图片和幻灯片版式。

图3-32 矩形布局的幻灯片

如图3-32所示的布局方式中规中矩，虽然没有什么差错，但难免看上去有些死板，不妨尝试以下两种布局方式，如图3-33所示。

图3-33 修改后的幻灯片布局

如图3-33所示的效果，图片的主题并没有受到影响，不过幻灯片的版式却发生了非常大的变化，这个案例是想提示大家，版式设计可以丰富多彩的，不要被任何既定的空间或格局所影响。下面有几点版式设计的技巧供大家参考。

※ **版面的大小方面**：一般情况下版面的长宽比为4∶3，不过如果PPT为典型的左右结构时，我们可以适当调整长宽比例，例如16∶9；如果PPT为典型的上下结构，则我们可以改变页面的方向，让其竖排。

※ **空间分配方面**：一般情况下，幻灯片的主题内容会放置在版面居中、居左的位置，或者满屏排列，且当主题内容居左或居右时，最好处于黄金分割线上。

※ **学会留白**：能否结束上一张幻灯片到下一张幻灯片，并不取决于上一张幻灯片是否已经填满，而取决于内容是否有明显的分割。切忌不要让页面过满，留有余地的版面才不会给观众带来压力。

Chapter 04

第四章

规划PPT中的文本

文本是PPT中的重要元素，也是传播信息的主要载体，规划PPT中的文本，不仅对信息的传递有积极的意义，对演示文稿的美观度也有特别的效果。

PPT红宝书……>> 04

The Tension
Of The Fonts

字体的张力

字体是文本在视觉上的表现形式，是文字的风格和样式，在日常生活中，我们可以接触到各种各样的字体，它们来自报刊杂志、广告招贴，通过不同的形式，传达着不同的信息和情感，如图4-1所示。

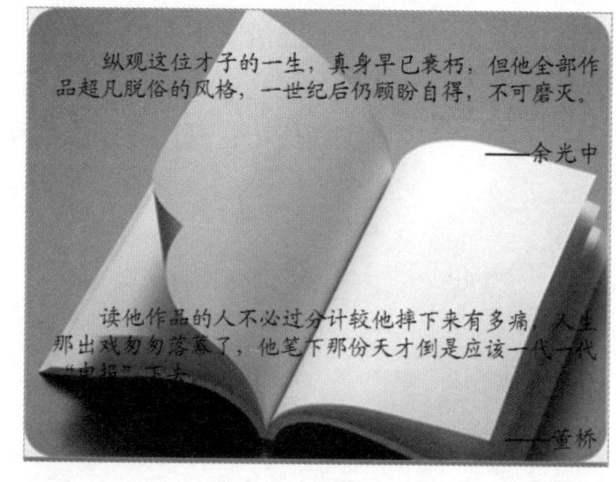

图4-1 不同形式的字体

为什么不同的字体可以带来不同的感受呢？这就是由于字体本身具有张力，而字体的张力又包括4个方面，如图4-2所示。

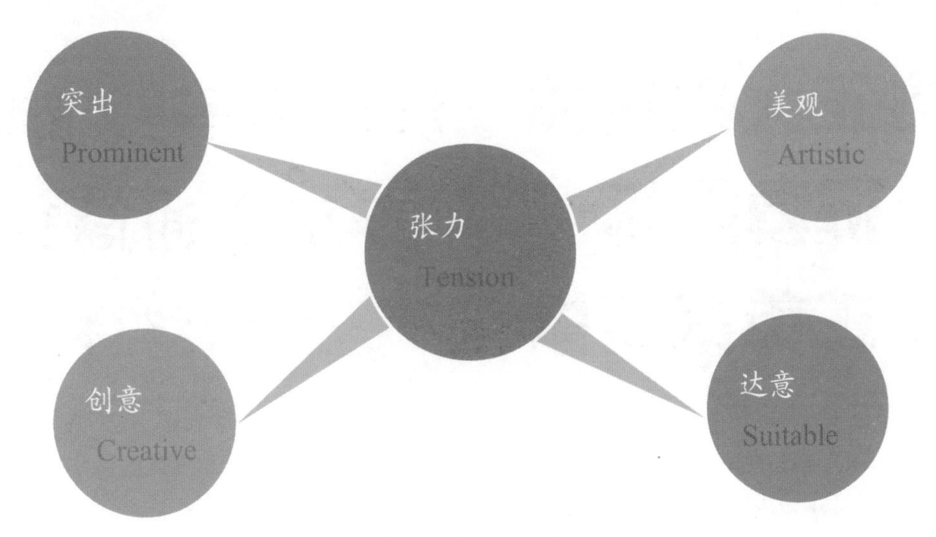

图4-2 张力的含义

※ 突出是指在众多的表现形式中，字体需要专注于其中的一种形象和意念，尽量使其更具吸引力。

※ 创意是指打破传统的字体外形，对其进行加工和设计，使其更能吸引观众的注意力，给人新奇或震撼的感觉。

※ 美观是指无论用什么样的方式突出字体、对字体进行再创造，都要遵守美观这一原则，在视觉上产生舒适感。

※ 达意是指字体的应用和设计要符合文本内容所表达的意思，与整体的风格相符。

在幻灯片中，我们能使用的字体是由电脑中所安装的字体来决定的，其中最常见的字体有宋体、楷体、黑体、隶书、行楷等，如图4-3所示。

宋体 楷体 黑体 | 隶书 行楷 新魏

图4-3 常见的字体

除此之外，还可以在网络中自行下载比较流行的字体，将其安装在电脑中，如图4-4所示的几种特殊的字体。

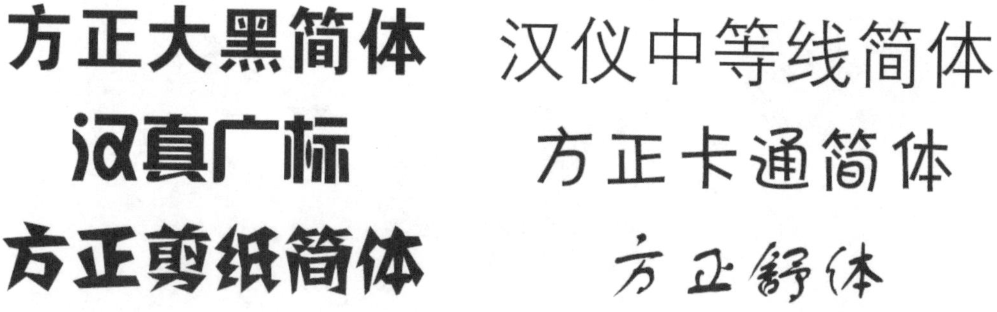

方正大黑简体 汉仪中等线简体
汉真广标 方正卡通简体
方正剪纸简体 方正舒体

图4-4 几种流行的字体

上面介绍了一些中文字体，由于英文字体的变化更灵活，因此英文字体的种类远远多于中文字体，下面将介绍几种流行的英文字体，如图4-5所示。

Bauhaus 93 Hakuu
Seigetsu Broadway
ALGERIAN Colonna MT

图4-5 流行的英文字体

当中文字体和英文字体结合使用的时候，就需要考虑两种字体是否搭配，例如与中文宋体比较搭配的是英文的Times New Roman字体，与中文黑体比较搭配的是英文的Arial字体，如图4-6所示。

宋体+Times New Roman 黑体+Arial

图4-6 常见的中英文字体搭配

以上已经介绍了一些中英文字体，要使字体更具有张力，除了选择字体的类型外，还可以对文字进行改造，在此介绍几种改造文字的方式。

1 改变文字的颜色

改变颜色是最简单的增强字体张力的方式，特别适用于英文字体中，“Google”标志就是最典型的例子，大家可以根据自身的需要，借鉴这么成功的案例，以发挥颜色变化在字体张力中的创造力，如图4-7所示。

Colorful

图4-7 改变文字的颜色

2 对文字进行创意重叠

什么是将文字进行创意重叠呢？让笔者用一组图片来告诉大家，如图4-8所示。

图4-8 创意重叠的文字

下面将向大家分解这些文字的重叠方式。如图4-8所示的第一幅图中，看上去像是立体的艺术字，其实是通过黑白颜色的不同字体的字母通过重叠后实现的；而图中的第二幅图则是相同字体的两个字母“O”和“G”组成，将“G”字母顺时针旋转30°左右，然后为两个字母填充黄色的图案；第三幅图是由相同字体、不同字号的两个字母“Y”和“a”组成，且“Y”字母以黄色填充，没有边框，“a”字母无填充，但边框颜色却与第一个字母的填充颜色相同；最后一幅图是由相同字体、字号和颜色的两个字母“L”和“F”一边重叠而成。

从图4-8中可以看出，文字通过这样的重叠处理之后，设计感明显增强了，其实重叠文字还可以产生更多意想不到的效果，大家可以亲自尝试。

图4-8所示的案例主要是针对字母重叠的效果展示的，除了字母以外，汉字也是可以进行创意重叠的，在这些重叠方式中，使用较为灵活的是阿拉伯数字与英文字母的重叠，例如“6”与“Q”，“E”与“3”等，可以产生更为神奇的效果，大家可以充分发挥想象力去尝试更多的重叠方式。

3 改变文字的外形

改变文字外形是一种比较复杂的增加张力的方式，它一般会借助其他图像软件，如AI、PS等，在此只为大家简单展示这种做法的效果，如图4-9所示。在第5章中会向大家介绍利用图像软件设计文字的一般方法。

图4-9 改变文字外形的效果

PPT红宝书……>> 04

The Unification
Of Text And The Style Of PPT

文字与幻灯片的风格统一

设计PPT有时候就像搭配衣服。一个人穿得好不好看，与衣服的品牌、质地并没有直接的联系，关键在于这个人所选择的衣服是否符合他的身份与气质，衣服的搭配是否协调。

文字与幻灯片的搭配也是如此，如果风格不统一，就会像一个绅士穿着一身女装，或一个人上身穿着唐装，下身却穿着运动短裤，看上去很别扭，比如下面的例子。

这是一张舞蹈比赛宣传PPT封面。从整体风格来看，无论是颜色还是剪影，都比较动感、时尚，但标题文字却使用了古典厚重的毛笔字书法字体，看上去很不协调。

右图是经过改良的PPT封面，将字体换为了较常用的广告字体“方正细圆简体”，看上去更加符合整体风格。

在第二幅的基础上，再进行一些修改，形成第三幅图所示的效果。此处我们将英文标题字号放大且排列在最上方，然后选用了一种平滑且浑厚的英文字体，这样即符合时尚、动感的整体风格，又提升了PPT的档次。

从上面这个综合案例，可以说明什么问题呢？在演示文稿中，要达到文字与风格的统一，不仅要使字体与幻灯片的主题统一，还要使字体与幻灯片的背景统一。下面将分别从这两个方面进行讲解。

1 字体与幻灯片主题统一

最初接触到计算机的时候，我们知道一些基本的字体，例如宋体、楷体、黑体等等。如今，不断有新的字体被开发出来，如方正系列字体、华文系列字体等等。随后更出现了一些非常特殊的字体，如喵呜体、叶根友毛笔书法字体、少女体等等。

各种各样新的字体层出不穷，正是人们越来越深刻地认识到，使用不同的字体配合我们所要传递的信息，其效果更好，内容更贴切，如图4-10和图4-11所示。

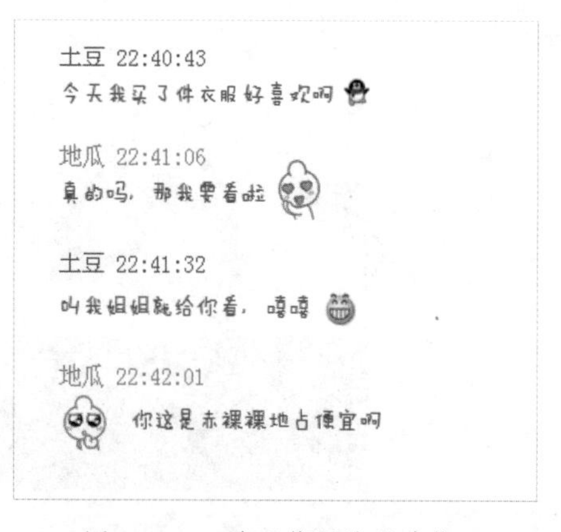

图4-10 QQ聊天使用的喵呜体

图4-11 周年纪念中的叶根友毛笔书法字体

在QQ聊天的时候，我们更愿意使用喵呜体，因为它自由活泼，有些囧也有些萌，特别能表达大家与朋友聊天时的心情，如图4-10所示；在某些关于传统文化或传统节日的招贴设计中，就常常用到毛笔书法字体，因为这样看上去更古朴，富有传统韵味，如图4-11所示。

在同样背景的幻灯片中，选择不同的字体可能传递出不同的情感和情绪，从而影响到整体主题信息的传递。因此，在设计和制作幻灯片之前，我们首先要认真地审视主题内容，从而确定应该使用什么样的基调。当幻灯片为纯色背景的时候，其自由发挥的空间特别大，这个时候，我们所要传递的情绪是否符合主题信息，就得靠字体的选择了，例如图4-12和图4-13所示的纯色背景的幻灯片案例。

图4-12 学术型的PPT

图4-13 儿童教学型的PPT

在同种背景，同种结构的幻灯片中，通过选择不同的字体，可以实现两个完全不同的效果。如图4-12中，选择比较正统、严肃的“方正大黑简体”和“方正综艺简体”，恰好可凸显该幻灯片的主题内容，使幻灯片成为严谨的学术型幻灯片；而在图4-13所示的幻灯片中，我们使用了活泼可爱的“方正胖头鱼简体”和“方正卡通简体”，使整个幻灯片看上去充满童趣。

2 字体与幻灯片背景统一

字体与背景的统一，算是老生常谈了。我们常说卡通的背景不要搭配严肃的字体、古典的背景最好搭配手写字体、字体的排列要与背景的视觉延伸方向保持一致等。

从某种程度上来说，这些经验是有一定道理的，但是，另一个方面，这些经验是从共性中总结出来的，比较刻板。因此，在实际的操作过程中就需要我们一方面严格遵循，一方面有所突破，下面举个例子加以说明，如图4-14和图4-15所示。

图4-14 行楷字体的PPT

图4-15 华文彩云字体的PPT

观察上面一组PPT，在此我们不讨论它们的整体设计是否美观，仅从文字与幻灯片背景的协调度出发来看，该幻灯片的主题为时装促销，在纯黑色的背景的左边放置了一张欧美模特的靓照，从背景的风格来看，应该是时尚的、国际范儿的。但是在图4-14所示的幻灯片中，作者选择了中规中矩的行楷字体，且颜色过于暗淡，明显与背景格格不入。在图4-15中，我们对其进行了一次修改，将字体改为空心的“华文彩云”字体，这样不至于太凝重，另外，将字体的颜色改为紫蓝渐变色，从而增强幻灯片的时尚感。

前面已经提到，有时候我们要严格遵循这些规则，有时候我们又需要去突破规则，下面将举例说明怎么突破规则实现整体设计感的提升。首先观察如图4-16和图4-17所示的幻灯片。

图4-16 文本混搭

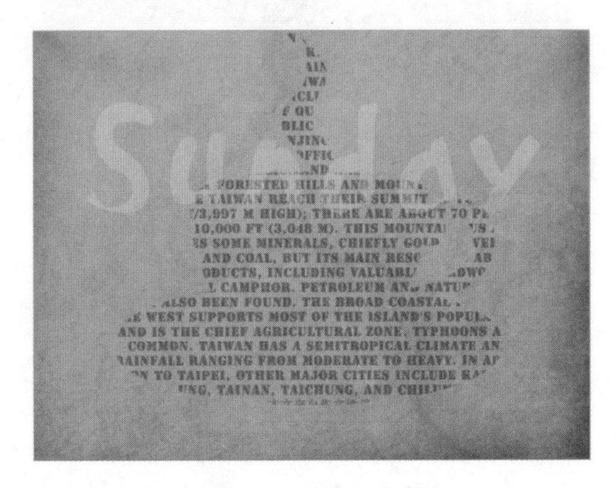

图4-17 图形化文本

从图4-16中可以看出，该幻灯片中既有横排的文本，也有竖排的文本，既有毛笔书法字体，又有英文字体，这是一种典型的混搭方式，但是看上去却比较美观。所以，我们在设计幻灯片的时候，不要过于拘泥规则或形式。

其实毛笔书法字体是一种实用性很强以及设计感出众的字体，例如本章图4-11和图4-16中的幻灯片所示。而这些字体可以在网上轻松下载到。在此，向大家推荐几款比较常见的毛笔字体，例如“叶根友毛笔字体系列”、“毛泽东书法字体系列”、“金梅毛笔字体系列”、“孙过庭草书字体”、“白丹字体系列”等等。将这些字体解压之后粘贴到“字体”文件夹中，就可以在PowerPoint软件中成功使用这些字体了。

如图4-17所示，即为典型的图形化文本，目前，这种文本排列方式比较流行。有人也许会问，这样的效果是不是需要借助其他图形编辑软件来完成，其实不然。PowerPoint是一款很强大的工具，关键是看我们怎么用它。下面就为大家揭秘，首先准备素材如图4-18和图4-19所示。

图4-18 幻灯片背景和图片素材

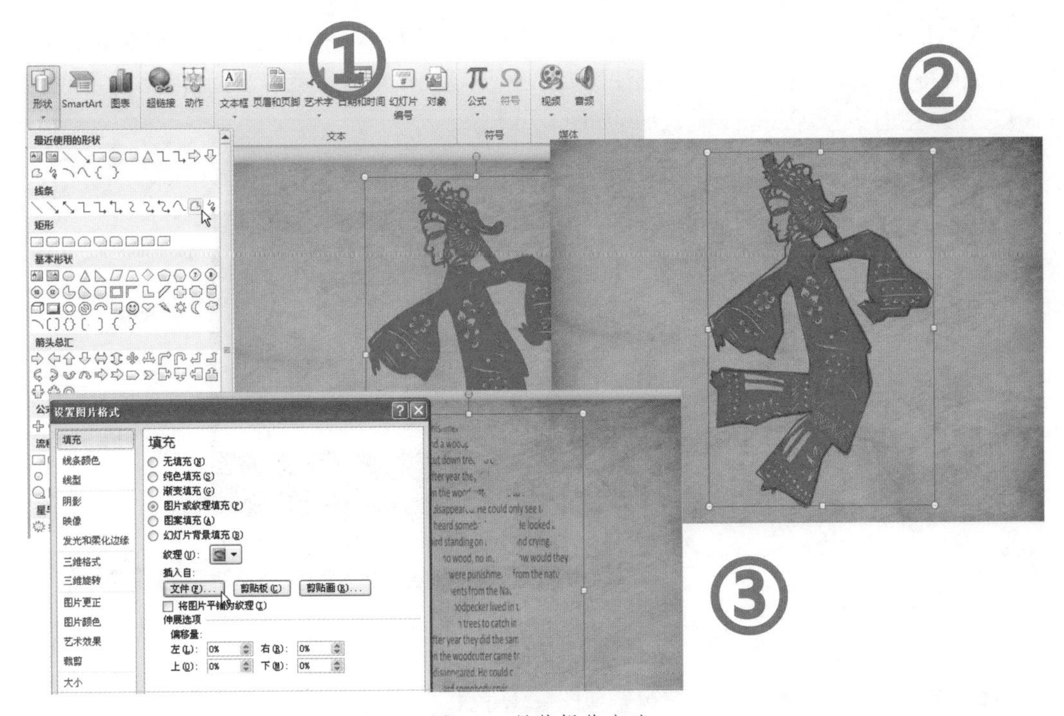

图4-19 具体操作方法

如图4-19所示，首先在“插入”选项卡中选择插入“任意多边形”；然后沿着图片素材中的皮影图形的边缘勾画一个任意多边形；最后，删除幻灯片中的图片，只保留任意多边形，打开“设置图片格式”对话框，在其中取消形状的边框，并在形状中填充文本即可。

需要注意的是，我们要在幻灯片中实现这个效果时，所选择的图形不要太复杂，否则可能花费较多的时间，不利于效率的提高。

PPT红宝书……>> 04

The Rules
Of Type Size

幻灯片中字号的讲究

前段时间在保险公司上班的朋友抱怨说：“现在又重新戴上眼镜了，但看到老板做的PPT还是很头痛”。问其原因，朋友说，老板做的PPT字太小了，完全看不清楚。

字太小是很多人在制作PPT时容易出现的问题。由于制作者往往是通过个人电脑完成PPT的，并没有特意考虑字号的大小。当把PPT放在大屏幕上播放时，就容易降低整个文稿的可视性，那么PPT中的字号到底应该有多大？如图4-20所示。

图4-20 屏幕中的文字

那么在屏幕中会出现什么样的情况？如图4-21所示。

图4-21 屏幕中的文字

那么，在幻灯片中的字体应该多大比较合适呢？一般情况下，出现在纸张上的文字不小于10磅，而出现在幻灯片上的文本最好不小于30磅。

另外，幻灯片中的标题、副标题以及正文文本的字号应该有大小区分的。当我们套用模板时，我们能够明显地感觉到字号大小的变化，因此，在自己设计和制作幻灯片的时候，也需要注意这些文本的字号变化。例如，当正标题为“44”磅的时候，副标题可以为“36”磅，正文可以设置为“24”磅。

在幻灯片中，文本的字号大小并没有强制的规定。某些情况下，当字号比较小的时候，会给人一种时尚和高端的感觉；当字号特别大的时候，会给人一种饱满、大气的感觉。所以设置文本的字号时，应该考虑多种因素。不过，无论怎样设计，都必须保证观众能清楚地看到你希望他们看到的内容。

PPT红宝书……>> 04

Emphasize The More
Important Text

文本有轻重之分

一部惊心动魄的电影剧本，可以被一个三流导演拍成平淡无奇的垃圾电影；一首振奋人心的摇滚歌曲，也可以让乐感差劲的人唱成催眠曲。无论是电影还是音乐，好的作品总会有铺垫、有高潮，就如同一份好的演示文稿，总有轻重之分，它既能表现信息的主次，也能表现演示的节奏。

你是否能当个好的导演、好的歌手，是否能掌握演示的节奏，关键就在于你是否能分清楚文本的轻重。

首先观察如图4-22所示的内容，你能迅速找到幻灯片中的重点文本吗？

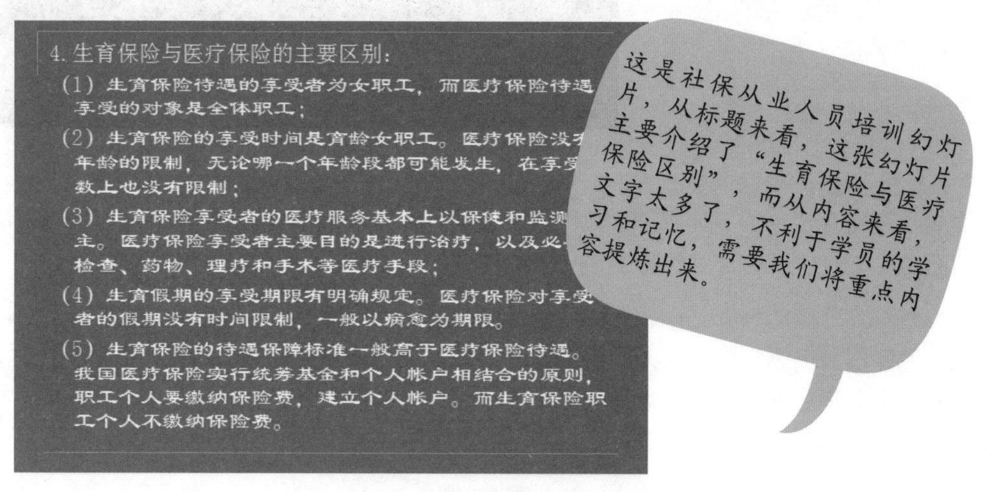

图4-22 内容无精简的幻灯片

我们快速浏览文本，将重点内容提炼出来，重新整理幻灯片得到如图4-23所示的效果。

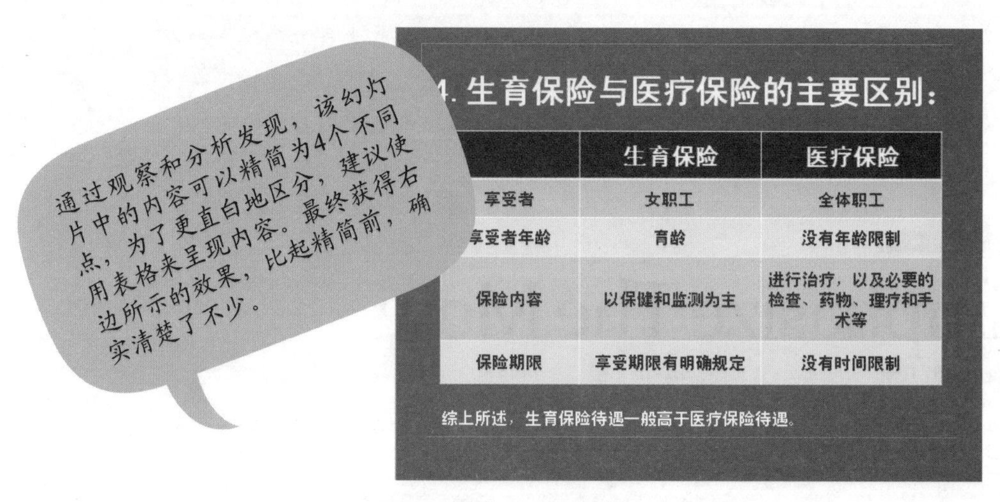

	生育保险	医疗保险
享受者	女职工	全体职工
享受者年龄	育龄	没有年龄限制
保险内容	以保健和监测为主	进行治疗，以及必要的检查、药物、理疗和手术等
保险期限	享受期限有明确规定	没有时间限制

图4-23 精简后的幻灯片

需要再次提醒的是，幻灯片不是word文档，不需要有太多的文字内容，更多的时候，是需要演示者口述出来的。有时我们需要把大量的word文档、excel表格的内容制作成幻灯片，这就需要我们具有能在海量的资料中，快速整理出重点内容的能力。

PPT红宝书……>> 04

Discriminate The
Hierarchical Relationship

不要混淆文本的层级关系

一位朋友做了三年老师了，前些日子他找我诉苦说：现在的学生一点学习主动性都没有，我的课件写得清清楚楚，他们还是不明白，真让人头痛。

于是，我找这位朋友借来课件看了下，顿时发现了问题的所在。其实可能并不是学生不用功，而是这课件的层级太混乱了，很难让人看明白。

幻灯片是辅助我们演示的工具，是为了更直观、更准确、更精练地传达信息。如果在制作幻灯片的时候，没有考虑到这个目的，就可能出现下面的情况，如图4-24所示。

三、群体和组织理论

2.1 古典理论
代表人物：泰罗和吉利克、法约尔
主要思想：
一、泰罗的科学管理理论《科学管理原理》
通过科学分析单个工人所从事的工作，就能找到用最少能量和资源投入来获得最大产出的工作程序。以科学管理替代经验管理，提高生产效率，协调组织内部的集体行动。

2）法约尔的管理理论
组织管理不同于经营，组织管理知识经营六种职能活动之一。组织管理活动主要由计划、组织、指挥、协调、控制五种因素组成，各种因素具有丰富内涵。

（a） 工人是社会人，而非理性经济人。工人不单独追求金钱收入，还有社会心理方面的需要，因此必须从社会、心理方面来鼓励工人提高劳动生产率。

图4-24 层级混乱的课件

如图4-24所示，这是两张连续的幻灯片，仔细观察，在大标题“三”下面紧跟着是“2.1”，接下来又出现了“一”，再看下一张幻灯片，编号“一”下面直接是“2）”，然而接下来又出现了“（a）”。演示者到底想要表达什么意思？信息与信息之间是什么样的层级关系？相信很多人都看得一头雾水了。

我们使用编号，无非是要向观众梳理一种内在的逻辑关系，例如，同一级别的编号代表并列关系，不同级别的编号代表包括与被包括的关系。而出现逻辑混乱的原因主要包括以下几种可能，如图4-25所示。

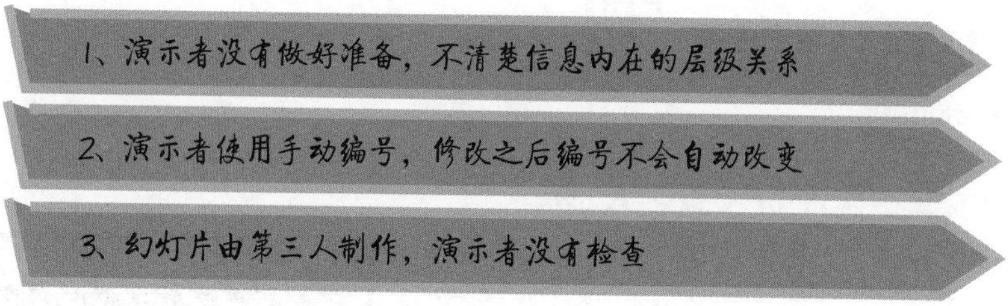

1、演示者没有做好准备，不清楚信息内在的层级关系

2、演示者使用手动编号，修改之后编号不会自动改变

3、幻灯片由第三人制作，演示者没有检查

图4-25 导致层级错乱的主要原因

如图4-25所示的第一点，实际情况中相对较少，后两点就成为了导致幻灯片层级混乱的主要原因。一般情况下，我们是按照如图4-26所示的层级顺序逐一编号的，另外每个级别的编号在字体格式和段落格式上都应该有差异的，如图4-27所示。

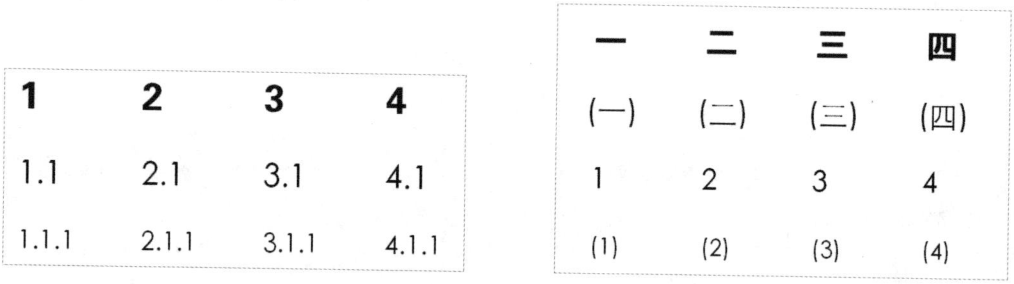

1	2	3	4
1.1	2.1	3.1	4.1
1.1.1	2.1.1	3.1.1	4.1.1

一	二	三	四
(一)	(二)	(三)	(四)
1	2	3	4
(1)	(2)	(3)	(4)

图4-26 正确的编号顺序

一、 编号的层级格式

（一）编号的层级格式

1. 编号的层级格式

图4-27 编号的文本格式示例

为了避免人为的错误，我们建议使用系统自动编号，单击PowerPoint软件“开始”选项卡“段落”组中的“编号”按钮，可以设置各级别的格式，如图4-28所示。

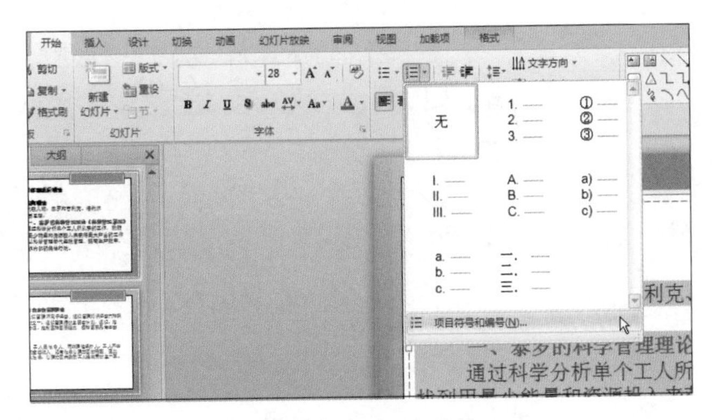

图4-28 添加系统编号

当我们使用系统编号时，某一处发生改变，其他的地方也会自动更正，而使用手动编号，当我们修改、添加或删除某一层级时，其他地方不会发生对应改变。所以演示者要养成使用系统编号的习惯，特别是在一些层级较多，篇幅较长的幻灯片中。另外，在使用系统自动编号的时候，可以按照从高到低的逻辑顺序依次制作幻灯片，从而降低出错的概率。

你有没有帮你的上司或者老师做过PPT呢？或者你是不是经常让你的下属或者学生代替你做PPT呢？

这种情况时有发生，我们可以找出太多的借口让别人替我们做PPT，例如：

我太忙了，我完全没时间处理这种小事。

我不会用PowerPoint。

我想给我的下属/学生一个锻炼的机会。

……

演示文稿代表演示者的观点和思维，当我们制作演示文稿时，也是一次思维检验和重组的过程，除了你自己，没有谁适合来完成这个过程，你是否想过以下几个问题：

制作幻灯片的过程就是个思考的过程，如果连思考的时间都没有了，你在忙什么？

这是个办公数字化的时代，不会办公软件，你怎么Hold住？

你是否让别人做的幻灯片牵制了你的思维？

为了更好地演示你的信息，建议大家学会自己做PPT，它可以没有漂亮的图片或动画，但是它一定要有你的思想。只有你自己才最明白幻灯片的逻辑关系，才不会犯低级错误。

PPT红宝书……>> 04

How To Improve
Text Readability

怎么提高可读性

我们常常提到文本的可读性，简单地说，文本的可读性就是观众能够看到、看清楚文本的概率，更高的要求则包括，观众看到文本之后的感觉，是否很吃力？是否会让人烦躁？首先来观察下面一组图片，如图4-29所示。

图4-29 影响文本可读性的幻灯片

如图4-29所示的幻灯片，乍一看很像我们体检的时候测试视力的题目。在此举这个例子一点也不夸张，很多朋友制作PPT的时候都不太注重文本的可读性，让观众看着很头痛，自己却全然不知。

那么，我们在制作幻灯片的时候，应该从哪些地方入手，来提高文本的可读性呢？其实，仔细学习前面内容的朋友们可能已经注意到了，本章所讲述的关于幻灯片中文本处理的技巧，都是为了提高文本的可读性，下面我们将这些内容整理归纳为几个方面。

1 字体的选择

一个不太会使用PowerPoint软件的人和一个有点会使用PowerPoint软件的人，在制作PPT时的最大差别是什么？

前者做的PPT简单，但目标明确；后者做的PPT往往会很花哨，却出现主题不明朗的问题。所以我们一再强调，PPT只是一个辅助你演示的工具，你可以利用它帮助你更好地传达信息，但是不要企图利用它来讨好你的观众。

2 文本与幻灯片背景的颜色

颜色的搭配是一门比较复杂的学问。这样形容它是有原因的，我们对色彩的认识会根据时间和空间发生变化。在PowerPoint的标准色板中，已经为大家罗列了比较常用的颜色，如图4-30所示。

色板是用来为大家选择颜色提供参考的，例如，当背景选择了某一种颜色之后，如果不知道文本的颜色该如何搭配，则可以考虑选择同一色系，深浅不同的另一种颜色，如图4-31所示。

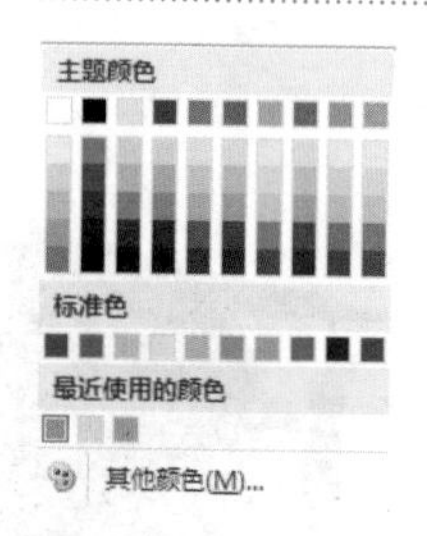

图4-30 色板

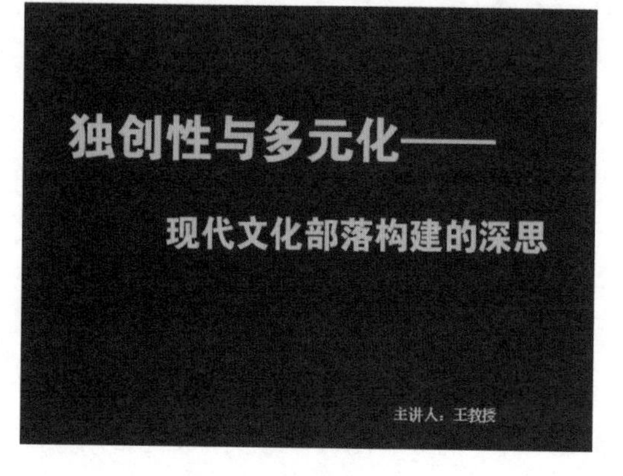

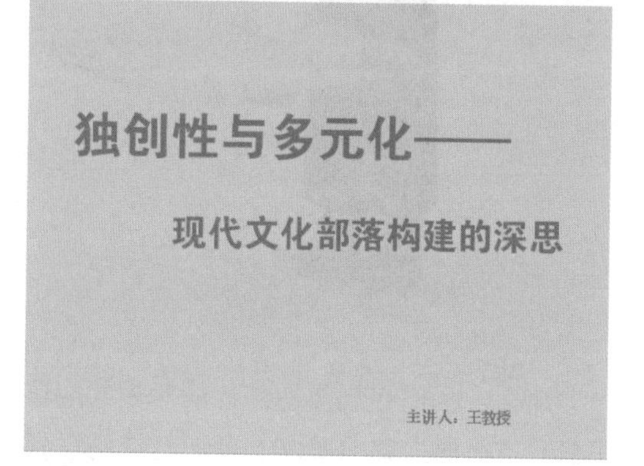

图4-31 文本颜色的选择技巧

在众多的颜色搭配中，大家一定不要忘了最经典的黑白配。由于投影的效果受到各种硬件条件的影响，如果幻灯片的颜色太丰富，或者文本与背景的对比度不大，就会影响观看。为了避免硬件设施带来的负面影响，建议使用对比度最大的黑白颜色作为搭配。

3 文本内容的排版

留白是一种艺术。不要让你的幻灯片内容太满，空一点，或许更有档次些。一般情况下，一份演示文稿的长度保持在10到20张以内，每张幻灯片的文本内容，最好不要超过7行。不同的大标题一定要出现在不同的幻灯片中，只要做到这几点，在排版上就不会出什么大问题了。

Skills Practice

实践技巧 制作多层级的培训课件演示文稿

本章已向大家介绍了文本字体的设计方式、文本层级的安排与调整技巧，在此将动手制作多层级的培训课件演示文稿，结合本章所学的内容，让大家对这些技巧有个综合的应用，下面将具体介绍案例的制作要点。

01 设置标题字体

在标题幻灯片中插入一个横排文本框，在其中输入中文文本作为标题，然后将文本的字体设置为“方正舒体”，字号为“44”磅，字体颜色为“蓝色 强调文字颜色1，深色25%”。

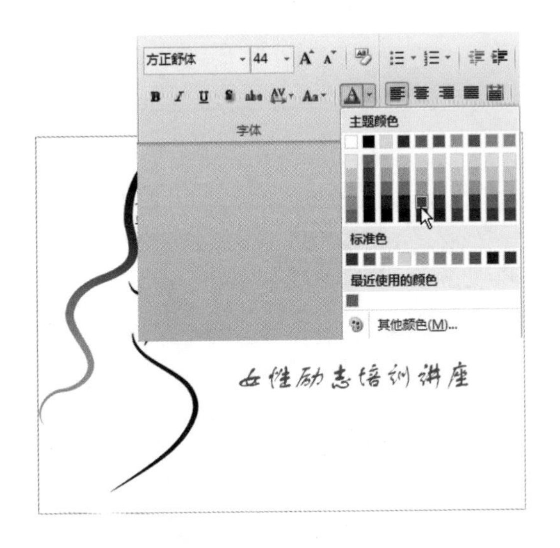

02 设置副标题字体

在标题之下插入横排文本框，并输入英文文本，将英文文本的字体设置为“Kozuka Gothic Pro M”，字号为“24”磅，字体颜色为粉红。

03 在“大纲”窗格中输入标题

切换到“[幻灯片/大纲]”窗格中的“大纲”选项卡，将鼠标光标插入到在第二张幻灯片的开头，并输入“一、事业篇”，然后选中文本，设置文本的字体为“方正舒体”，字号为“44”磅，按【Enter】键，按照同样的方式，输入标题文本“二、恋爱篇”、“三、家庭篇”和“四、其他篇”。

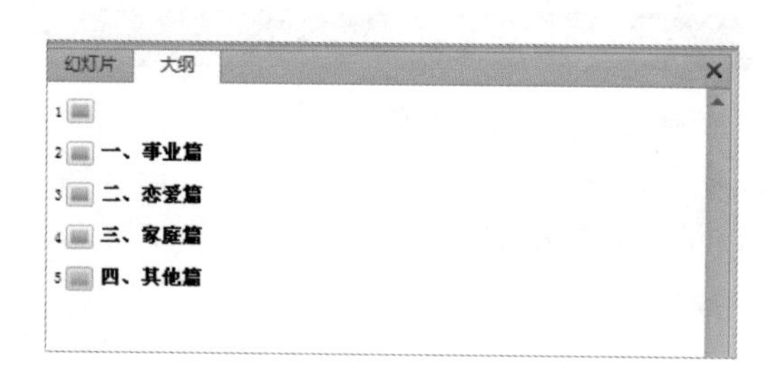

04 输入内容并设置项目符号

切换到第二张幻灯片中，插入文本框，并输入内容文本。选中文本，设置字体格式为“华文新魏”，字号为“24”磅，然后单击“项目符号”下拉按钮，在其下拉菜单中选择一种项目符号，按照该方式设置其他幻灯片中的内容文本。

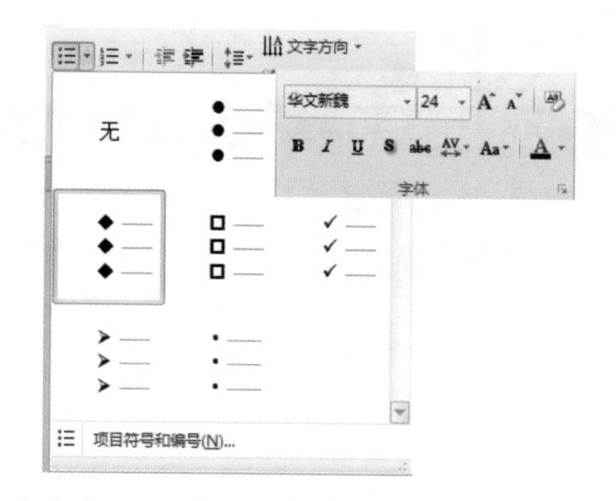

按照这样的方式制作演示文稿，其最终的效果如图4-32所示。

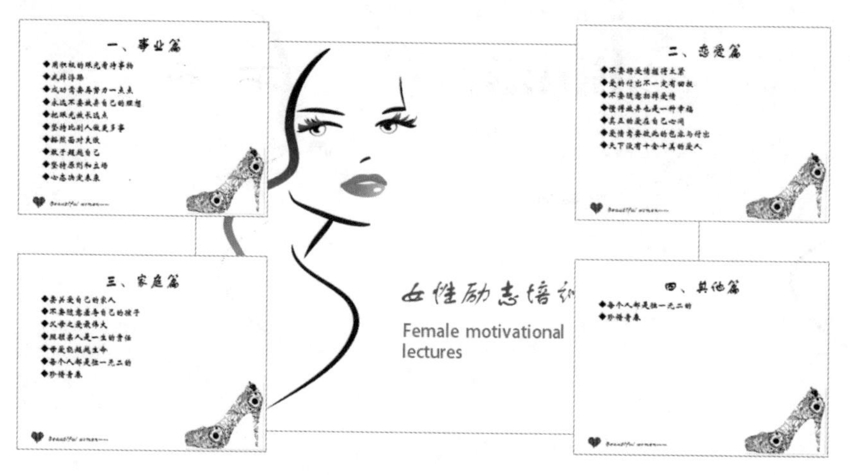

图4-32 演示文稿的最终效果

Chapter 05

第五章

学会用图像演绎PPT

图片、图形是PPT的核心元素之一，灵活地利用它们，能给幻灯片带来更丰富的价值，本章将带领大家领略图像在PPT中的奥妙。

PPT红宝书……>> 05

How To Choose

The most appropriate pictures

选择图片——不要最美，只要最合适

图片是PPT中的重要元素。我们常常用图片来作为幻灯片的背景，或者来装饰幻灯片中某个版块，或者制作纯图片的PPT，这都需要海量的图片素材。在第一章中，我们已经介绍了搜索图片的网站，除此之外，还有照片、PS图片、AI矢量素材等可以作为PPT的图片素材。

不过需要注意的是，选择PPT中的图片素材是有技巧的，并不是越好看就适合。在选择图片时需要注意以下几点。

1 图片的大小与尺寸

作为PPT背景图片的大小和尺寸是有考究的。一般情况下，图片最好为800*600的成倍像素，且为横向，如图5-1和图5-2所示。

图5-1 PPT背景图片的大小与尺寸

图5-2 注意PPT中图片的像素

在PowerPoint中，如果要将图片作为PPT的背景，一般有两种做法。一是将图片放置在幻灯片中，拉伸图片的控制点，将其缩放成幻灯片页面的大小。

另一种做法是在幻灯片中单击鼠标右键，在弹出的快捷菜单中选择“设置背景格式”命令，在打开的对话框中选中“图片或纹理填充”单选按钮，并选中“将图片平铺为纹理”复选框，最后单击“确定”按钮，如图5-3所示。

图5-3 将图片填充为背景

由于在幻灯片中，作为背景的图片多以“平铺”的方式呈现，因此在选择背景图片中图片的长宽比例应该与幻灯片页面的长宽比例相一致，否则可能出现图片拉伸重叠或挤压变形的情况，如图5-4和图5-5所示。

原图

作为PPT背景

图5-4 重叠的图片

原图

作为PPT背景

图5-5 变形的图片

2 图片的布局

在PPT中，图片的布局不宜过满，特别是作为背景的图片，总体来讲，图片需要留有二分之一以上的空间，作为呈现幻灯片内容的地方。如果图片过满，就会影响幻灯片的主题内容展现，如图5-6和图5-7所示。

图5-6 图片太满影响文字

图5-7 正常情况下的图片布局

在图5-6所示的幻灯片中，图片太满，且主要的图像位于幻灯片页面右侧偏中央，严重阻碍了幻灯片文本内容的展现。而在5-7所示的幻灯片中，图片的布局就比较空，且主题图像位于幻灯片页面的右下方，因此文本内容得到了很完整、清晰的展示。

除此之外，幻灯片图片的布局还必须满足视觉的先后顺序。一般来说，作为幻灯片背景的图片需要满足以下要求，如图5-8和图5-9所示。

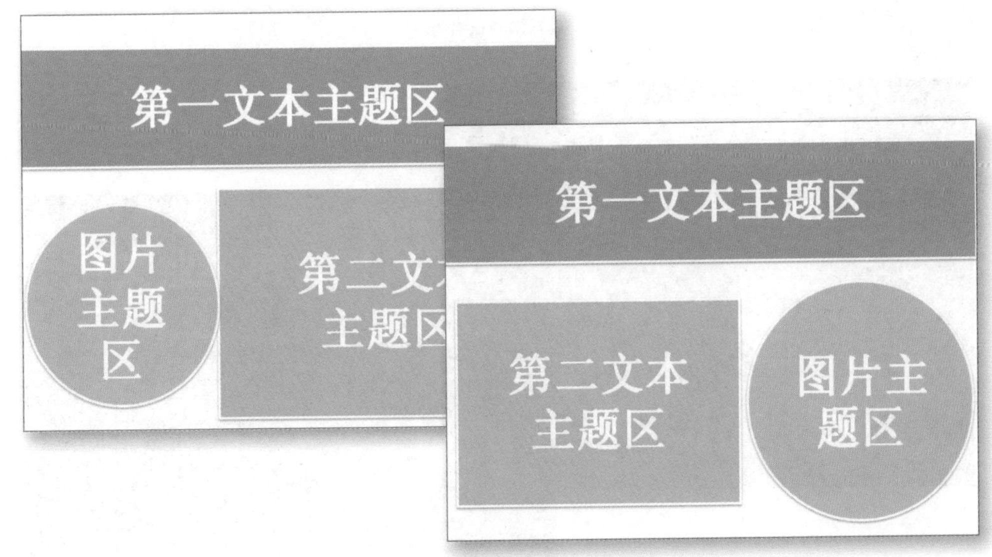

图5-8 第一种合理的图片布局

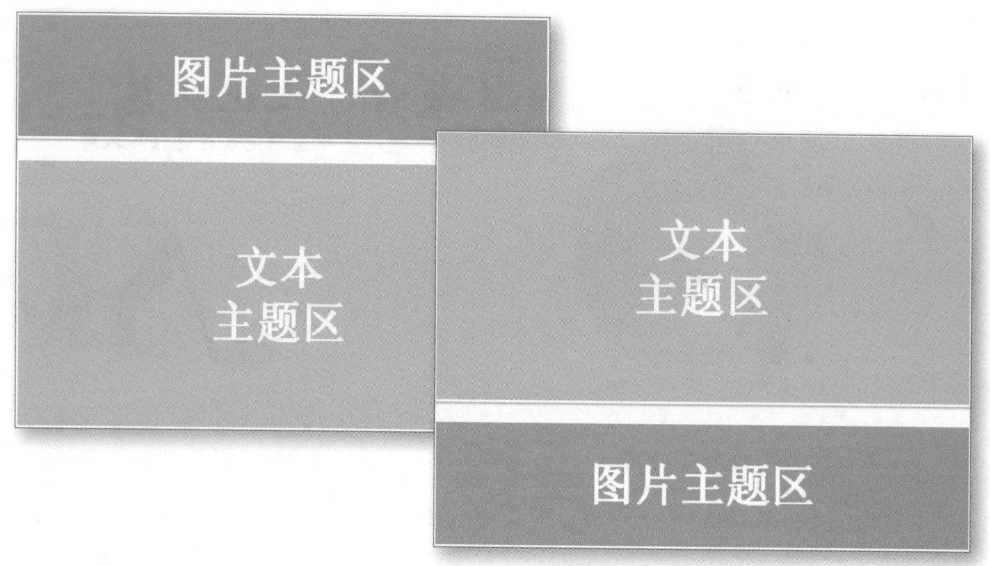

图5-9 第二种合理的图片布局

如图5-8所示的第一种合理的图片布局可以看出，当图片的主题部分位于页面的右黄金分割线和下黄金分割线交接处，或者位于页面的左黄金分割线和下黄金分割线的交接处时，图片其他部位较为空旷，则比较适合作为幻灯片的背景图片，且文本内容放在如图所示的“第一文本主题区”和“第二文本主题区”为最佳，如图5-10所示。

图5-10 左右布局的幻灯片图片

如图5-9所示的第二种合理的图片布局可以看出，当图片主题区为整个页面大小的三分之一左右，且位于页面的顶端或低端时，其他部位较为空旷，则比较适合幻灯片的背景图片，如图5-11所示。

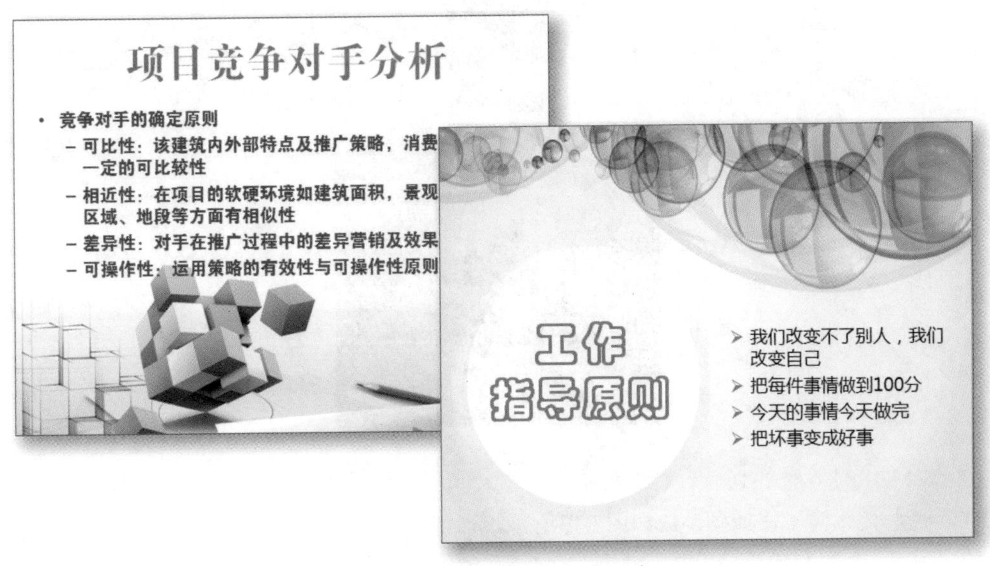

图5-11 上下布局的幻灯片图片

在左右布局的幻灯片图片中我们可以明显地观察到，当图片主题位于页面左下方的时候，比图片主题位于页面右下方的区域要小一些。这并不是偶然情况，这样的安排是有实际意义的，一般来说，图像主题位于右边时，第二文本位于图像主题的左边更适合人们的视觉习惯。因此，当图像主题位于页面的左边时，为了突出文字图像最好小一些或模糊一些。

3 图片的色彩

当我们选择图片作为PPT的背景或者装饰的时候，一定要注重图片的色彩。很多时候，当我们做好PPT的时候，可能会得到这样的评价“杂乱”、“不够大气”。

什么样的PPT才整齐划一？什么样的PPT才大气呢？那首先我们来看看不能满足这两个要求的PPT到底是什么样子，如图5-12和图5-13所示。

图5-12 颜色杂乱的PPT

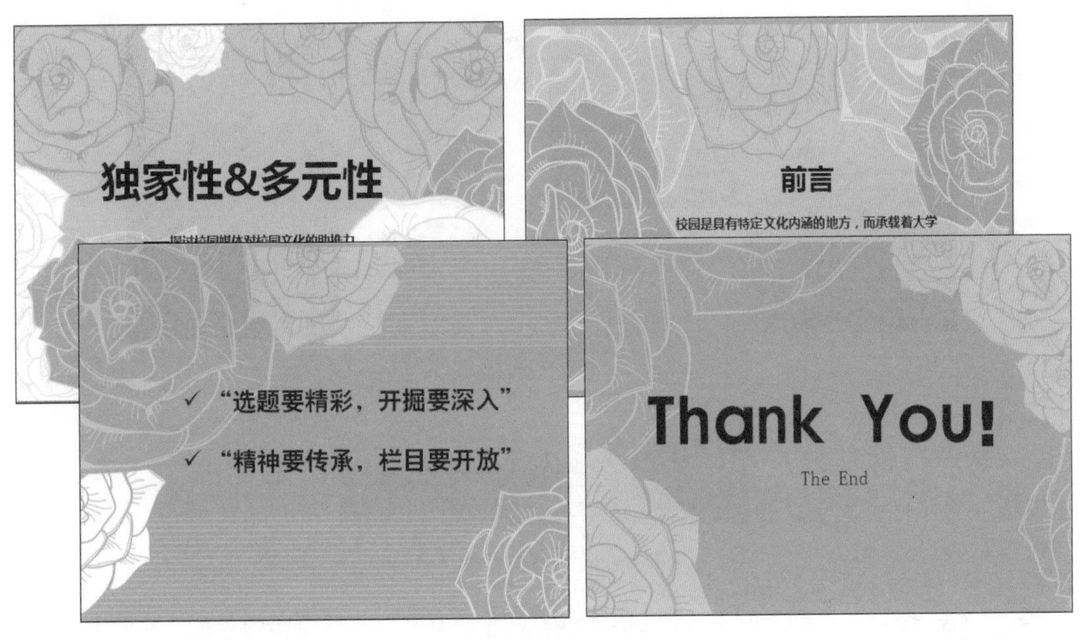

图5-13 不够大气的PPT

从图5-12中可以看出，作为PPT背景的几张图片虽然都是格纹风格的，但是颜色差别迥异，五颜六色，看上去整体感不强，略显花哨。

而图5-13所示的PPT背景图片，虽然在颜色上表现出了统一性，但是以紫色系为主，且图片主题为花瓣。使用这种图片作为幻灯片背景是有很大局限性的，在很多PPT中并不适合使用，例如商务类的PPT、技术类的PPT、学术类的PPT、政务类的PPT等。这样的背景图片就缺乏了大气之感。

由此看来，为了更好地掌握选择幻灯片图片的技巧，有必要了解色彩在PPT运用中的意义与重要性，如下所示。

※ 蓝色是商务御用颜色，因为在商务领域内这种颜色是最常见的，它是灵性知性兼具的色彩。明亮的天空蓝，象征希望、理想、独立；暗沉的蓝，意味着诚实、信赖与权威。正蓝、宝蓝在热情中带着坚定与智能；淡蓝、粉蓝可以让自己、也让对方完全放松。蓝色在美术设计上，是应用度最广的颜色；海军蓝，象征权威、专业、严谨、高效、中规中矩与务实。不过在应用这种颜色的时候，也必须注意避免它带给人呆板、没创意、缺乏趣味的印象。对于职业人士，如果希望表现专业与严谨，不妨选用蓝色，例如：参加商务会议、记者会、提案演示文稿、到企业文化较保守的公司面试、或讲演严肃或传统主题，如图5-14所示。

图5-14 蓝色的幻灯片图片

※ 黄色被称之为“膨胀色”，它是明度极高，是所有色彩中较耀眼的颜色，能刺激大脑中与焦虑有关的区域，具有警告的效果，所以雨具、雨衣、交通警示多半是黄色。艳黄色象征信心、聪明、希望；淡黄色显得天真、浪漫、娇嫩。提醒你，艳黄色有不稳定、招摇，甚至挑衅的味道，不适合用于社交场合，而适用于快乐的场合中，如聚会，游戏等，如图5-15所示。

图5-15 黄色的幻灯片图片

褐色、棕色和咖啡色具有典雅中蕴含安定、沉静、平和、亲切等意象，给人情绪稳定、容易相处的感觉，不过如果应用不当的话，也可能会让人感到沉闷、单调、守旧、颓败、压抑、缺乏活力。表现安静、友善、诚意的时候可以选择咖啡色，例如：参加部门会议或季度汇报、商务聚会、做问卷调查……当不想招摇或引人注目时，褐色、棕色、咖啡色系也是很好的选择。

※ 绿色给人无限的安全感，在人际关系的协调上可扮演重要的角色。绿色象征自由和平、新鲜舒适；黄绿色给人清新、有活力、快乐的感受；明度较低的草绿、墨绿、橄榄绿则给人沉稳、知性的印象，绿色的负面意义，暗示了隐藏、被动，不小心就会表现出守旧没有创意、自私、失信的感觉，在团体中容易失去参与感，所以在搭配上需要使用其它色彩来调和。绿色是参加任何环保、动物保育活动、休闲活动时很适合的颜色，如图5-16所示。

图5-16 绿色的幻灯片图片

※ 黑色有时候象征着权威、高贵、低调、创意；有时候又意味着执着、冷漠、防御。人们对黑色的接纳和拒绝根据身份和场景的变化而变化，例如黑色被大多数职业人士所偏爱，当人们需要极度权威、表现专业、展现品味、不想引人注目或想专心处理事情时，例如高级主管的日常穿着、展示演示文稿、在公开场合演讲、写企划案、创作、从事与

设计有关的工作时，黑色就常常出现在人们的视线中，如图5-17所示。

图5-17 黑色的幻灯片图片

以上介绍了一些常见的PPT背景图片颜色，要让PPT做到大气、美观，就必须学会选择和利用这些颜色。

要使幻灯片看上去更加大气，最好少用粉色、紫色等比较可爱的颜色。除此之外，在图片中最好不要有丝带、蝴蝶结、花瓣等图像，也不要用卡通形象的图片作为幻灯片的背景。大气，就是要不拘小节，越抽象的图像越好，细节明显的图片反而不太适合。

PPT红宝书……>> 05

A good horse also
Need a good bole

好马还需好伯乐——图片的优化

我们常常使用网络图片作为PPT的图片，但是需要注意的是，这些图片并不是都能直接使用的，有的还需要进行一定的优化。就像一匹好马，需要伯乐的发现和培养。

优化图片的方式有很多，在此向大家介绍几种在PowerPoint中常用的方法。

1 色块法

色块法适用于特别有质感的背景图片。图片中涉及到的某种颜色的色块来遮住部分图片内容，以创造一定的空间，用来展示PPT的文字内容。

如图5-18所示的左边的图片，如果用它作为PPT的背景，就需要用色块遮住图片的一部分，并在色块中添加PPT的标题，最终效果如图5-18中的右图所示。

图5-18 用色块法优化图片

为图片添加色块的时候需要注意，色块最好是图片中所涉及到的主要颜色，如果颜色差别较大，就会影响PPT的整体美观度，如图5-19所示。

图5-19 选择色块颜色的技巧

如图5-19中的左图所示，当选择红色色块遮挡图片的时候，会发现色块与图片的融合度不够，这个画面看上去很不协调。但是将色块的颜色换为图片中已经涉及到的橙色，则效果就会好很多，如图5-19中的右图所示。

要想在PowerPoint中为图片添加色块，其方法是比较简单的，只要在图片上绘制一个无边的矩形，然后在矩形上单击鼠标右键，选择"设置形状格式"命令，在打开的对话框中选择矩形的颜色，同时可以适当调整填充颜色的透明度，这样可以让PPT看上去更有质感，如图5-20所示。

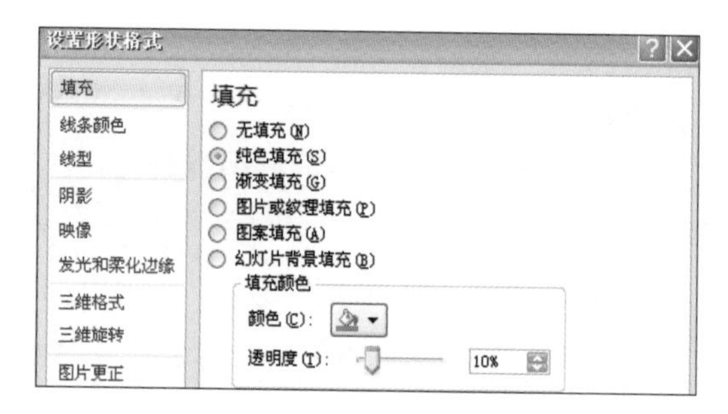

图5-20 设置矩形格式

2 抠图法

抠图是我们在优化图片的过程中使用较为频繁的一种方法。不过，传统意义上讲，抠图是比较麻烦的，甚至需要利用如PS等专业的图像软件。

不过，现在的PowerPoint 2010软件已经非常强大了，要完成抠图，简单的几步就可以做到了。例如要将如图5-21所示的茶杯图片的背景扣掉，则可以利用PowerPoint的"删除背景"功能。

图5-21 茶杯原图

具体方法为，选中目标图片，单击"图片工具 格式"选项卡中的"删除背景"按钮，切换到"背景消除"选项卡，当图片背景变成紫色时，单击"保留更改"按钮即可。如果不能完全删除背景，则单击"标记要删除的区域"按钮，将需要删除的区域做标记，如图5-22所示。

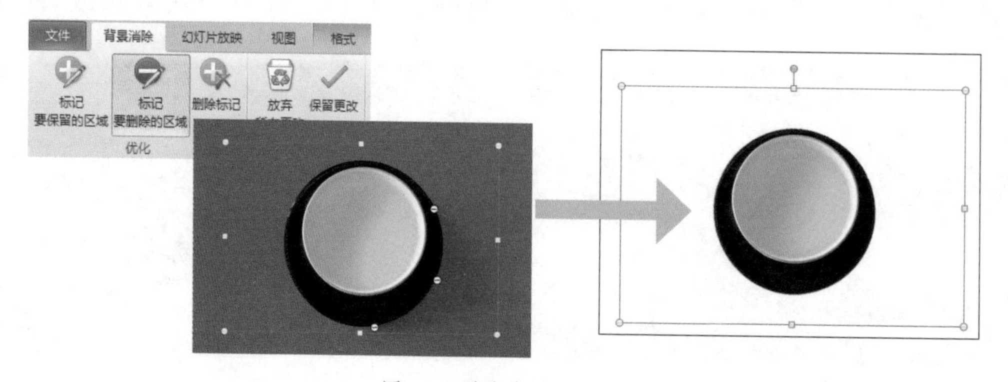

图5-22 删除背景的方法

另外，当图片的背景是纯色，且与图片主体的颜色差别较明显时，还可以用PowerPoint中的“设置透明色”的功能来实现抠图。

例如，将图5-23所示的图片的纯白色背景删除，以便使其与灰色的PPT背景相融合，其方法为：选中目标图片，然后单击“图片工具 格式”选项卡中的“颜色”按钮，在其下拉菜单中选择“设置透明色”选项，当鼠标光标变为形状时，在目标图片的白色背景的区域内，单击鼠标左键，即可删除图片的纯白色背景，如图5-24所示。

图5-23 原始图片

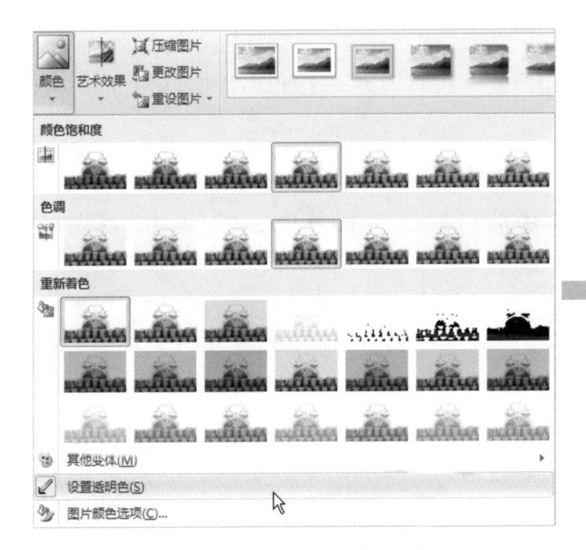

图5-24 设置透明色的方法

3 调色法

调色法是优化图片最简单易行的方法，只要选中图片之后，单击PowerPoint中的“图片工具 格式”选项卡，在其中可以通过“颜色”按钮的下拉菜单调整图片的整体颜色，还可通过“更正”按钮的下拉菜单选择图片的亮度和对比度，以及锐化和柔和效果等，从而使图片达到改头换面的目的。

PPT红宝书……>> 05

Use the software

To Beautify pictures

利用美图秀秀软件修改图片

一说到修改图片，大家首先想到的就是Photoshop软件，但是对于很少接触图片修改工作的人来说，Photoshop软件功能庞大，操作比较复杂，用它处理一张图片的时间，可能都可以重新制作N份PPT了。对于上班族来说，时间就是金钱，效率永远是最重要的，他们怎么可以接受这样费时费力的事情。

杀鸡何须宰牛刀？比Photoshop软件简单实用的软件还有很多。比如现在非常流行的“美图秀秀”软件。

美图秀秀是一款体积小、功能强大的图片处理软件，不用复杂的操作步骤，几步简单的智能化操作，就能套用图片的特效、美容、拼图、场景、边框、饰品等功能，可以让大家无师自通。接下来向大家详细介绍美图秀秀中最常用的工具。

1 拼图工具

拼图即把多张图片组合放置在一起，形成一个整体。简单的、少量图片的拼图，在PowerPoint软件中是可以完成的。但是遇到海量图片、形态复杂的拼图时，就可以选择美图秀秀软件了。它的智能模板拼图功能可以很快实现各种形状的拼图。

例如，启动美图秀秀软件之后，单击工具栏中的“拼图”按钮，这时将打开“请选择一个拼图样式”的对话框，在此对话框中单击“模板拼图”按钮，如图5-25所示，即可进入到模板拼图界面中。

在模板拼图界面的左侧，有个“添加图片”的按钮，单击此处，可以添加多张目标图片。随后，在界面的右侧，可以看到一个素材模板选择栏，在其中选择自己想要的模板即可完成拼图，如图5-26所示。

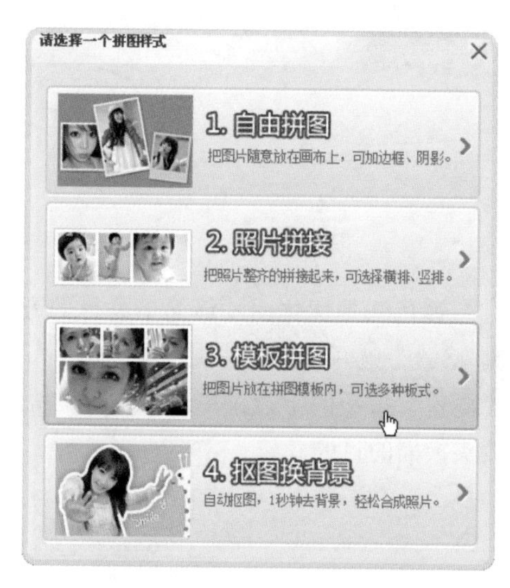

图5-25 单击“模板拼图”按钮

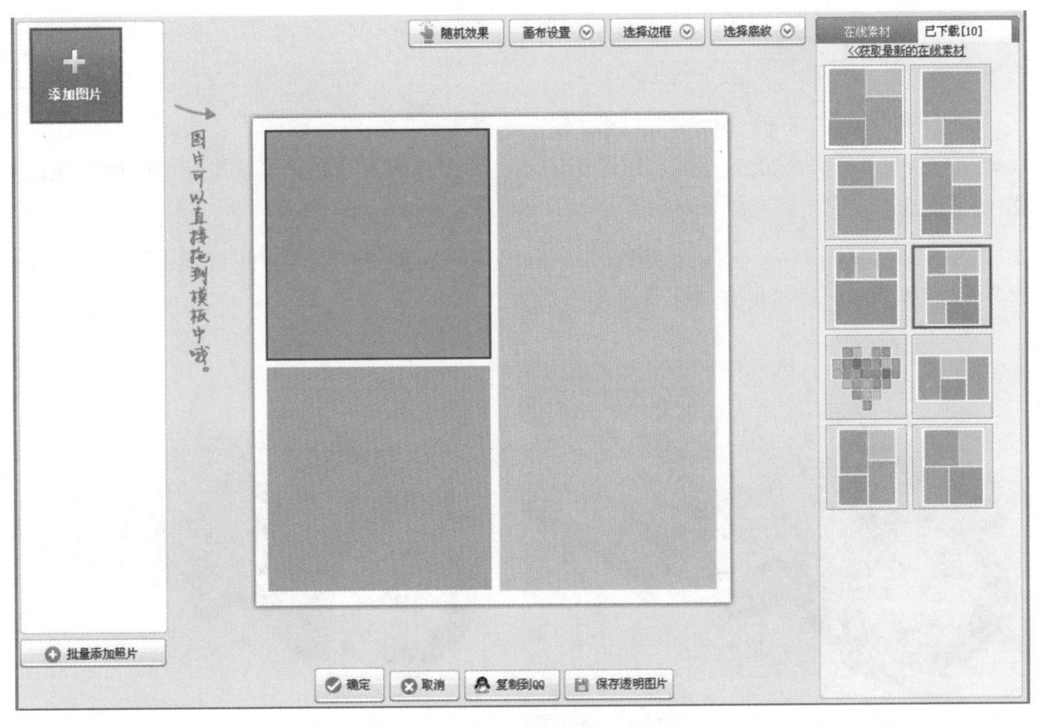

图5-26 模板拼图界面

例如，现在需要做一个晚会的PPT，在PPT上想要展示这样一幅画面：很多张表情图片拼成一个心形。这一幕应该是比较常见的。如果用传统的方法，在PowerPoint中将数十张照片拼合成一个心形，估计是非常花费时间的。不过在美图秀秀中，半分钟就可以完成了。

做法如下：首先进入到模板拼图界面，单击左下角的“批量添加照片”按钮，将目标图片添加到界面中，然后选择界面右侧的“心形模板”选项，最后单击界面下端的“确定”按钮即可，最终效果如图5-27所示。

图5-27 模板拼图的最终效果

2 抠图工具

又讲到抠图了。因为在处理图片的过程中，需要抠图的时候太多了。前面我们已经讲过在PowerPoint中抠出图片背景的方法，但遗憾的是，当图片的背景颜色比较复杂的时候，就很难完成抠图。

如图5-28中左图所示，如果要在PowerPoint中删除这幅图的背景，可能最终可得到如图5-28中右图所示的效果，图片的背景不能被完全删除。

图5-28 在PowerPoint中抠图的前后对比

这个时候可以尝试使用美图秀秀中的抠图工具来实现背景的删除。

在美图秀秀软件中打开目标图片，然后单击工具栏中的“抠图”按钮，打开“请选择一种抠图样式”对话框，然后单击“自动抠图”按钮，如图5-29所示。

此时将进入抠图界面，鼠标光标变为形，在图片主题上画一笔或几笔，当图片背景变为蓝色时，单击界面下端的“完成抠图”按钮，即可删除背景，抠出图片主体，如图5-30所示。

图5-29 单击“自动抠图”按钮

图5-30 抠图界面

例如将图5-31中的左图所示的渐变背景完全删除，在美图秀秀中只需要一笔，就可以完成抠图，到达如图5-31中的右图所示的效果。

图5-31 抠图前后对比

3 美化工具

色彩是最神奇的，也是我们最难掌控的，无论是在PowerPoint中还是在Photoshop中进行调色，都需要一定的技术和经验。但是美图秀秀中的美化功能，就可以快速将图片的颜色调和成各种风格。打开一张图片，默认为“美化”选项卡，在界面右侧的特效展示栏中，分别有“热门、基础、LOMO、影楼、时尚、艺术、渐变”这7中调色类型可选择，如图5-32所示。

图5-32 在美图秀秀上美化图片

通过选择不同的调色类型，可以快速获得不同的效果，以满足不同风格的PPT的需要，如图5-33～图5-38所示。

图5-33 黑白色

图5-34 复古LOMO

图5-35 暖化

图5-36 深蓝泪雨

图5-37 亮红

图5-38 夕阳渐变

除了快速调色之外，在美图秀秀的美化界面中还可以通过“局部彩色笔”、“局部马赛克”、“局部变色笔”和“背景虚化”功能来快速处理图片，大家可以根据实际的需要，逐一进行尝试。

PPT红宝书……>> 05

Rapidly Create Photo Album

In the PowerPoint

在PowerPoint中快速创建相册

想要制作一份简单的电子相册，并不需要专业的软件，在PowerPoint中就可以实现。在PowerPoint 2010中，单击“文件”选项卡，在“新建”选项卡“样本模板”中，有“都市相册”和“古典型相册”等可供选择，在此选择“都市相册”选项，然后单击右侧的“创建”按钮，如图5-39所示。

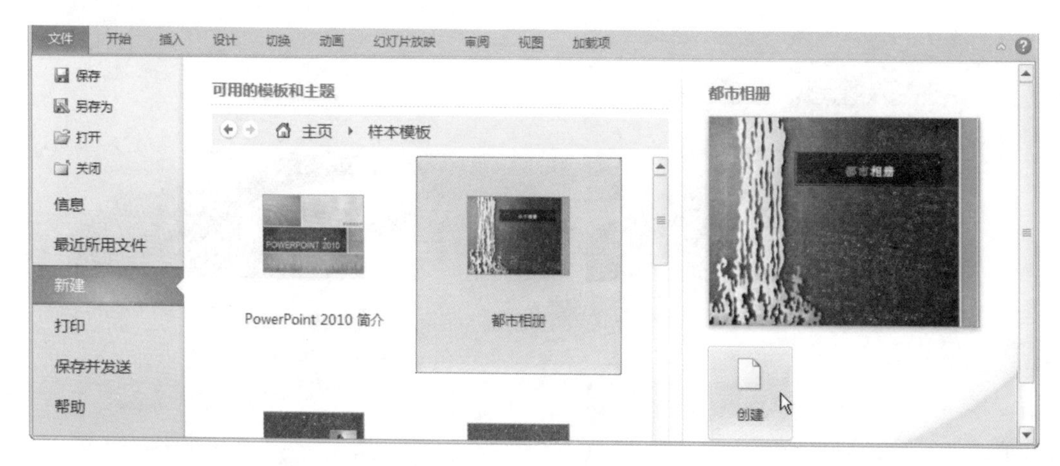

图5-39 单击“创建”按钮

这时即可创建一份完整的演示文稿，从封面到封底包括图片效果和动画，如图5-40所示。

图5-40 创建相册演示文稿

创建相册之后，只需要将模板中的照片换成自己的照片，然后删除多余的幻灯片，或者添加新的幻灯片即可。

很多人在插入自己准备的照片时，习惯先删除模板中的图片，再插入新的照片。为了保持照片在幻灯片中的图片效果和各种动画效果，我们建议大家使用“更改图片”的方式来替换模板中的照片。当然在更改之前，需要使照片的长宽比例与模板中图片的长宽比例相同。

更改图片的方法为在模板中的图片上单击鼠标右键，在弹出的快捷菜单中选择“更改图片”命令，此时将打开“插入图片”对话框，在其中选择目标照片即可，如图5-41所示。

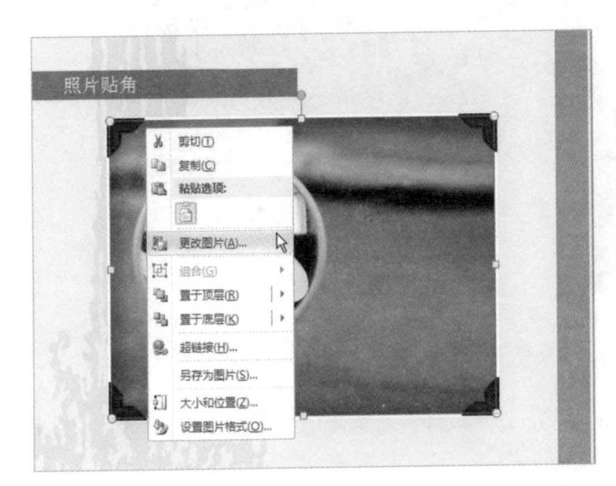

图5-41 更改图片前后对比

PPT红宝书……›› 05

Through The Graphic

Ornament Text

标题文本的图形化表达

在大多数PPT中，文本都是作为第一主体出现的。而在众多文本内容之中，标题文本是最突出的。按照习惯，我们一般会单独用一张幻灯片来展示标题文本。这就给标题文本一个很好的展示机会。因此，如何从标题入手，第一时间吸引观众的注意力就尤为重要了。

1 利用图形美化标题文本

利用图形美化标题文本，是一种较为精致的做法。在此方法中，对设计者的想象力要求较高。通常情况下，我们会利用图形来替代文本内容中的某个汉字、字母甚至是某个文本的一部分，使其具有较高的观赏性，如图5-42所示。

图5-42 将文本的某部分图形化

另一种做法则是用能够表达文本意义的图像来点缀文本，使文本看上去没那么单调，同时达到美化的效果，如图5-43所示。

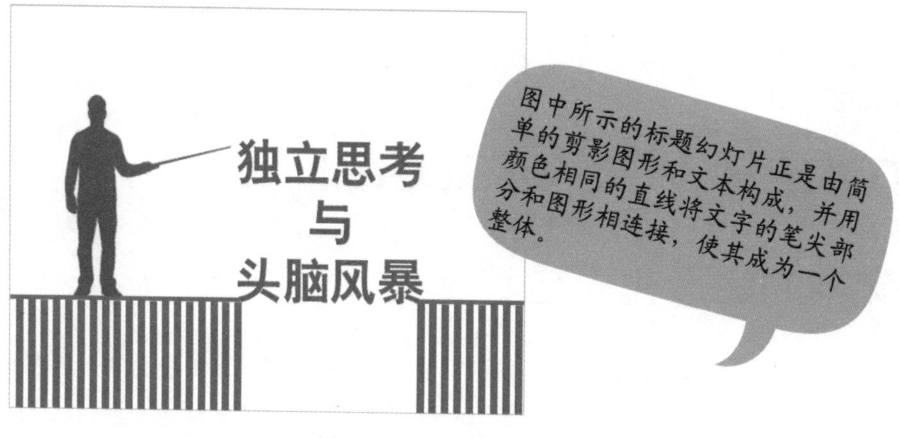

图5-43 用图形来点缀文本

2 利用艺术字效果美化标题文本

艺术字的设计方式有两种，一种是在PowerPoint中设置艺术字参数，该方式省时省力；另一种则是在诸如Photoshop之类的软件中设计艺术字，效果精致，但比较花费精力。

在PowerPoint中选中目标文本，切换到“绘图工具 格式”选项卡，单击“艺术字样式”组中的“其他”按钮，将打开PowerPoint软件预设的艺术字样式库，如图5-44所示。

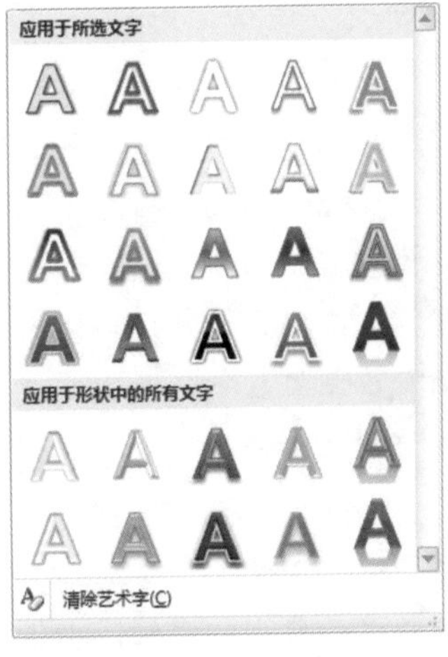

图5-44 艺术字样式库

当鼠标光标移过艺术字库中的选项时，就可以预览应用该艺术字之后的效果。如果希望删除已使用的艺术字效果，可以选择如图5-44所示的菜单中的“清除艺术字”选项。

另外，我们还可以自定义艺术字的样式，在“艺术字样式”组中，还包括“文本填充”、“文本轮廓”和“文本效果”三个按钮，其中通过“文本填充”和“文本轮廓”按钮可以设置文本的内部填充的颜色和外部轮廓的样式。当单击“文本效果”按钮之后，将出现如图5-45第一图所示的下拉菜单，在菜单中有6种文本效果，选择其中任意一种效果命令，将展开对应的子菜单。例如分别选择“发光”、“棱台”和“转换”命令，将出现如图5-45其余三图所示的子菜单。

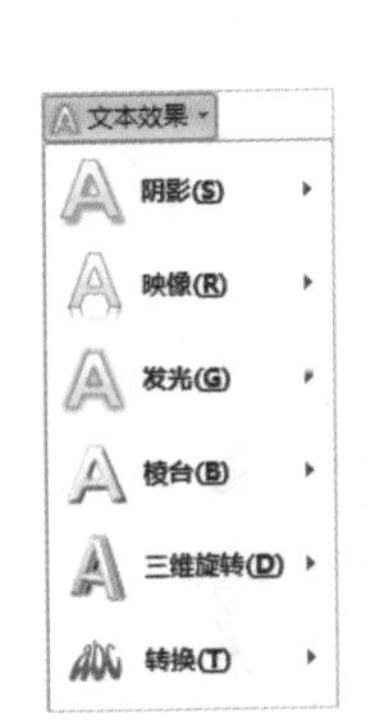

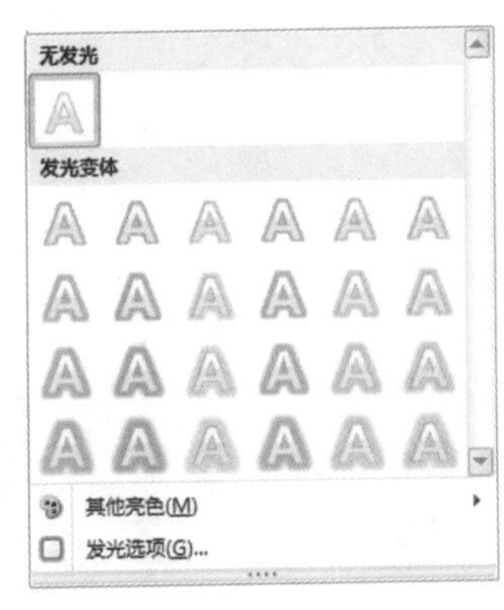

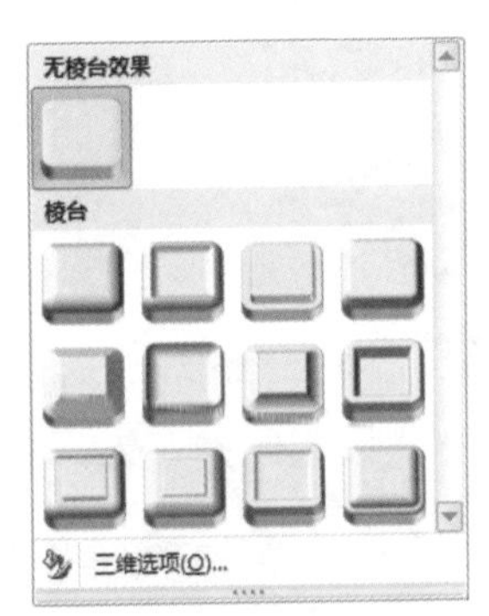

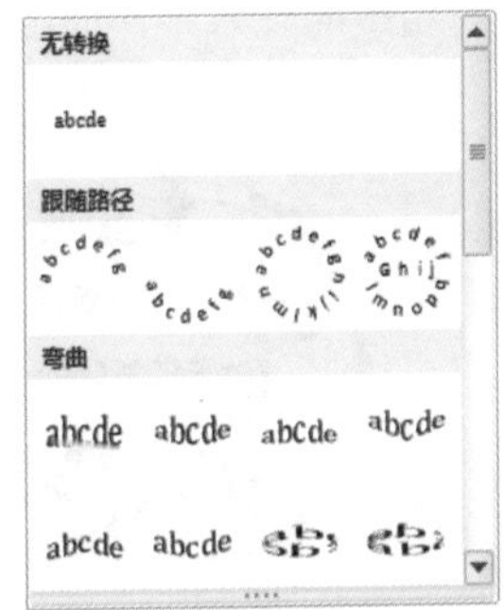

图5-45 文本效果选项

根据这三个自定义设置艺术字效果的按钮，可以设计出符合自己需要的艺术字效果，如图5-46所示的艺术字。

图5-46 自定义的艺术字效果

在“文本填充”按钮的下拉菜单中，选择“渐变”命令，并在其展开的子菜单中选择“其他渐变”命令，可打开“设置文本效果格式”对话框，如图5-47所示。

图5-47 “设置文本效果格式”对话框

单击对话框中的“预设颜色”按钮，可以选择PowerPoint内置的渐变样式，单击“方向”按钮，可以设置渐变颜色的方向。同时，在此对话框中还可以自定义设置文本的渐变效果。

很多人习惯把重要的文本，例如标题设置为渐变样式。需要提醒大家的是，渐变样式须慎用，最好让文本保持单色，因为当PPT放映到荧幕上的时候，由于受到光线的反射作用，设置为渐变色的文本很可能影响到受众的观看效果。

除了在PowerPoint中设置艺术字以外，还可以通过Photoshop或Illustrator等图文软件来设计更为精致的艺术字，如图5-48所示。

图5-48 利用软件制作艺术字

利用软件设计艺术字的优势在于，可以打造独一无二的艺术字效果，只要你能想到，就能表现出来。但是这种方式需要更多的时间，且对制作者的图文软件的操作熟练度有较高的要求，对于条件充分的制作者可以尝试这种方法，让自己的PPT更加美观、独特。

3 利用符号美化标题文本

符号的意义很广阔，它可以是文字符号、数学符号，也可以是化学符号、声音符号。而符号的产生最初的意义在于传达情感、表述和解释信息。

但如今在很多平面设计中，符号已经成为一种美化元素，最常见的则是各种特殊字体的引号，如图5-49所示。

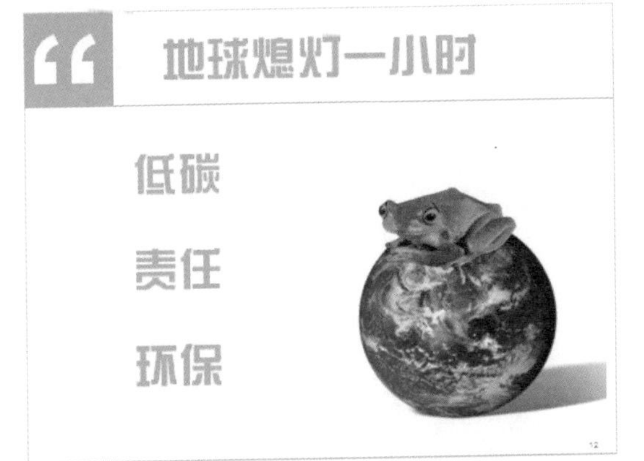

图5-49 引号在幻灯片中的妙用

除了引号之外，还有不少符号适合作为幻灯片文本的装饰，例如#、@、？和！号，如图5-50所示。

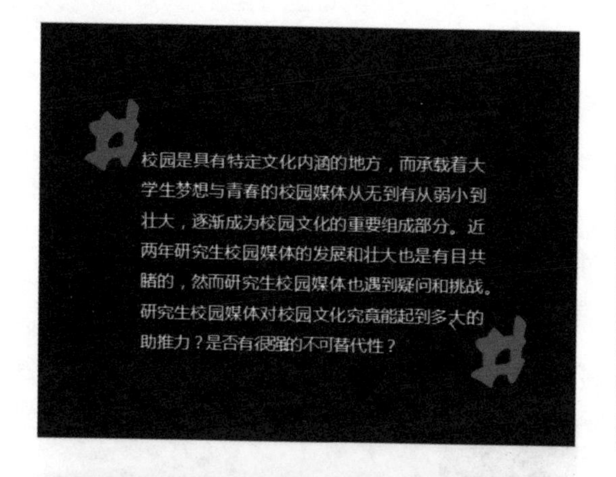

图5-50 各种符号在幻灯片中的妙用

PPT红宝书……>> 05

The Use Of

The shape method

几种常规图形的应用方法

很多人花费心思去收集各种各样的图片，希望自己的PPT看上去更有质感。而最基本的图形却被大家所忽略。其实，最常见的图形，例如矩形、圆形等往往能够产生意想不到的效果。

正如我们在第一章中所分享的大师的作品，全是用简单的图形构成，一张图片也未使用。在此，我们将借鉴大师的思维，提供几种常见图形在PPT中的使用方法。

1 矩形

无论是PPT中的文字还是图片，我们常常用矩形的形式来区分空间，这就是利用了矩形的分布式作用。

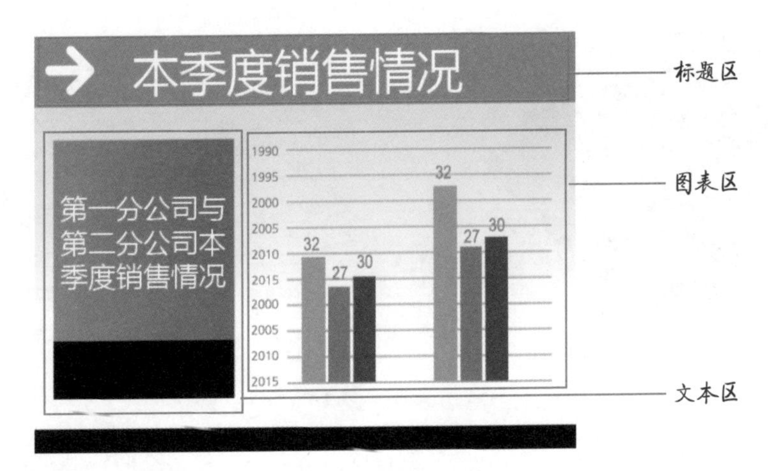

图5-51 用矩形区分版面

如上图5-51所示为矩形的综合运用，从图中可知，矩形的主要作用在于装饰幻灯片的背景、点缀幻灯片标题、强调幻灯片内容文本，区分图表与文字以及填充幻灯片页眉与页脚。

用矩形装饰幻灯片的背景与使用颜色填充背景的方式比较相似，不同之处在于使用矩形装饰幻灯片背景，可以使背景更加灵活多变。我们可以尝试在空白的页面上绘制矩形，用它作为简单的背景装饰，如图5-52所示。

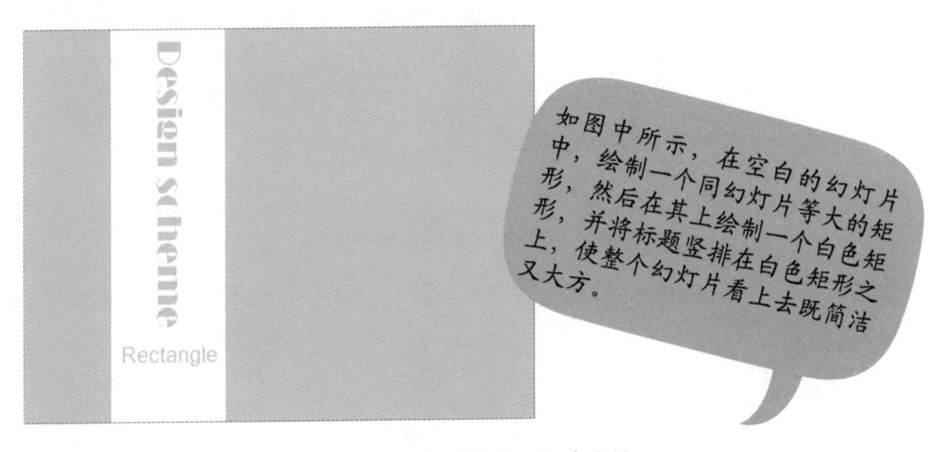

图5-52 用矩形装饰幻灯片背景

使用矩形装饰背景和衬托标题时，并不是严格区分开的。如图5-53所示，在上图装扮背景方法的基础上，使用一些变形后的矩形：菱形、平行四边形以及圆角矩形等来参与幻灯片标题的装饰。

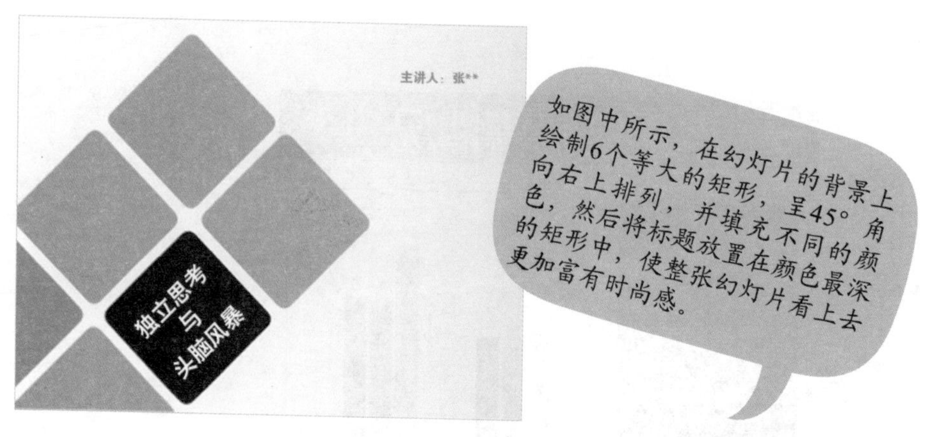

图5-53 用矩形装饰标题文本

使用矩形强调内容文本时，一般是为了避免页面太空白、背景太满的问题，为突出文本，就需要借助矩形的作用，如图5-54所示。

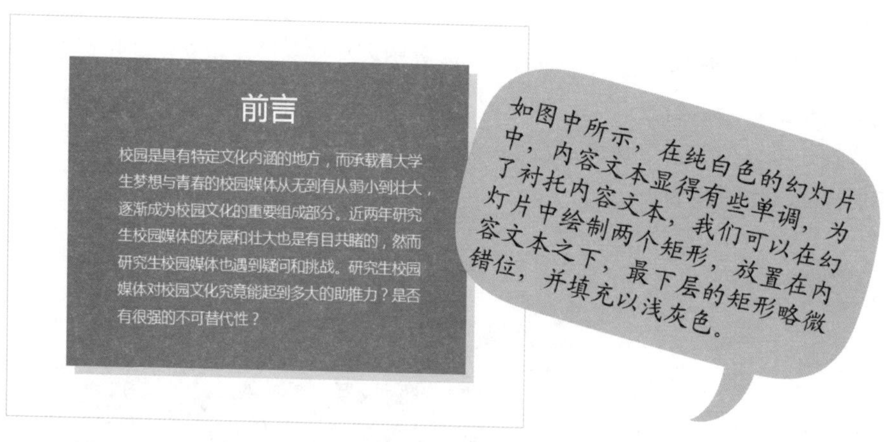

图5-54 用矩形强调内容文本

利用矩形还可以为空白的幻灯片添上页眉或页脚，如图5-55所示，利用矩形来装饰幻灯片的页眉页脚。

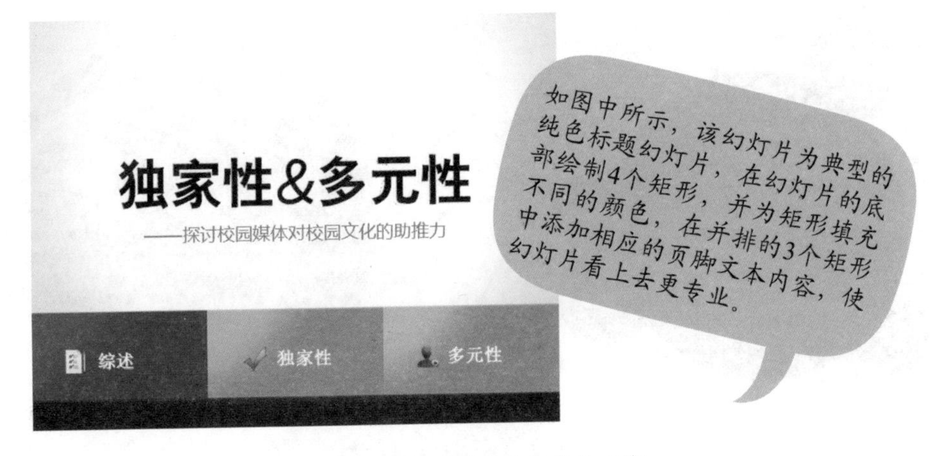

图5-55 用矩形装饰幻灯片的页脚

2 圆形

与矩形相同，圆形也是最基本的形状之一，因此它的用法也与矩形基本相似。如图5-56所示为用圆形装饰幻灯片的背景，在这两幅图中，都在幻灯片的中央绘制了一个较大的圆形，用以衬托幻灯片的标题文本。

图5-56 使用圆形装饰幻灯片背景

如图5-57所示为多个圆形组合拼接而成，用以衬托幻灯片的内容文本，以避免幻灯片背景过于空白。

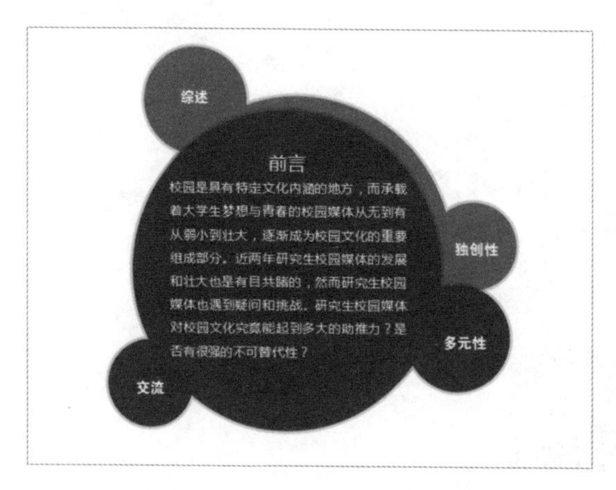

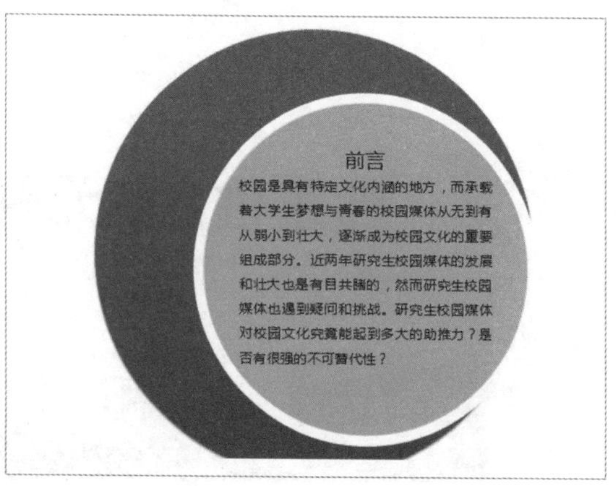

图5-57 使用圆形衬托内容文本

3 箭头

箭头的形态也是很多变的，除了传统的向上箭头、向下箭头、双向箭头、弧形箭头之外，还有很多其他的形式。这些不同形态的箭头既可以在PowerPoint中变形获得，又可以通过网络下载获得，如图5-58和图5-59所示。

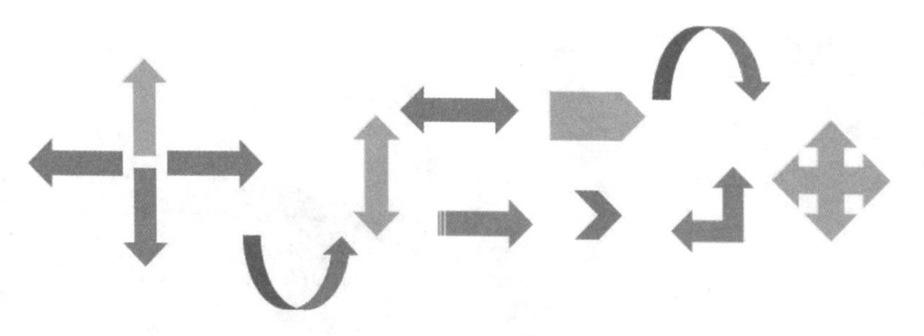

图5-58 PowerPoint中自带的箭头形状

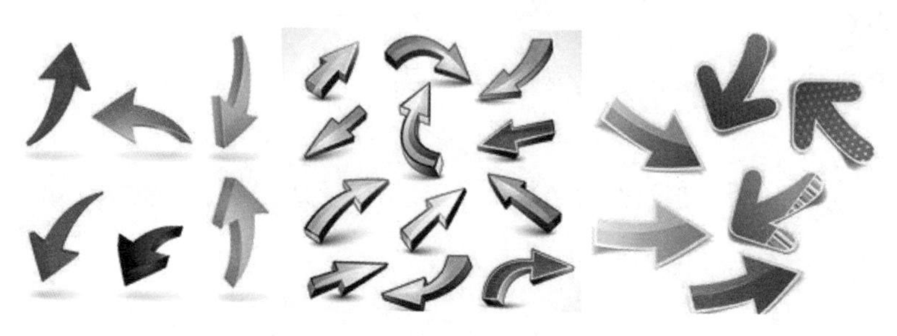

图5-59 下载的箭头素材

在众多的形状中，我们单独列出箭头形状，是因为它不仅可以点缀幻灯片的背景，还可以衬托幻灯片中的文本内容，如图5-60和图5-61所示。

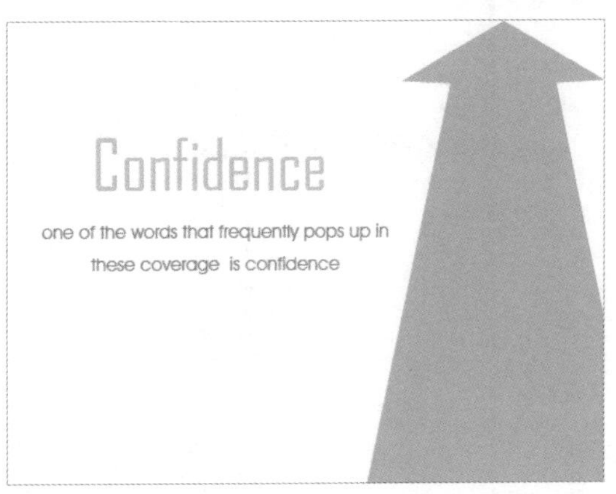

图5-60 用箭头形状装饰幻灯片背景

Business Protocol
LESSON 1 HANDSSHAKING
LESSON 2 SITTING POSTURE
LESSON 3 SMLIING
LESSON 4 PROPOSING A TOAST

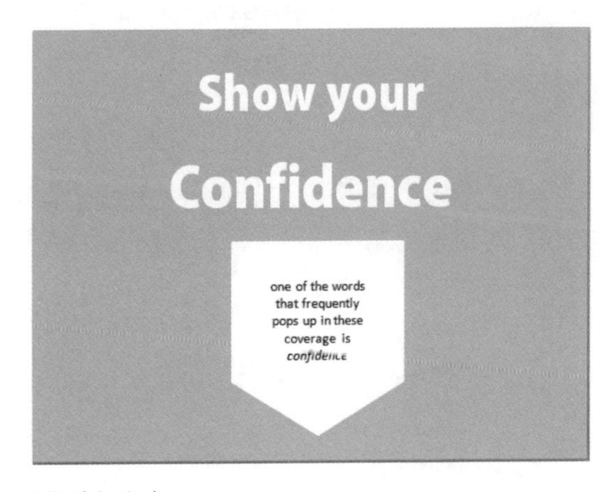

图5-61 用箭头形状衬托文本

4 简单形状的组合

当我们把简单的形状通过巧妙地组合就可以产生神奇的效果，默认情况下，PowerPoint 2010的功能区中并不能看到形状组合、剪除等功能项，如果要使其出现在功能区中，首先选择“文件/选项”命令，打开“PowerPoint 选项”对话框，并切换到“自定义功能区”选项卡，单击“从下列位置选择命令”下拉按钮，选择“不在功能区中的命令”选项，单击“自定义功能区”下拉按钮，选择“工具选项卡”选项，如图5-62所示。

图5-62 “PowerPoint 选项”对话框

在“绘图工具 格式”选项卡中新建一个组并重命名为“形状操作”，然后在“PowerPoint选项”对话框的左侧选中“形状剪除”、“形状联合”、“形状交点”、“形状组合”4个选项，单击“添加”按钮，将其逐一添加到“形状操作”组中，如图5-63所示。

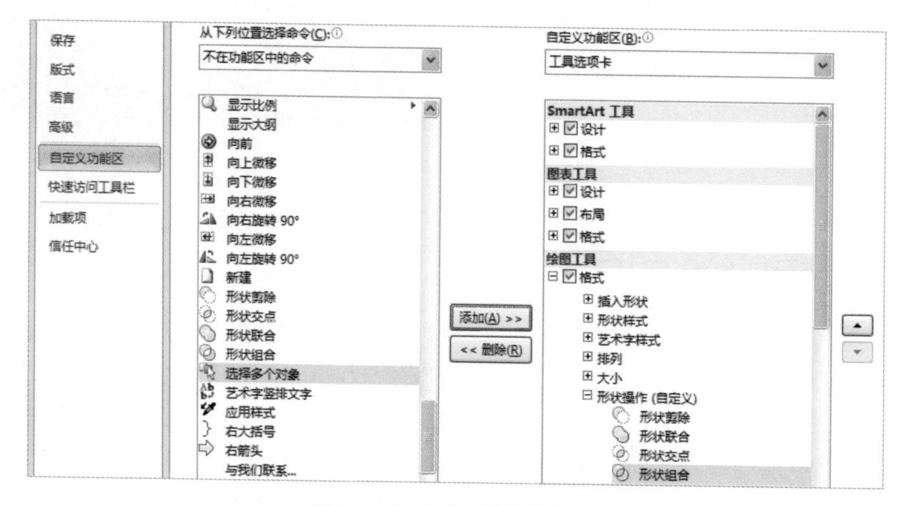

图5-63 新建“形状操作”组

在PowerPoint中新建“形状操作”组后，当我们选中目标形状时，就可以在“绘图工具 格式”选项卡的“形状操作”组中看到新添加的功能按钮。

其中，形状剪除是指多个形状叠放在一起时，只保留第一个形状的外形，并将其他形状全部删除，如图5-64所示。

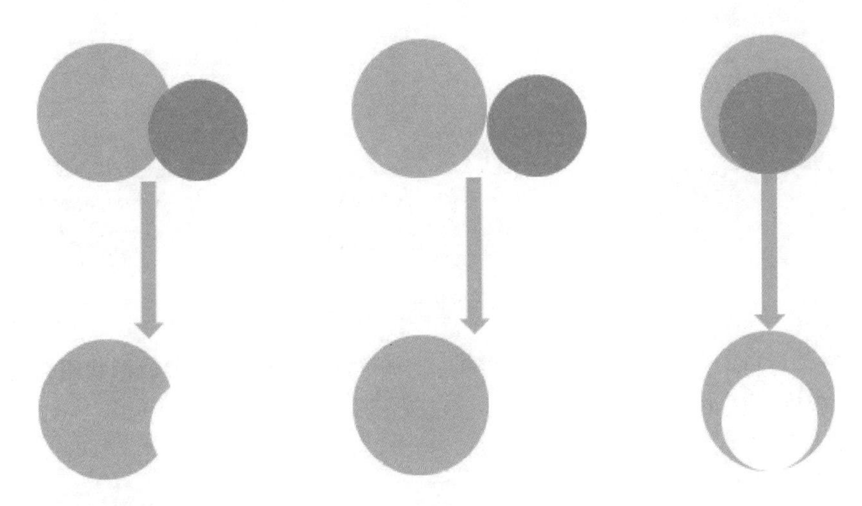

图5-64 形状剪除的效果

形状交点是指多个形状叠放在一起时，只保留所有形状相交的部分，其他部分全部删除，如图5-65所示。

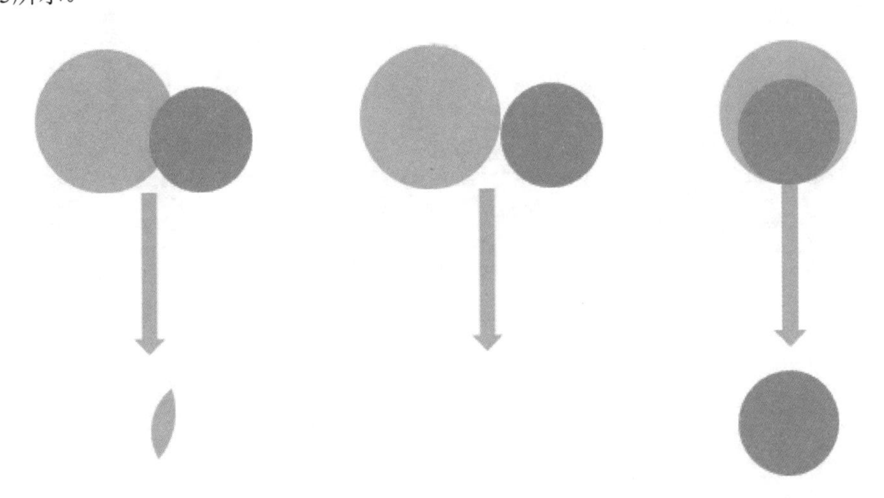

图5-65 形状交点的效果

形状联合是保留所有形状的整体外形，并组成联合成一个新的形状，如图5-66所示。

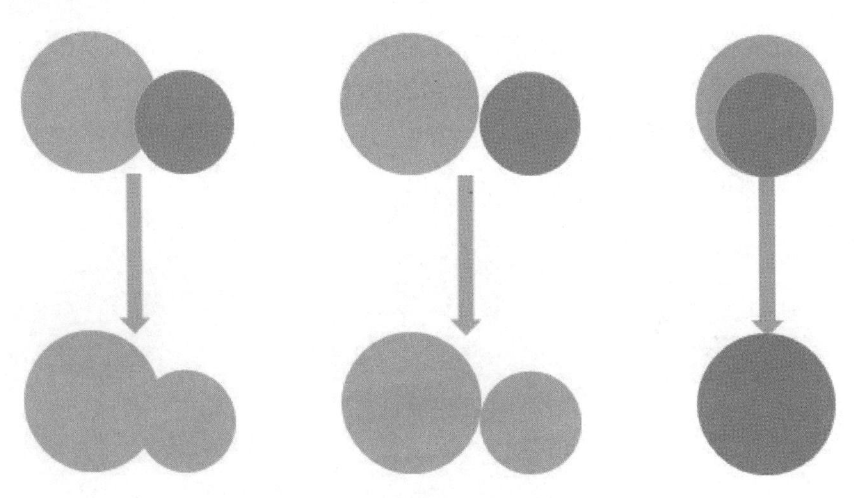

图5-66 形状联合的效果

形状组合是指将多个形状组合成一个形状，并删除形状相交的部分。形状组合与形状交点刚好相反，如图5-67所示。

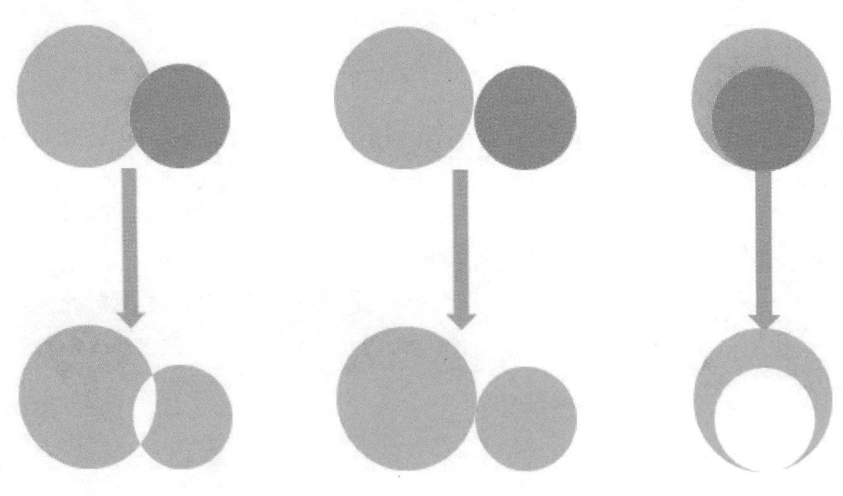

图5-67 形状组合的效果

Chapter 06

第六章

你的数据有吸引力吗

数据常常是PPT中最让人头疼的元素，怎么让数据的表现更加直观，更有吸引力，正是本章我们要讨论的内容。

PPT红宝书……>> 06

Unwelcome

Expression Of Data

受众不希望看到什么样的数据

为什么我们并没有在此讨论受众希望看到的数据，而讨论受众不希望看到的数据呢？原因很简单，对于什么是最满意的数据表达方式，100个人会给你100个不同的答案，但是失败的数据表达方式无外乎以下几种，如图6-1所示。

纯文本的数据
表格粗糙的数据
不希望看到的数据
没有重点或结论的数据
缺省内容的图表

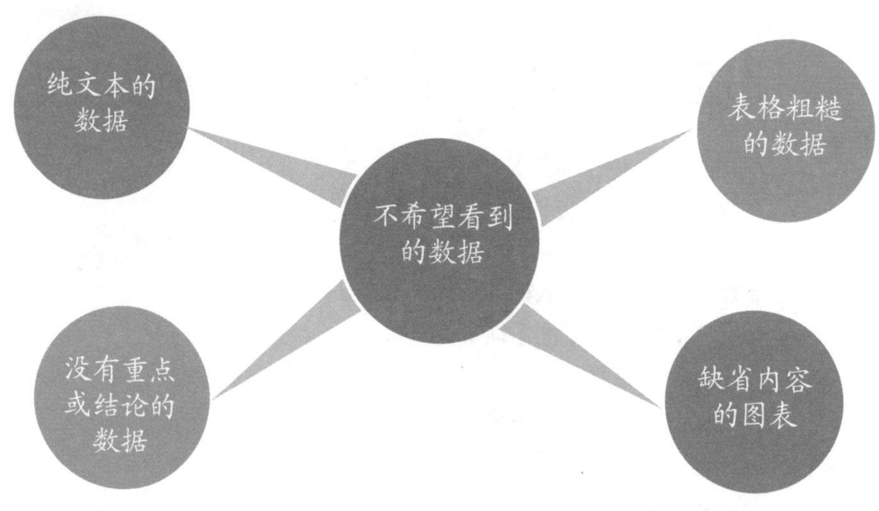

图6-1 受众不希望看到的数据类型

※ **纯文本的数据**：是指完全没有表格或图表元素，所有数据都以文本描述的方式展示，这种数据不仅不能引起受众关注，反而会给人一种空泛和无趣的感觉，如图6-2所示的幻灯片。

※ **表格粗糙的数据**：比起用纯文本的方式表达数据，表格的方式显得更加专业，不过，如果表格制作得过于粗糙，例如表头错乱，行与列格

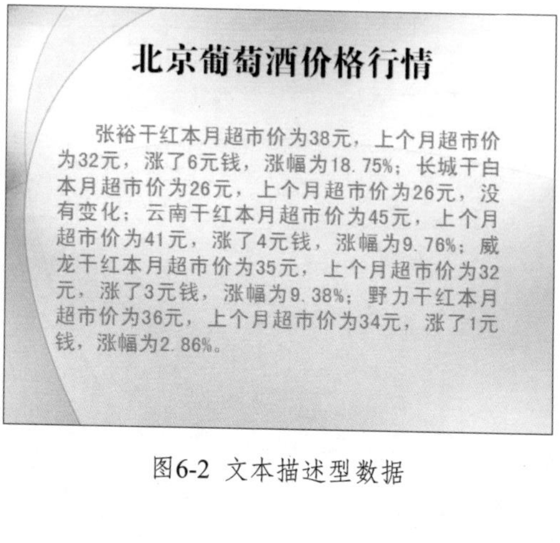

北京葡萄酒价格行情
张裕干红本月超市价为38元，上个月超市价为32元，涨了6元钱，涨幅为18.75%；长城干白本月超市价为26元，上个月超市价为26元，没有变化；云南干红本月超市价为45元，上个月超市价为41元，涨了4元钱，涨幅为9.76%；威龙干红本月超市价为35元，上个月超市价为32元，涨了3元钱，涨幅为9.38%；野力干红本月超市价为36元，上个月超市价为34元，涨了1元钱，涨幅为2.86%。

图6-2 文本描述型数据

式不统一时，不但不能帮助受众更好地理解数据，反而有碍于数据内容的表达，如图6-3所示。

※ **没有重点或结论的数据**：我们在PPT中展示数据，是为了证明我们的观点或结论，或将我们想要让受众知道的内容展示给他们，而不是向你的受众出一道复杂的计算题。所以，PPT中的数据必须要有重点和结论，如图6-4所示的数据PPT就缺乏了重点。

培训课程安排表

星期 时间		周一		周三		周五		注备
		科目	教师	科目	教师	科目	教师	
上午	第一节							
	第二节							
	第三节							
下午	第一节							
	第二节							
	第三节							

图6-3 结构错乱的表格

基金市场分析报告

指数	2008-12-31	2009-03-31	季度涨跌幅度%
上证综合指数	1,820.800	2373.210	30.34%
深证综合指数	553.300	784.080	41.71%
沪深300	1,817.720	2507.790	37.96%
中证全债	129.600	127.940	-1.28%
中证股票基金指数	2,927.140	3643.120	24.46%
中证混合基金指数	2,891.270	3437.480	18.89%
中证债券基金指数	1,643.410	1650.700	0.44%

图6-4 没有重点的表格

※ **缺省内容的图表**：在PPT中展示的数据内容最好是经过处理的、简洁的数据，让你的受众一目了然，因为在简短的时间内，受众很难将你提供的复杂数据重新筛选，如图6-5所示的幻灯片复杂的数据表达方式可能影响到受众对幻灯片内容的理解。

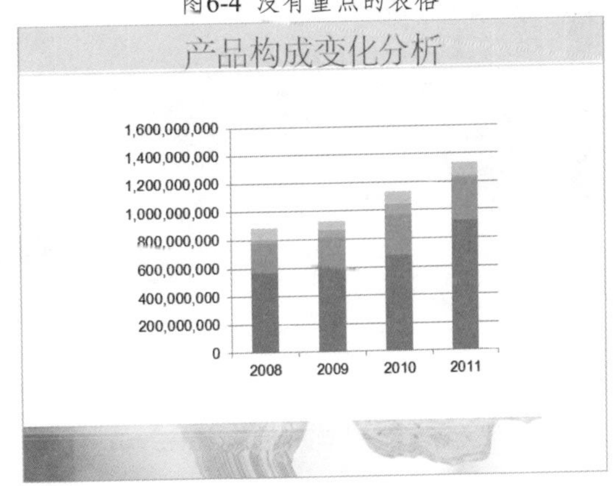

图6-5 缺省信息的图表

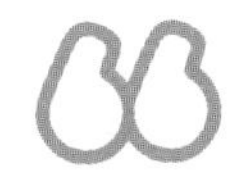

PPT中带有表格和图表，用以展示数据，随着PPT版本的不断升级，表格和图表的功能也不断完善，不过，对于一些复杂的数据来说，建议大家使用如Excel、SPSS等专业的数据处理软件处理之后再插入到PPT中。

接下来，我们对上述数据的表达方式进行修改，得到如图6-6所示的效果。

北京葡萄酒价格行情

品牌	规格	本月超市价	上月超市价	涨跌	涨幅
张裕干红	750ml	38	32	+6	18.75%
长城干白	750ml	26	26	0	
云南干红	750ml	45	41	+4	9.76%
威龙干红	750ml	35	32	+3	9.38%
野力干红	750ml	36	35	+1	2.86%

培训课程安排表

星期 时间		周一		周三		周五		备注
		科目	教师	科目	教师	科目	教师	
上午	第一节							
	第二节							
	第三节							
下午	第一节							
	第二节							
	第三节							

基金市场分析报告

指数	2008-12-31	2009-03-31	季度涨跌幅度 %
上证综合指数	1,820.800	2373.210	30.34%
深证综合指数	553.300	784.080	41.71%
沪深300	1,817.720	2507.790	37.96%
中证全债	129.600	127.940	-1.28%
中证股票基金指数	2,927.140	3643.120	24.46%
中证混合基金指数	2,891.270	3437.480	18.89%
中证债券基金指数	1,643.410	1650.700	0.44%

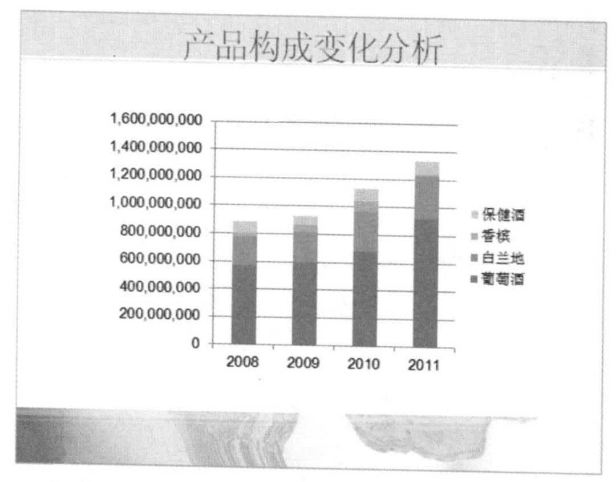

图6-6 修改后的数据表达方式

从图6-6所示的第一幅图中可以看出，我们将纯文本的数据内容，统一规划在了一个表格之中，这样看上去更加直观；第二幅图是对图6-3所示的表格进行的修改，其中的表格行高、列宽混乱，表头也不规范，结构错乱会影响观看，改进之后就整齐、规范许多了；第三幅图是对图6-4所示表格的改进，与之前的表格相比，改进后的表格只是在底纹和部分数据的颜色上发生了改变，不过这一小小的举措，就能帮助我们更快速地注意到数据要传递的重点内容；最后一幅图是对图6-5所示图表的改进，改进后的图表多了图例，作为对图表系列中不同颜色的注解，如果没有这样的注解，受众就无法弄清楚不同的颜色所代表的具体含义。

图6-6所提供的修改方案不一定是最完善的，但是它确实在之前的基础上有了较大的改进，而这样的改进教会我们一个技巧：数据最好用比较直观的表格或图表进行展示，展示数据的表格和图表还必须简洁、规范。

PPT红宝书……>> 06

What Kind Of Data
The Audience Can Accept

什么样的数据受众能看懂

有位在调查公司工作的朋友最近抱怨说："客户的水平实在太差了，我辛辛苦苦把数据做出来，用PPT展示给他们看，可他们就是看不懂。"

听到他这样抱怨的时候，我想问题可能不是出在客户身上，应该是出在PPT上了。果然，仔细看了他做的PPT，我也表示看不懂。

很多人在制作PPT的时候，往往是从自己的角度出发的，以为自己能懂，大家都能懂。但事实上，我们制作的PPT主要是给我们的受众看的，关键在于他们能懂。很多受众并不具备你所拥有的专业知识，所以，你的任务就是把专业的数据大众化，把复杂的信息简洁化。例如图6-7所示的统计图表，如果没有处理，没有任何解释和说明，很难保证每个受众都能看懂。

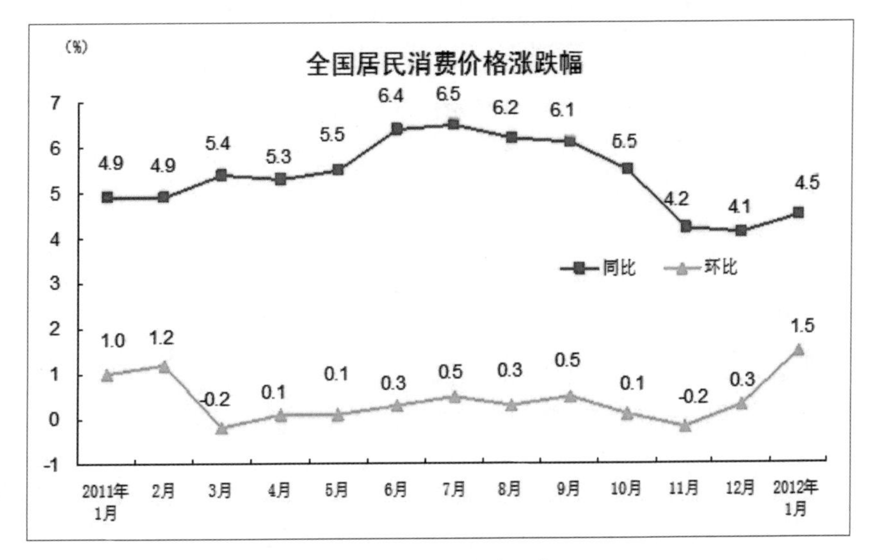

图6-7 专业的统计图表

这个道理很简单，例如你是做金融的，可能对文学就不是太了解；从事法律的，未必精通医学，术业有专攻，不要用你的专业眼光去评价你的客户，没有人希望对方用他的专长在自己面前卖弄。

“己所不欲勿施于人”，制作数据型的PPT也一样，你自己都接受不了的表达方式，就不要强加给你的受众了，我们的目标是让数据的表达更加人性化和大众化。

要让PPT中的数据更吸引我们的受众，可以尝试从以下三个问题中寻找答案。

※ 第一，所表达的数据能否分类排序？在若干数据中，我们会发现，有些数据可以归纳为同一类，有些数据可以进行升序或降序排列；于是，我们可以把这些数据分门别类地排列，构成横竖有理的表格。

※ 第二，怎么突出数据的重点？在一份数据型的PPT中，并不是所有的数据都同等重要，往往有轻重之分。例如有些数据只作展示，有些数据需要解释说明；有些数据作为佐证，有些数据作为结论。因此，我们需要突显重要的数据，比如为重要的数据添加色块，改变数据的颜色或字体、字号，将重要的数据单独列为一行或一列等，通过这样的方式，可以让我们的表格或图表更有侧重点。

※ 第三，数据能否可视化？PPT与Excel的显著差别就在于，PPT的展示更强调视觉效果。我们所展示的数据能不能跳出一个坐标轴？能不能不用表格或条形图、柱状图的方式表示？有没有其他的表示方法？要解决这些问题，就需要我们的胆识和创意。首先，有胆识跳出传统的框架结构，然后用一种全新的方式去演绎数据。

PPT红宝书……>> 06

You Need
A Standard Form

你需要制作横竖有理的表格

把文本内容变成表格其实并不难，切换到PowerPoint 2010中的“插入”选项卡，单击“表格”按钮，在其下拉菜单中可以快速插入一个表格。另外，如果在其中选择“Excel电子表格”命令，则可以将已有的Excel表格插入到幻灯片中，选择不同的命令，可以以不同的方式插入表格，如图6-8所示。

文件
开始
插入
设计
表格
图片
剪贴画
屏幕截图
相册
插入表格
插入表格(I)...
绘制表格(D)
Excel 电子表格(X)
选择“插入表格”命令，则可以打开“插入表格”对话框，在其中可以设置表格的行数和列数
插入表格
列数(C): 5
行数(R): 2
确定
取消

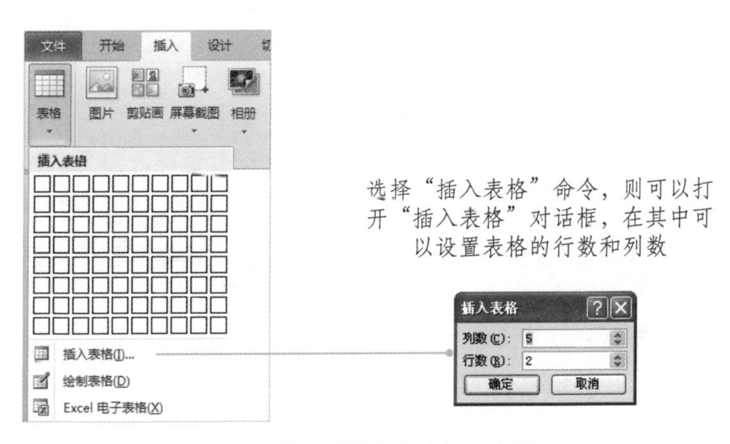

图6-8 按照列数和行数插入表格

插入表格只是我们制作数据型幻灯片的第一步，要怎么分布横纵坐标，怎么排列各项数据才是制作表格的重点。如图6-9所示的一张文本描述型幻灯片。

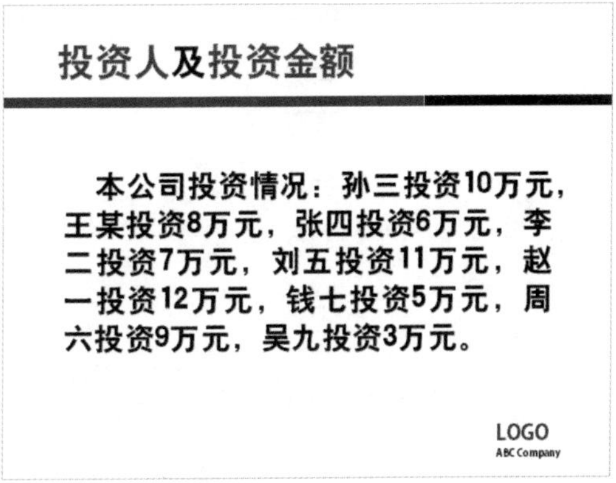

投资人及投资金额
本公司投资情况：孙三投资10万元，王某投资8万元，张四投资6万元，李二投资7万元，刘五投资11万元，赵一投资12万元，钱七投资5万元，周六投资9万元，吴九投资3万元。
LOGO
ABC Company

图6-9 数据的文本描述

这张幻灯片所示的文本主题内容为“投资人”与“投资金额”，在文本中详细列出了投资人的姓名和其对应的投资金额；那么，我们制作表格时就必须考虑清楚，用什么元素作为表格的表头，怎么分配表的列和行。

要弄清楚什么元素作为表头，就需要清

楚在这份PPT中，到底是投资者的姓名最重要，还是投资者的投资金额最重要。如果是姓名重要，就将姓名作为表头，如果是投资金额重要，就将投资金额作为表头。根据侧重不同来设计表格，如图6-10所示的两种方案。

投资人及投资金额

投资人	投资金额（万）
孙三	10
王某	8
张四	6
李二	7
刘五	11
赵一	12
钱七	5
周六	9
吴九	3

投资人及投资金额

投资人	投资金额（万）
孙三	10
王某	8
张四	6
李二	7
刘五	11
赵一	12
钱七	5
周六	9
吴九	3

图6-10 两种不同的表头

如图6-10所示的表格算是基本完成了，不过细节仍然需要调整，因为它并没有达到“横竖有理”的标准。

那么，什么是横竖有理呢？我们都知道，数据可分为绝对数据与相对数据两种，表格中的各分项数据就是绝对数据，但这些数据不能清楚地表明各项数据之间的关系，这时就可通过用户自行计算得出的相对数据来说明问题。例如，在这张幻灯片中，我们可以添加一列，用以展示每个投资者的投资比重，如图6-11所示。

投资人	投资金额（万）	投资比重（%）
孙三	10	14.84
王某	8	11.28
张四	6	8.45
李二	7	9.86
刘五	11	15.49
赵一	12	15.90
钱七	5	7.04
周六	9	12.68
吴九	3	4.23

图6-11 添加“投资比重”列

除了为该表格添加投资比重列，还可以在表格的末尾添加一行，用以展示投资金额的合计，如图6-12所示。

投资人	投资金额（万）	投资比重（%）
孙三	10	14.84
王某	8	11.28
张四	6	8.45
李二	7	9.86
刘五	11	15.49
赵一	12	15.90
钱七	5	7.04
周六	9	12.68
吴九	3	4.23
合计	71	

图6-12 添加“合计”行

我们通过在幻灯片中为表格添加行与列，可以实现对表格数据的一个统计分析和优化。插入行与列的方式比较简单，例如，我们要在某一列的右侧插入新的一列数据，则可以选中该列，单击鼠标右键，在弹出的菜单中选择“插入/在右侧插入列”命令，如图6-13所示，插入行的方式与之相似。

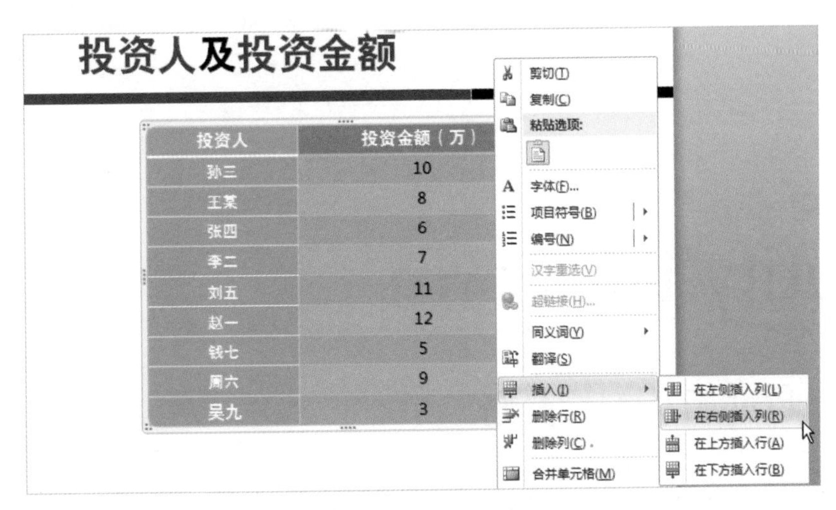

图6-13 插入行与列的方法

另外，数据常常会在横纵上有一个比较，所以，最后建议大家对表格中的数据顺序重新排列，例如按照升序或者降序的方式，这样就更加一目了然了，最终效果如图6-14所示。

投资人及投资金额

投资人	投资金额（万）	投资比重（%）
赵一	12	15.90
刘五	11	15.49
孙三	10	14.84
周六	9	12.68
王某	8	11.28
李二	7	9.86
张四	6	8.45
钱七	5	7.04
吴九	3	4.23
合计	71	

LOGO
ABC Company

图6-14 优化之后的表格

PPT虽然可以插入数据，但是与专业的表格制作软件Excel相比，PowerPoint在处理数据方面具有明显的缺陷。例如对数据的升序与降序排列，在PPT中就不能实现一键操作，所以，大家可以在Excel中将数据处理好之后再插入到PPT中。

PPT红宝书……>> 06

Beautify The Form
In The PowerPoint

在PowerPoint中美化表格

观察上一节图6-14所示的效果，大家有没有发现其他问题？我们一起来分析一下。

从整体上来看，幻灯片的颜色主要为红和黑色，例如标题字体的颜色搭配，幻灯片背景上的图形颜色，以及LOGO的颜色，都是红色和黑色的搭配，但是表格的颜色却是以蓝色为主的，这样看上去与这个幻灯片的风格就有些脱节了，所以，美化表格的第一步，我们需要根据幻灯片的风格来改变表格的颜色。

在PowerPoint中我们可以通过选择内置的表格样式来快速修改表格的颜色，例如选中表格之后，切换到“表格工具/设计”选项卡，单击“表格样式”组中的“其他”按钮，在弹出的下拉列表中可以选择表格的样式，如图6-15所示。

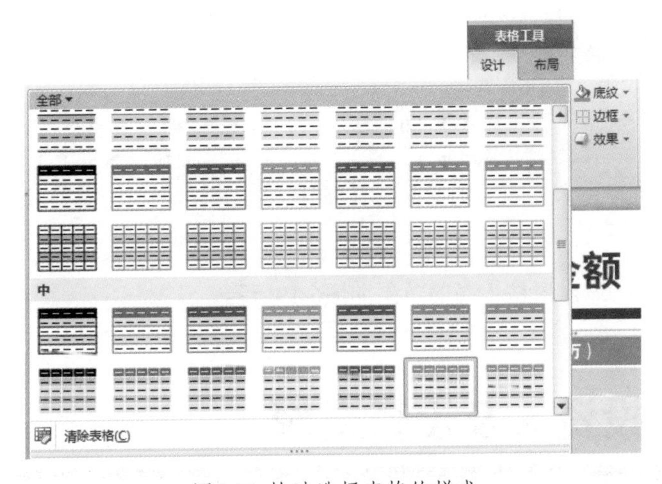

图6-15 快速选择表格的样式

如果内置的表格样式不能满足我们的需要，则可以通过“表格样式”组中的“底纹”、“边框”和“效果”三个按钮来实现表格样式的自定义。例如选中表头，单击“底纹”按钮右侧的下拉按钮，在其下拉菜单中选择黑色作为表头的颜色，如图6-16所示。

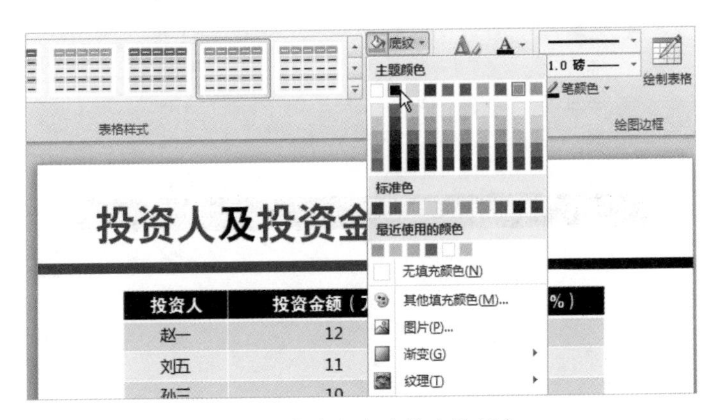

图6-16 自定义表头的底纹颜色

用同样的方式修改表身的颜色，最后将“合计”行的底纹颜色也调整为黑色，同时修改文本的颜色。

除了修改颜色之外，还需要调整表格的行高或列宽，使表身与表头有明显的区别。例如选中表格中的行或列，在“表格工具/布局”选项卡“单元格大小”组中可以调整“高度”和“宽度”的数值，从而改变表格的行高和列宽，如图6-17所示。

另外，单击“对齐方式”组中的各种对其按钮，可以调整文本在表格中的位置，例如单击“垂直居中”按钮，表格中的文本将居中对齐，如图6-18所示。

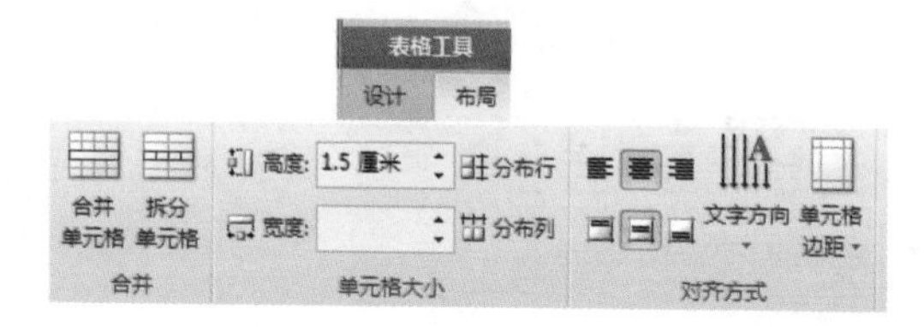

图6-17 调整表格的行高和列宽

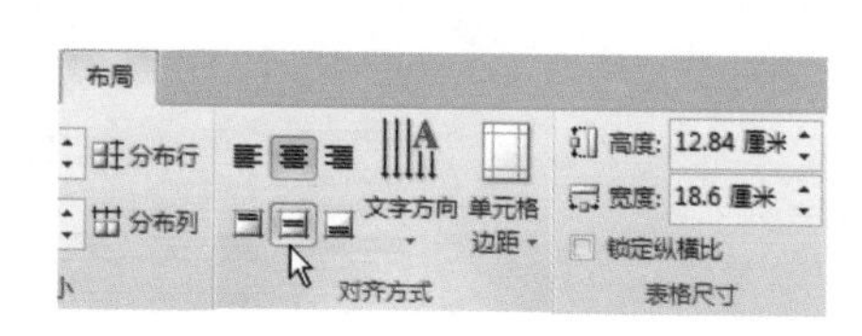

图6-18 调整文本的对齐方式

通过细微的调整之后，表格最终的效果如图6-19所示。

投资人及投资金额

投资人	投资金额（万）	投资比重（%）
赵一	12	15.90
刘五	11	15.49
孙三	10	14.84
周六	9	12.68
王某	8	11.28
李二	7	9.86
张四	6	8.45
钱七	5	7.04
吴九	3	4.23
合计	71	

LOGO
ABC Company

图6-19 最终效果

PPT红宝书……>> 06

You Can Also Use
Beautiful And Simple Charts

你还可以尝试美观简洁的图表

除了表格，我们还可以利用图表来展示幻灯片中的数据信息。与表格相比，图表的可视性更强了，它通过利用图形结构的方式，更直观和全面地展示数据的属性。

在PowerPoint中有11种类型的图表，只要在“插入”选项卡“插图”组中单击“图表”按钮，将打开“插入图表”对话框，在其中选择目标图表类型，单击“确定”按钮即可，如图6-20所示。

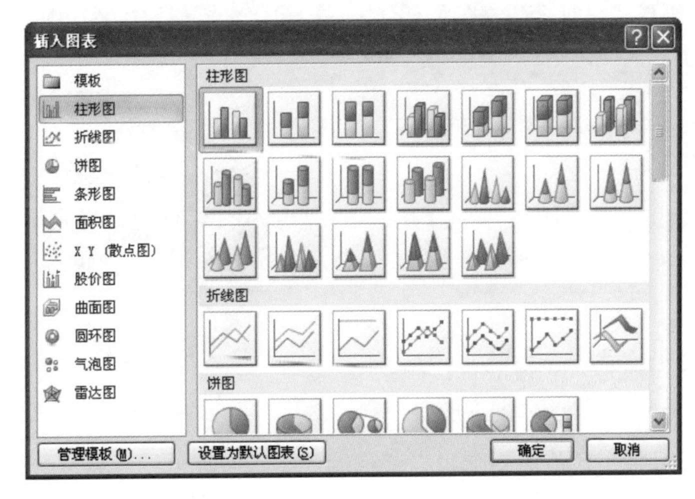

图6-20 11种图表类型

柱形图虽然类型极多，但在表现功能方面实际只有簇状柱形图、堆积柱形图和百分比堆积柱形图3种形式，典型的柱形图如图6-21所示。

条形图的作用与相应类型的柱形图相同，创建方法与柱形图也极其类似，不同的只是数据系列的数据点方向变成了水平方向、分类轴和数值轴位置进行了对调而已，典型的条形图如图6-22所示。

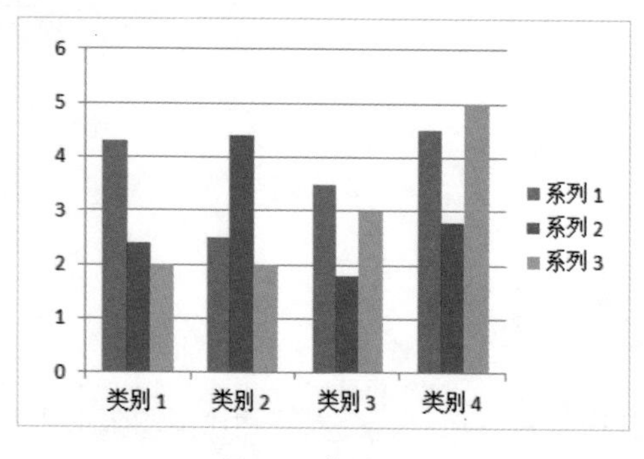

图6-21 柱状图

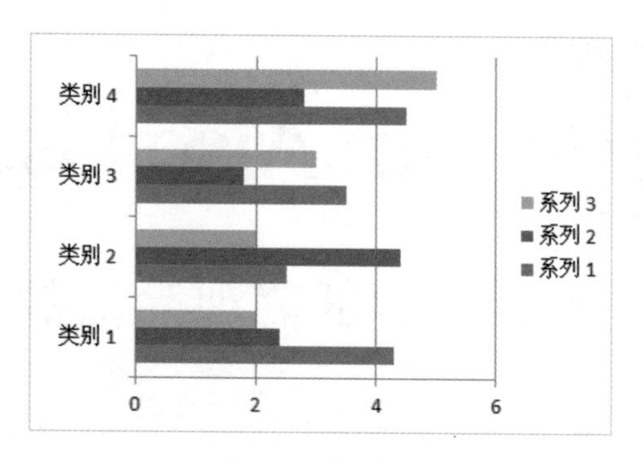

图6-22 条形图

折线图可以使用多个数据系列，可以用不同的颜色、线型或标志来区别这些折线，典型的折线图如图6-23所示。

饼图又分为三维饼图、分离型饼图和复合型饼图。三维饼图、分离型三维饼图是普通饼图和分离型饼图的三维形式，复合条饼图是复合饼图的演化，典型的饼图如图6-24所示。

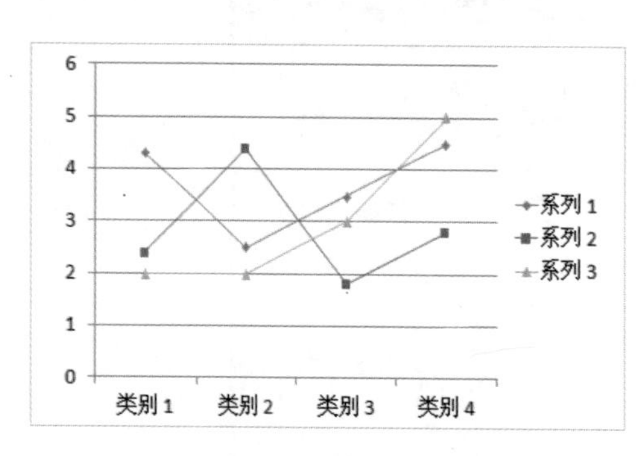

图6-23 折线图

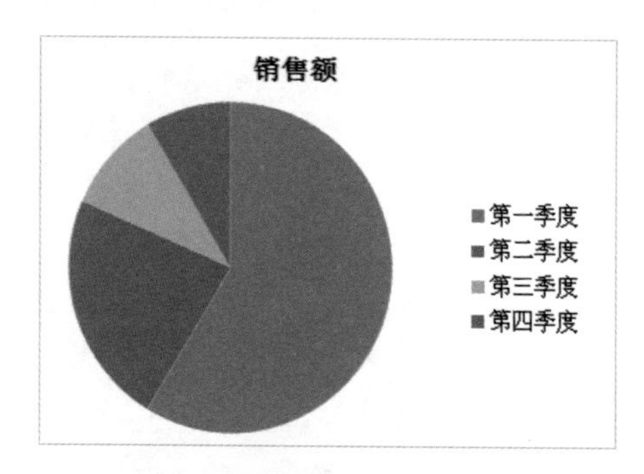

图6-24 饼图

面积图用于显示每个数值的变化量，强调的是数据随时间变化的程度，并可以直观地体现整体和部分的关系，如图6-25所示。

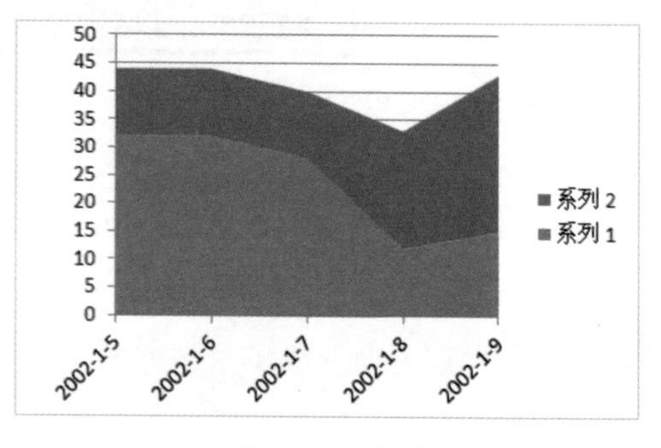

图6-25 面积图

散点图又叫XY散点图，它可以显示单个或者多个数据系列的数据在时间间隔条件下的变化趋势，作用类似于折线图，如果要比较成对的数据，使用散点图最适合不过，如图6-26所示。

股价图是专门用来描绘股票走势的图形。其看似复杂，实际制作起来非常简单，因为股票信息记录表中都包含了这几项数据，只需选择要包含的信息，然后创建股价图即可，但要制作相应类型的股价图，必须先将股票信息记录表中的数据列标签按相应的次序进行排列，如图6-27所示。

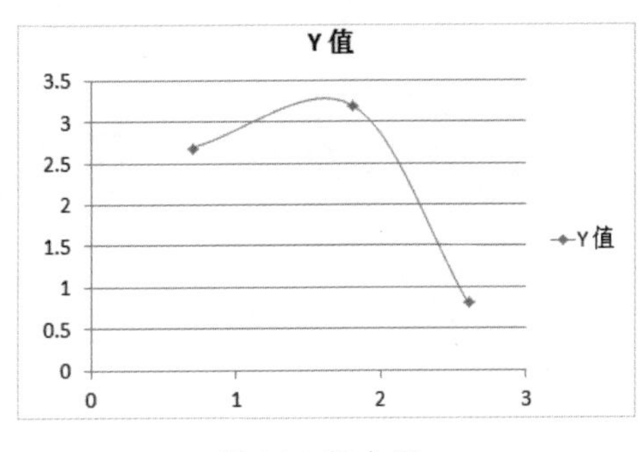

图6-26 闪点图

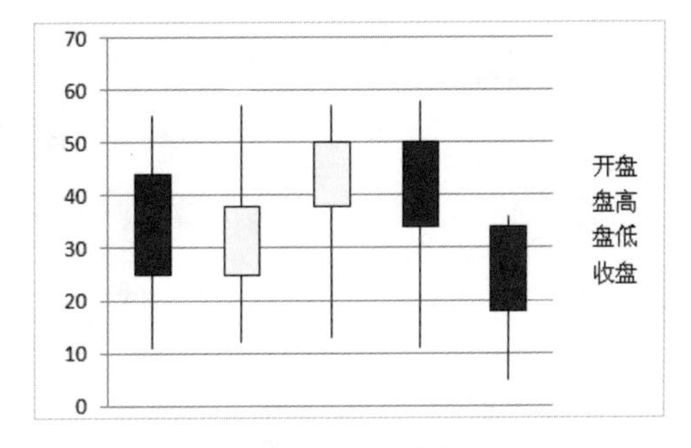

图6-27 股价图

曲面图以平面来反映数据变化的情况和趋势，分别用不同的颜色和图案区别在同一取值范围内的区域。曲面图要求至少选择两个或两个以上的系列数据才能创建，在反映海浪大小或山峦海拔时通常采用曲面图来表达，如图6-28所示。

圆环图用于显示数据间的比例关系，作用类似于饼图，其制作方法也与饼图相似，但圆环图可以包含多个数据系列。如用圆环图来制作水果销量图，不但可以反映不同水果销量占当月水果总销量的比例，还可以显示不同月份的环比效果，如图6-29所示。

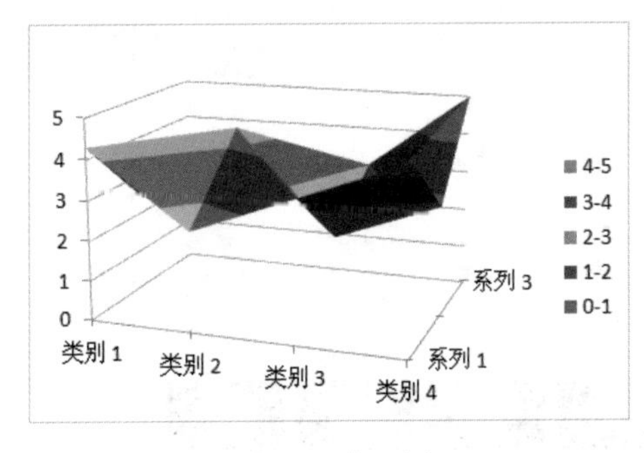

图6-28 曲面图

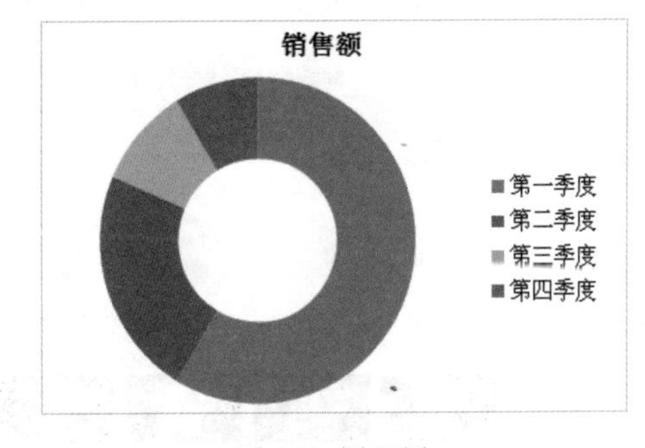

图6-29 圆环图

气泡图与仅带数据标记的散点图相似，只不过是用气泡来表示数据标记的，但气泡图只能反映一个数据系列，如图6-30所示。

雷达图用于反映数据系列对于中心点，以及彼此数据类别间的变化。雷达图的每个分类都有各自的数值坐标轴，这些坐标轴由中点向外辐射，并用折线将同一系列中的数据值连接起来。制作雷达图对数据系列的数量无要求，但如果数据系列过少将显得无意义，过多又会显得杂乱，不便于观察，如图6-31所示。

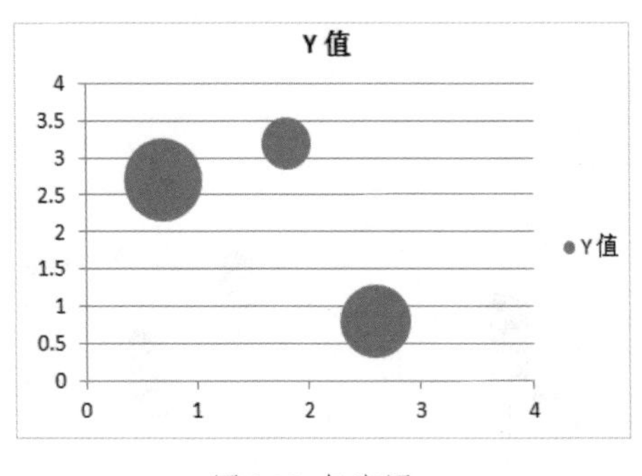

图6-30 气泡图

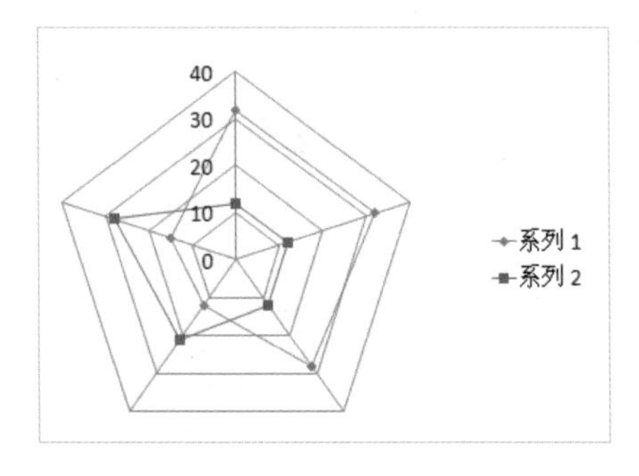

图6-31 雷达图

从“插入图表”对话框中选择最优的图表之后，我们可以通过“图表工具/设计”、“图表工具/布局”和“图表工具/格式”选项卡，对图表的外观和细节的格式进行调整。

例如，单击“图表工具/设计”选项卡“图表样式”组中的“其他”按钮，在展开的下拉列表中可以看到多款PowerPoint内置的图表样式，我们可以从列表中快速应用图表样式，如图6-32所示。

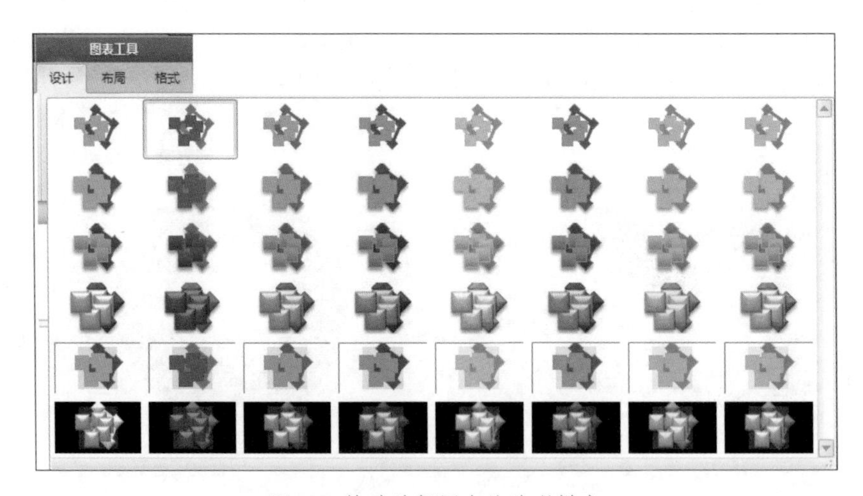

图6-32 快速选择图表的外观样式

如果对图表的布局和结构不满意，可以单击“图表工具/设计”选项卡“图表布局”组中的“其他”按钮，在展开的下拉列表中快速选择图表的布局。

另外，我们可以通过“图表工具/布局”选项卡调整图表的标题、图例、坐标等元素的格式，通过“图表工具/格式”选项卡，还可以自定义设置图表中形状或图表边框的格式。

PPT红宝书……>> 06

The Design Inspiration Of
Personalized Graphic

个性化图表设计的启示

在制作PPT的时候，我们常常强调“个性化”，为什么“个性化”如此重要呢？

因为无论制作PPT的技术如何，我们都希望自己的PPT有别于其他人，甚至优于其他人，在技术水平不分伯仲的时候，个性往往可以拉开距离。

首先，我们来对比观察下面两组图片，如图6-33和图6-34所示。

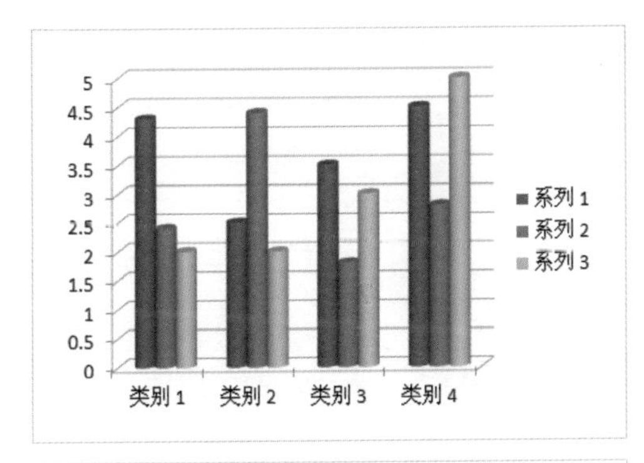

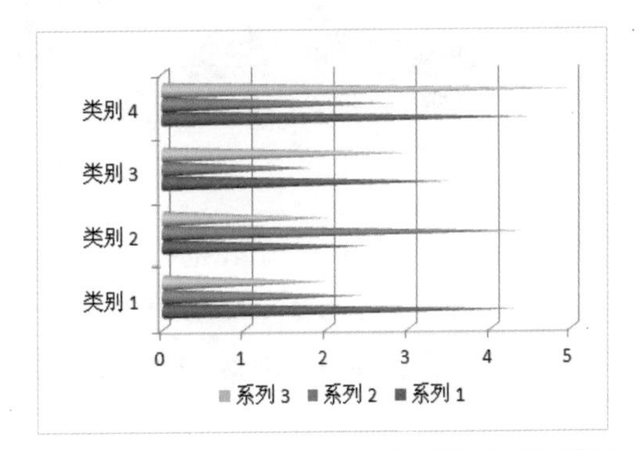

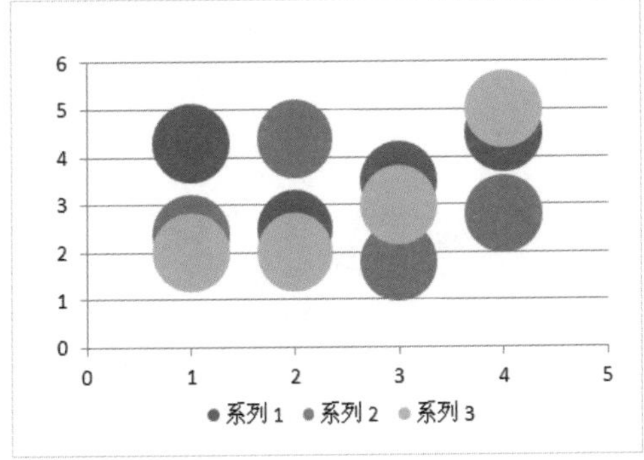

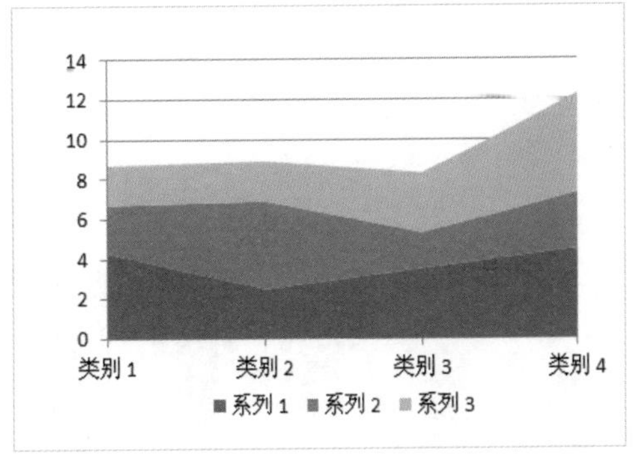

图6-33 PowerPoint内置的图表

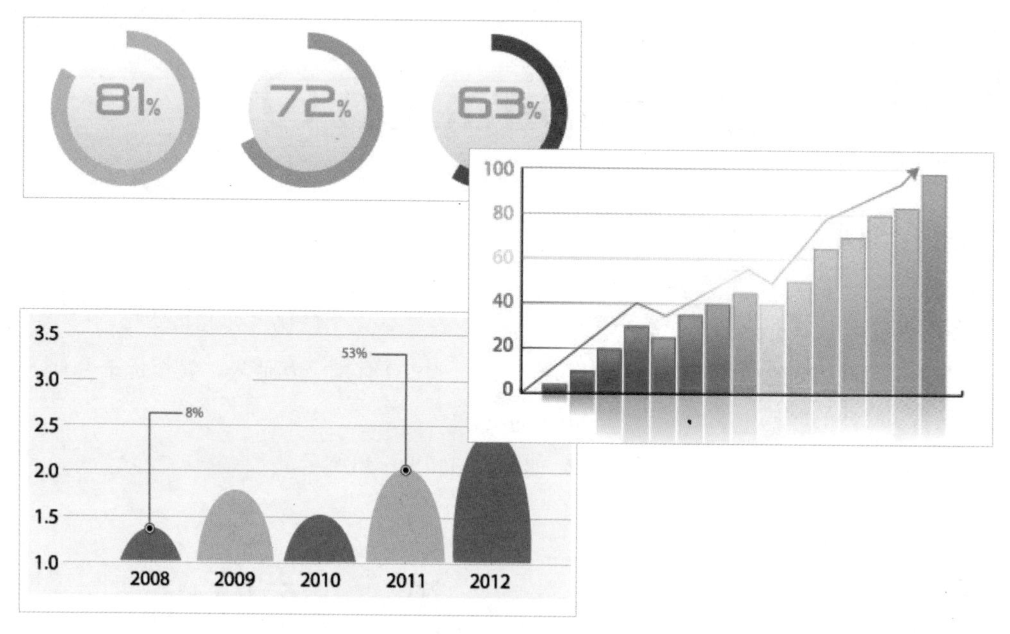

图6-34 个性化的图表

如图6-33所示的图表即为PowerPoint中内置的图表，无论你对图表进行怎样的设计加工，它的风格和外形都是不可能有突破的，不过是色彩和布局上的微妙变化。

如图6-34所示的图表，则是制作者自定义设计的，在风格上有了较大的突破，不过从外形上来说，仍然是对传统图表的一种复制。

再观察如图6-35和图6-36所示的图表类型，我们会发现，这些图表从外形上已经开始有所突破了。

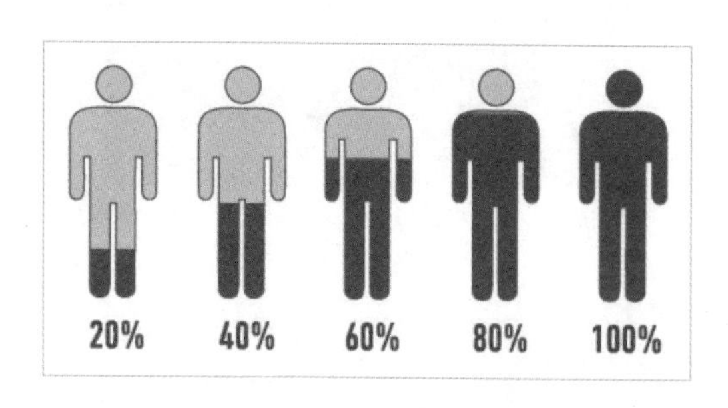

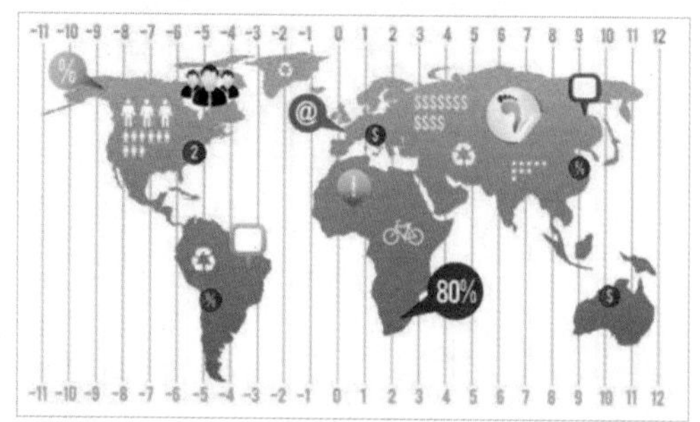

图6-35 模拟对象图表

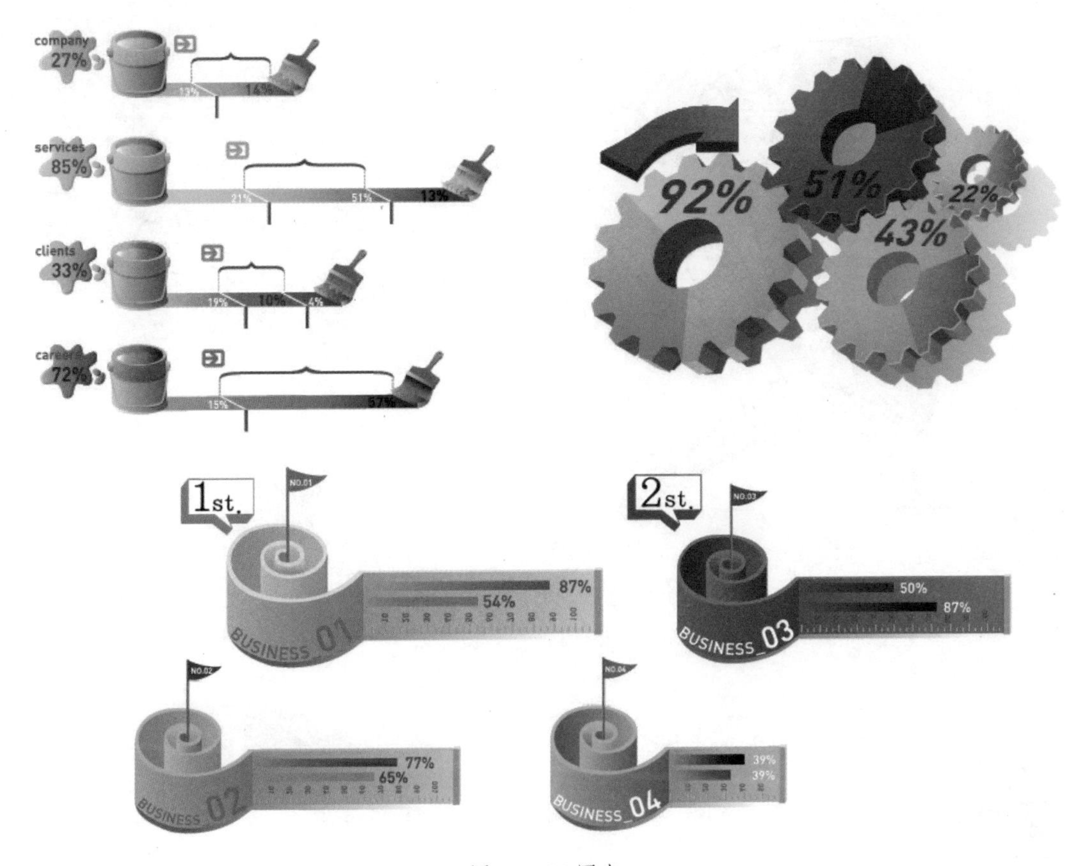

图6-36 3D图表

如图6-35所示的图表为模拟对象图表，是用形象的图形来代表数据对象，例如与人口有关的数据，就用人形来代表，与地域有关的数据就用地图来表示。用图形代替传统的柱状、饼图或条形图，从外观上就能看出该数据内容的主体对象。

如图6-36所示的图表为比较流行的3D效果的图表，看上去立体感很强，无论是布局、色彩还是造型都比较精致，不过这类图表在制作时需要花费一些时间和精力，一般情况下，3D效果的图表较少使用。

我们已经欣赏了这么多类型的个性化图表，那么该怎么在幻灯片中制作这些图表呢？

要制作个性化的图表，首先得抛开之前所学习的插入图表的方式，忘记传统图表的结构和表达方法，把图表的元素当作图形，以这种思路来做。

忘记所有的招式
以无招胜有招

下面我们将举例说明在PowerPoint中怎么制作自定义的图表，例如要得到如图6-37所示的效果，则可以参考图6-38和图6-39所示的做法。

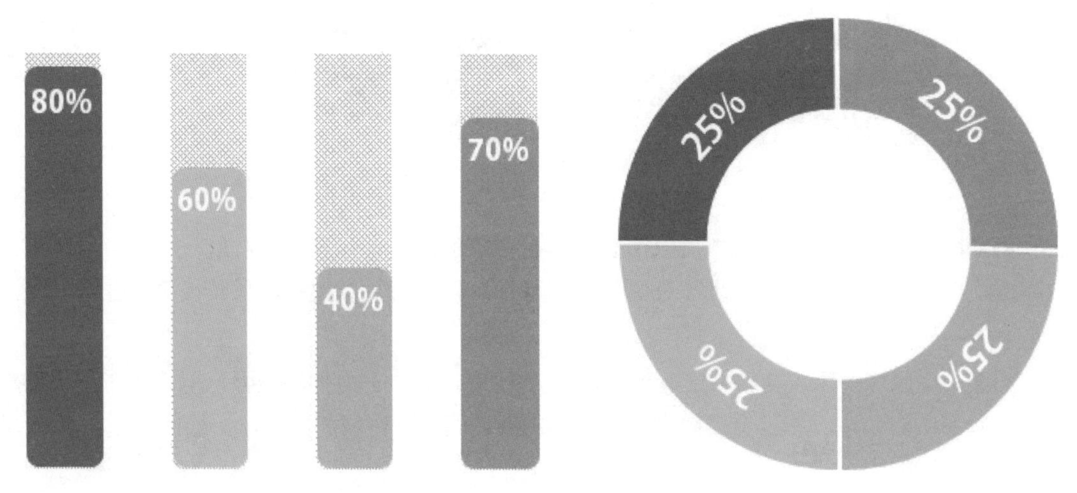

图6-37 自定义的图表

如图6-37所示的左图为个性化的条形图，比传统的图表看上去更美观，同时制作方法也非常简单，具体操作如图6-38所示。

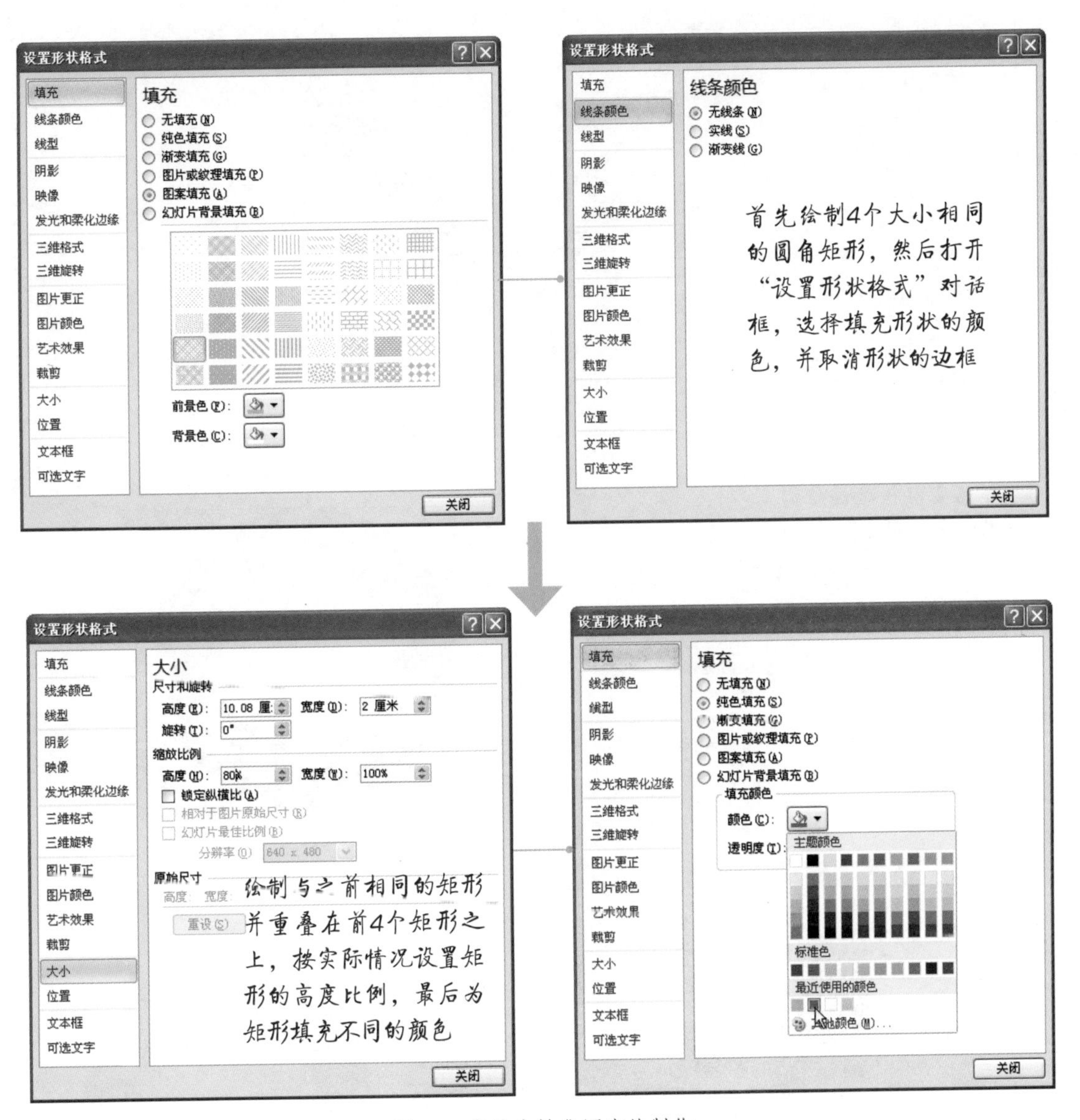

图6-38 条状个性化图表的制作

如图6-37所示的右图，是自定义的环形图，多用于表示不同相对的比例，其制作方法也比较简单，如图6-39所示。

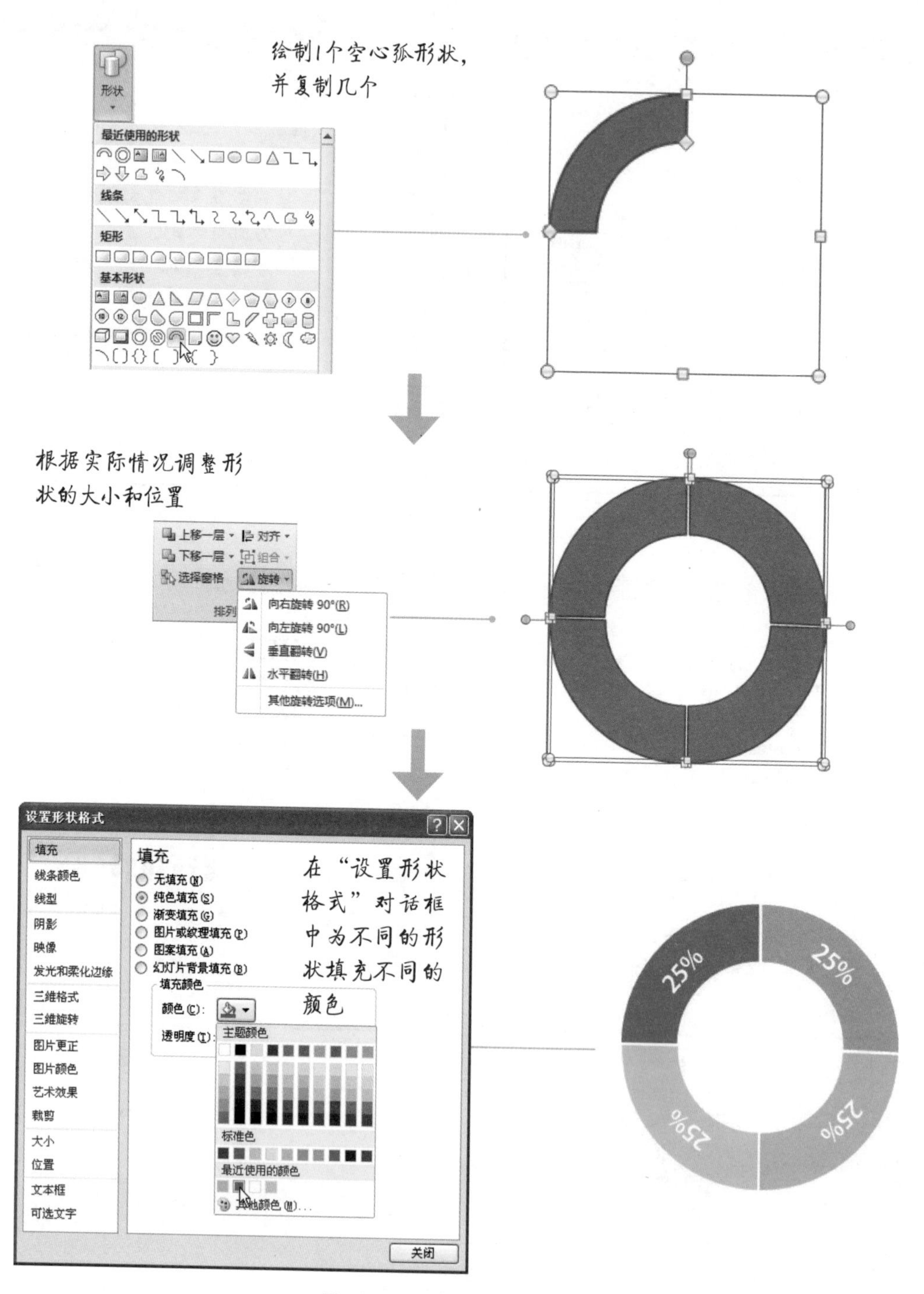

图6-39 环形个性化图表的制作

Chapter 07

第七章

学会用图示表达逻辑关系

通常情况下，用图形的方式表达事物之间的关系往往比文字更有力。因此学会设计和使用图示，也是制作PPT的一个技巧。

PPT红宝书……>> 07

Use The Icons To

Express The Logical Relationship

养成使用图示表达逻辑关系的习惯

无论我们是在分析某种内在的关系，还是在开会讨论某个议题，或者向别人演示某种逻辑联系的时候，都习惯在纸上写写画画，因为我们早已经达成了共识：用图形的方式能够更简单、更轻松地表达事物内在的联系。

用图形表达信息，往往能帮助我们把复杂的关系简单化

例如在一个体能训练中，要求大家进行这样的训练：学员甲站在中间，从队伍中挑出6个学员，围成一圈，站在甲同学周围，这时，从甲同学开始发球。当甲发给第一个同学之后，第一个同学需要立刻把球抛还给甲，甲随即又发给第一个学员右边的学员，按照这样的方式循环练习。

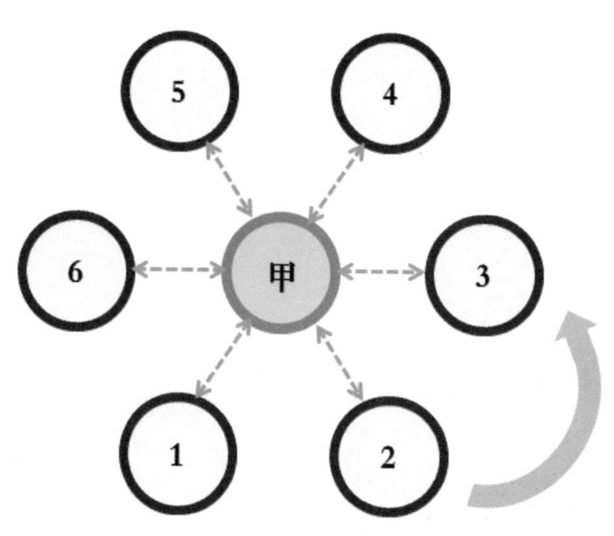

图7-1 将复杂的关系转换为图示

当我们初次看到这样的训练安排时，可能觉得复杂，甚至容易让人犯糊涂，不过，将

这样的要求换为图示表达的时候，我们就会发现，其实很简单，如图7-1所示。

教师在做课件的时候，常常喜欢用文字描述一切信息，但事实上，文字描述对学生并没有多大的吸引力，如果改用图示的方式表达，效果可能好一些，如图7-2所示，为将文本幻灯片修改成图示表达的幻灯片。

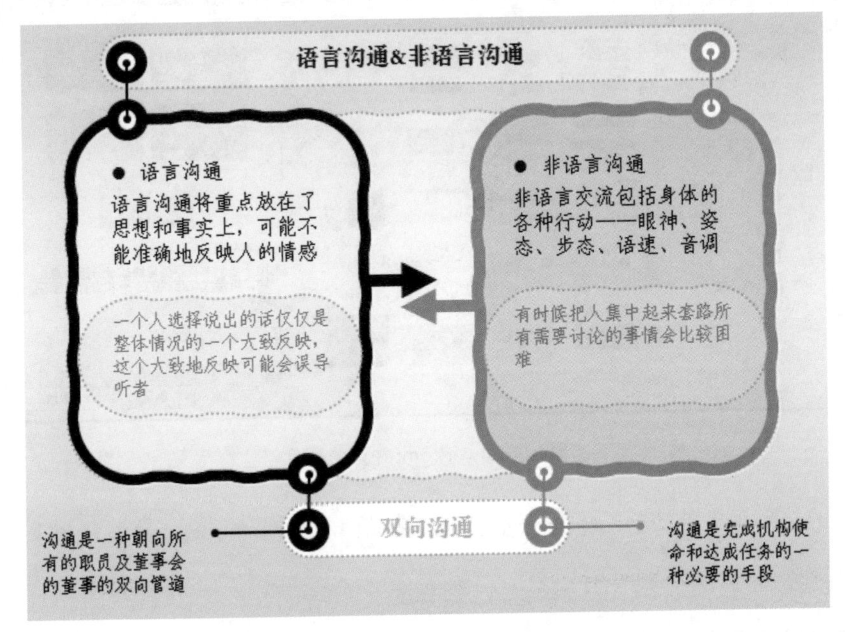

图7-2 将对比文本内容改为图示

在制作PPT的时候，我们应该养成习惯使用图示，只有习惯这种方式，我们才会体会到，在描述某种逻辑关系时，图形比纯文本更具有说服力。

PPT红宝书……>> 07

The SmartArt Icons

In The PowerPoint

PowerPoint中的SmartArt图示

SmartArt原意为智能艺术，用图形的方式表达关系和观点，生动、形象、具体地表达信息，根据某一关系的改变而随之发生改变，这正是一种智能艺术，在PPT中这种智能艺术表现为SmartArt图示。

在PowerPoint中单击“插入”选项卡“插图”组中的“SmartArt”按钮，在“选择SmartArt图形”对话框中，有9种图示可供选择，其中包括：列表图示、流程图示、循环图示、层次结构图示、关系图示、矩阵图示、棱锥图、图片图示和Office.com，如图7-3所示。

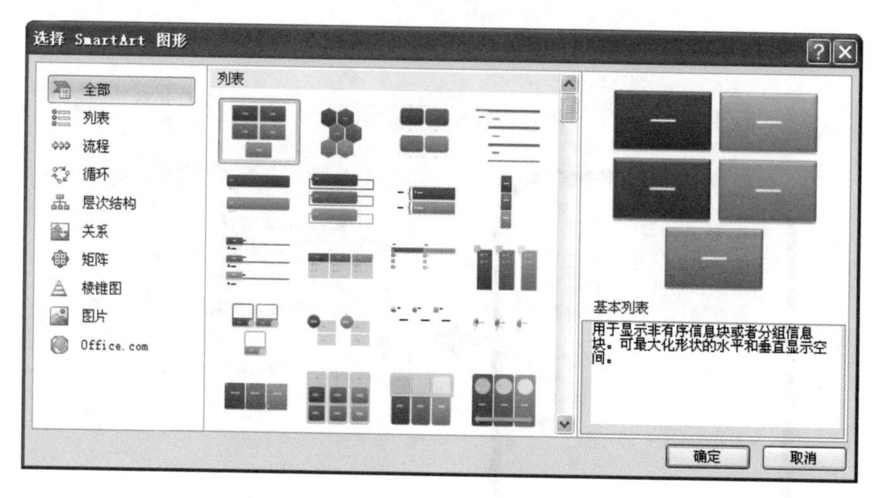

图7-3 PowerPoint内置的图示

※ 列表图示主要用于显示无序并列关系的信息或顺序排列的信息，典型的列表图示如图7-4所示。

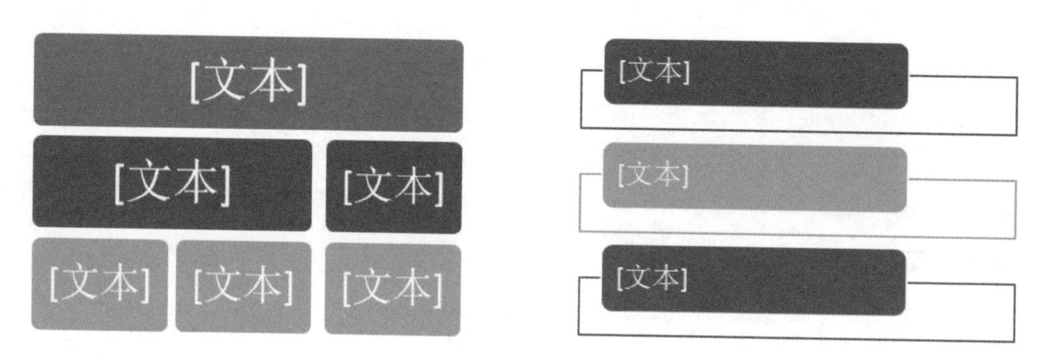

图7-4 列表图示

※ 流程图示用于表示某个过程中的各个步骤或阶段，或它们相互之间的关系，典型的流程图示如图7-5所示。

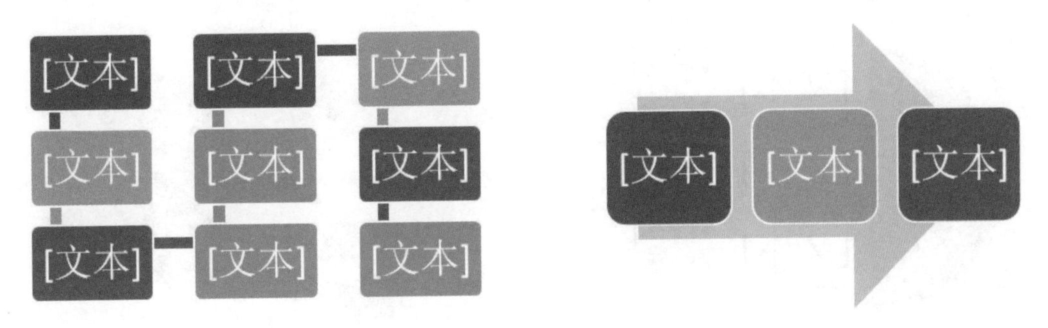

图7-5 流程图示

※ 循环图示用于表示各个步骤或阶段之间的循环关系，典型的循环图示如图7-6所示。

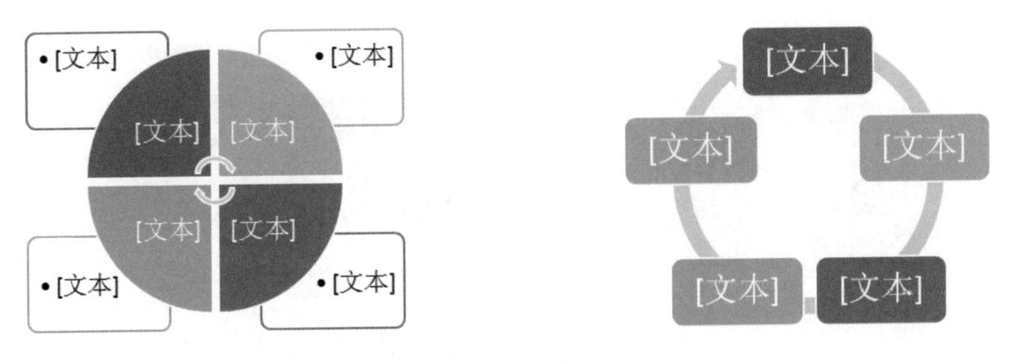

图7-6 循环图

※ 层次结构图示用于创建组织结构图或关系树，典型的层次结构图示如图7-7所示。

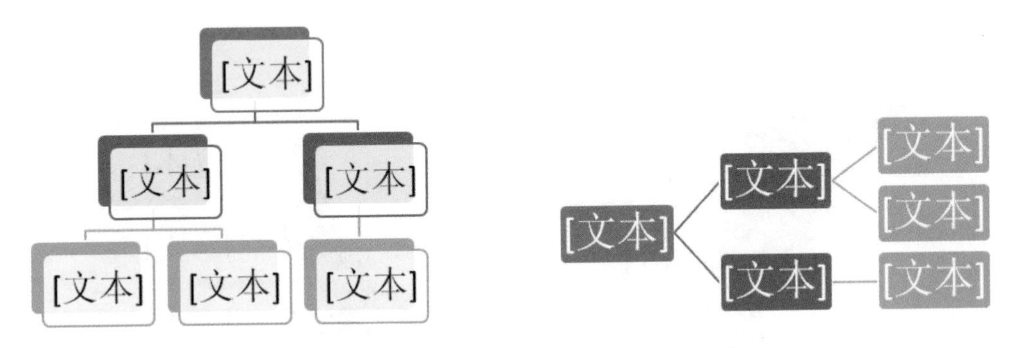

图7-7 层次结构图

※ 关系图示用于展示各组成部分之间的特殊关系，典型的关系图示如图7-8所示。

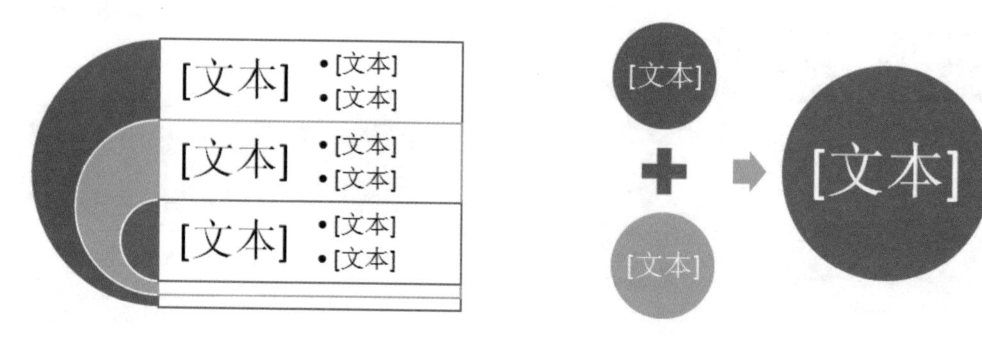

图7-8 关系图示

※ 矩阵图示通过矩形的结构，用于展示各部分与整体之间的关系，典型的矩阵图示如图7-9所示。

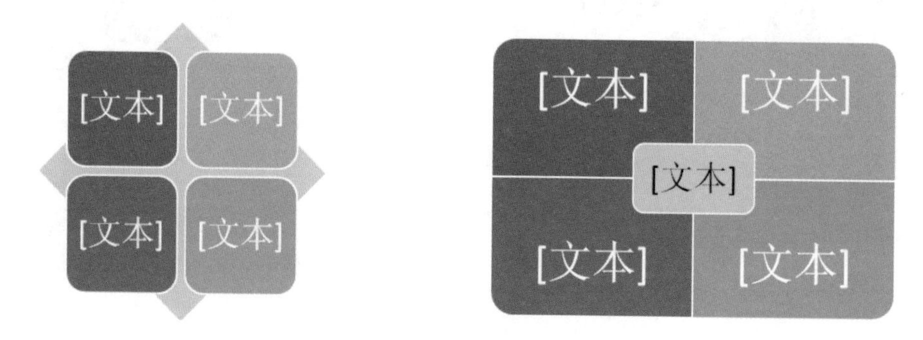

图7-9 矩阵图

※ 棱锥图示通过棱锥的结构，展示各部分之间的比例或分层关系。典型的棱锥图示如图7-10所示。

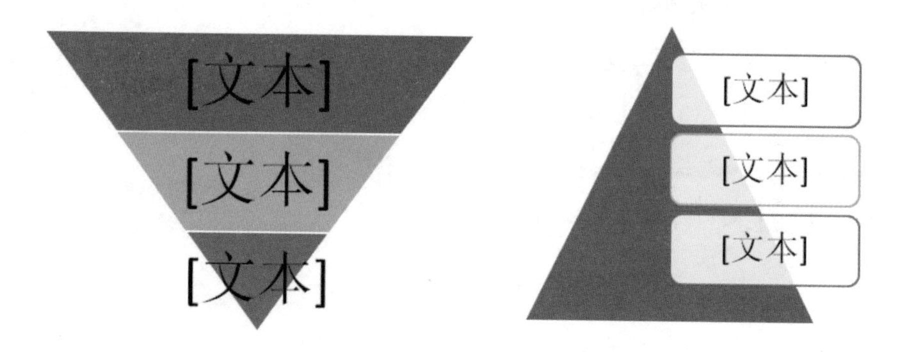

图7-10 棱锥图

※ 图片图示通过图片与文本的结构，展示目标图片同时用文本表示各图片之间的内在联系，典型的图片图示如图7-11所示。

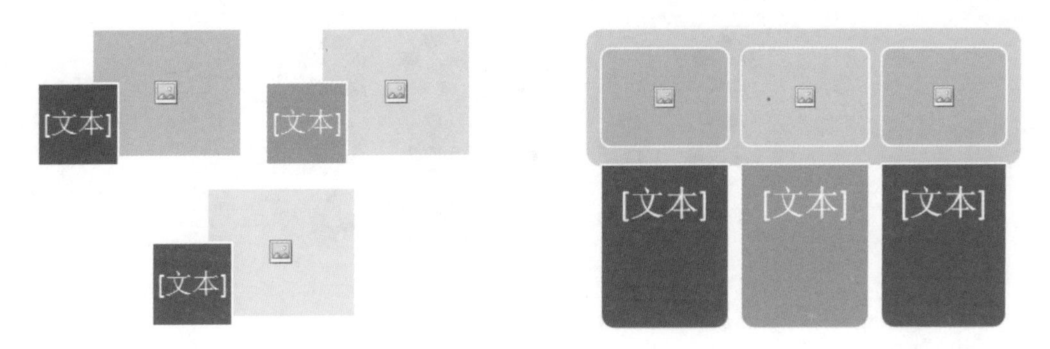

图7-11 图片图示

※ Office.com图示主要提供了一些来源于Office官网上的特殊结构的图示，如图7-12所示。

图7-12 Office.com图示

通过对各种图示的展示，可了解到各种不同类型的SmartArt图示，它们也都是由各种图形对象组合而成，因此与表格和图表一样，都具有图形属性，对其的格式设置方式也有很多相通之处。

PPT红宝书……>> 07

The Beautification Techniques
Of SmartArt Icons

SmartArt图示的美化技巧

当我们在PowerPoint中插入一个SmartArt图示之后，在功能区将出现“SmartArt工具 设计”和“SmartArt工具 格式”选项卡。

单击“SmartArt 工具 设计”选项卡“布局”组中的“其他”按钮，在弹出的下拉菜单中可以选择同种类型但布局不同的图示，如图7-13所示。

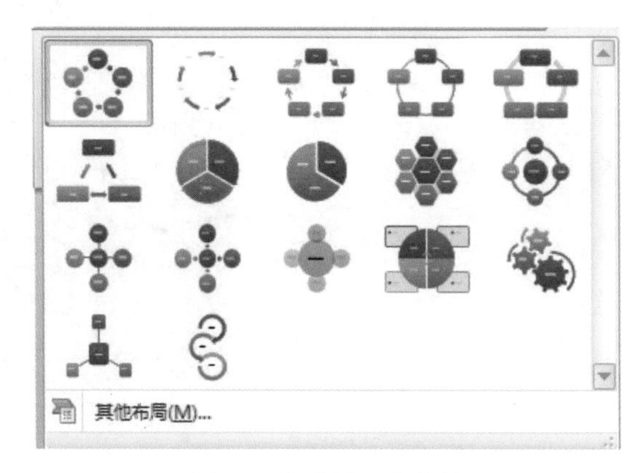

图7-13 修改图示的布局

如果选择下拉菜单中的“其他布局”命令，将再次打开“选择SmartArt图形”对话框，在其中可以重新选择图示。

默认情况下，插入的SmartArt图示的颜色与幻灯片的主题颜色有关，单击“SmartArt 样式”组中的“更改颜色”按钮，在其下拉菜单中可以快速选择图示的颜色，如图7-14所示。

如果单击“SmartArt 样式”组中的“其他”按钮，则可以在其下拉列表中选择一种外观样式，如图7-15所示。

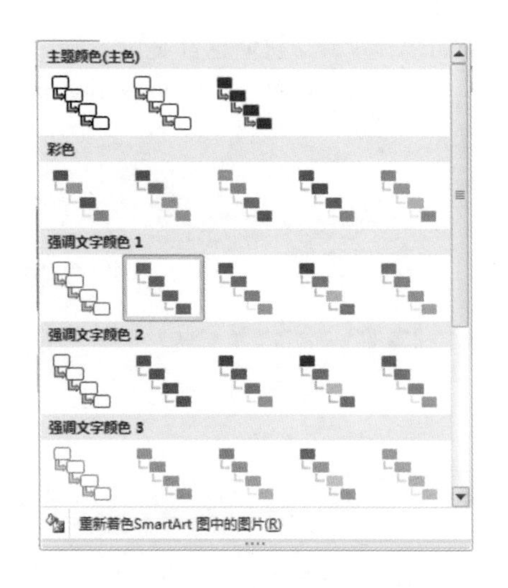

图7-14 选择图示的颜色

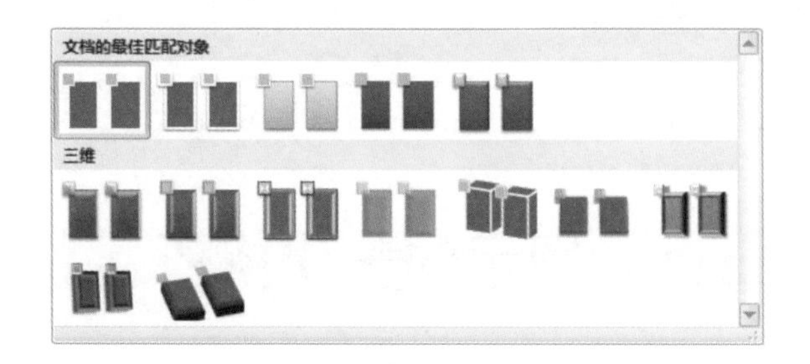

图7-15 选择图示的外观效果

如图7-16所示为不同颜色的图示，如图7-17所示为不同外观效果的图示。

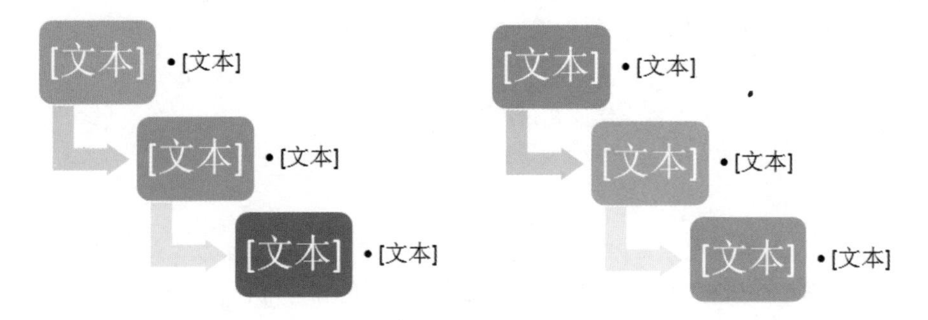

图7-16 不同内置颜色的图示

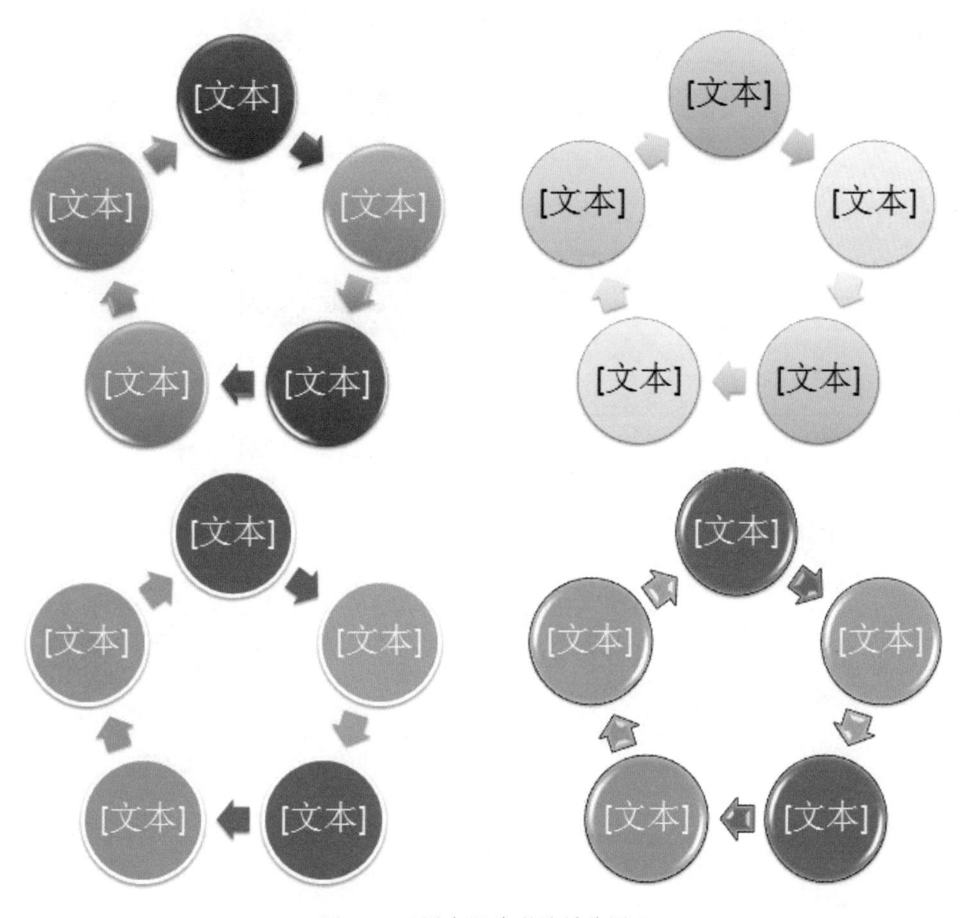

图7-17 不同内置外观效果的图示

在PowerPoint中提供了10种不同类型的图示效果，例如砖块场景的图示、日落场景的图示等，但需要提醒大家的是，选择图示效果的时候，尽量不要选择有三维旋转效果的图示，否则可能会影响到信息内容的观看。

下面我们将举例说明图示在PPT中的运用。例如，将这样一段文本“总经理有5种职责，第一是公司的人事管理，第二是公司的财务管理，第三是负责公司发展，第四是负责市场拓展，第五是负责产品的质量监督”，制作成美观的SmartArt图示，其具体方法如图7-18所示。

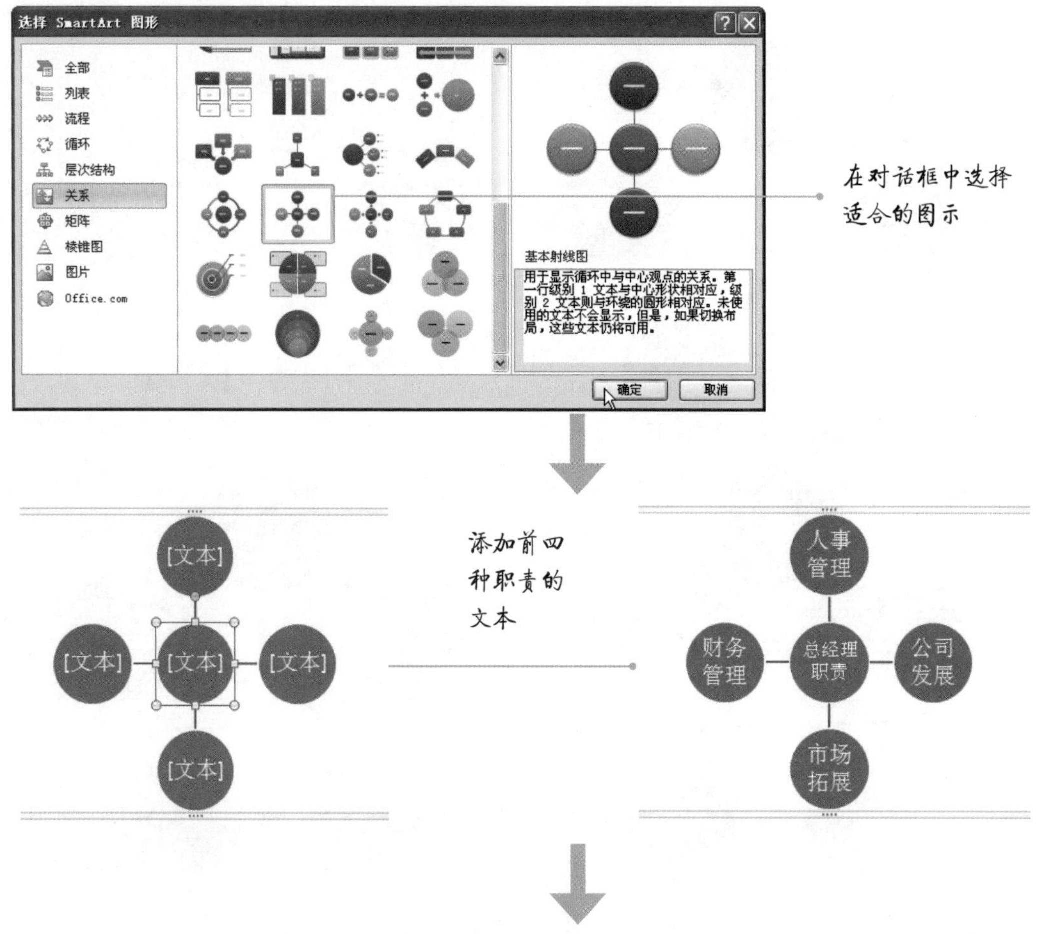

图7-18 在PPT中制作SmartArt图示

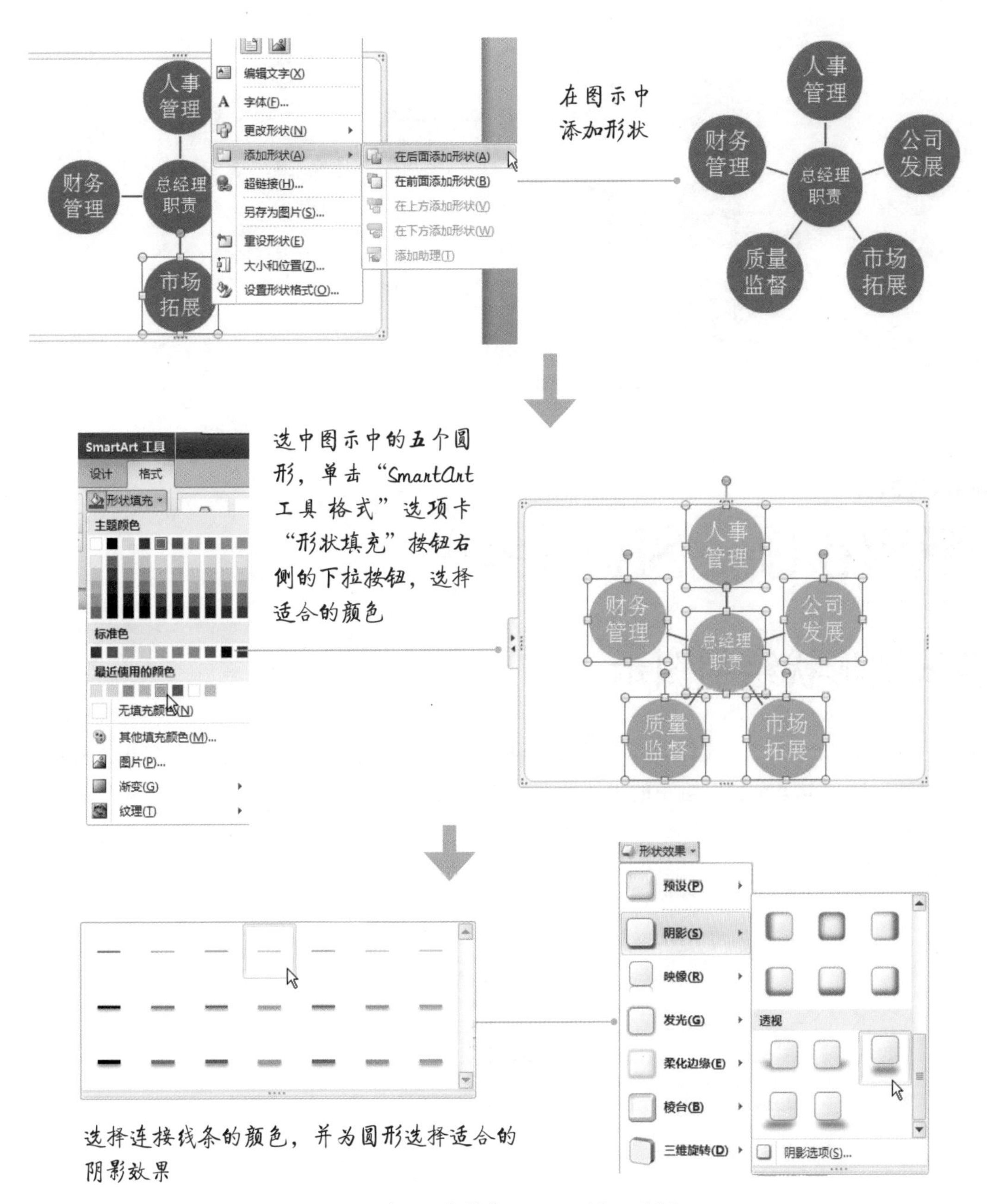

图7-18 在PPT中制作SmartArt图示（续）

如图7-19所示为初始效果的图示和经过加工之后的图示，对比前后的效果，我们发现，经过加工之后，图示的外观看上去更美观了。

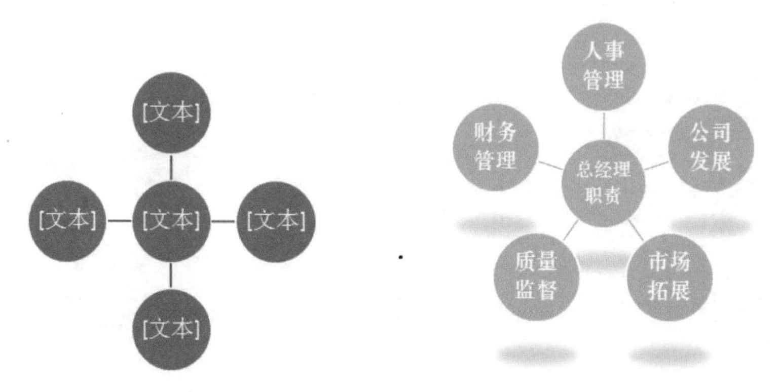

图7-19 图示的加工前后的对比效果

PPT红宝书……>> 07

Try To Use Shapes
To Draw Icons

尝试用形状绘制图示

在PowerPoint中，SmartArt图示是可以转化为形状的，例如选中图示之后，单击“SmartArt工具 设计”选项卡“重置”组中的“转换”按钮，在下拉列表中选择“转换为文本”选项，则可以把图示转化为纯文本，如图7-20所示。如果在下拉列表中选择“转换为形状”选项，则可以将图示转换为一个个独立的形状，如图7-21所示。

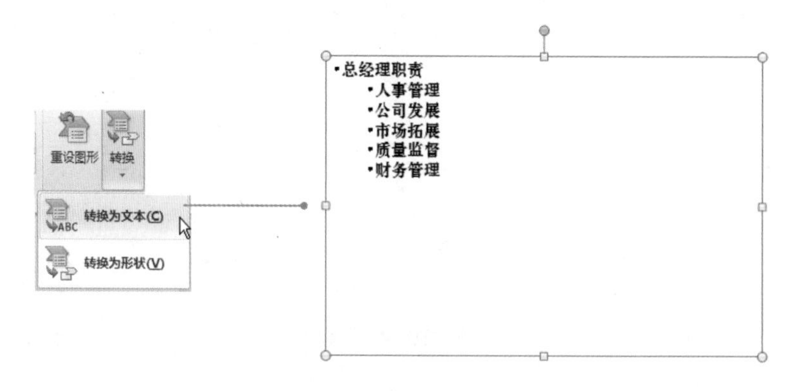

图7-20 将图示转化为文本

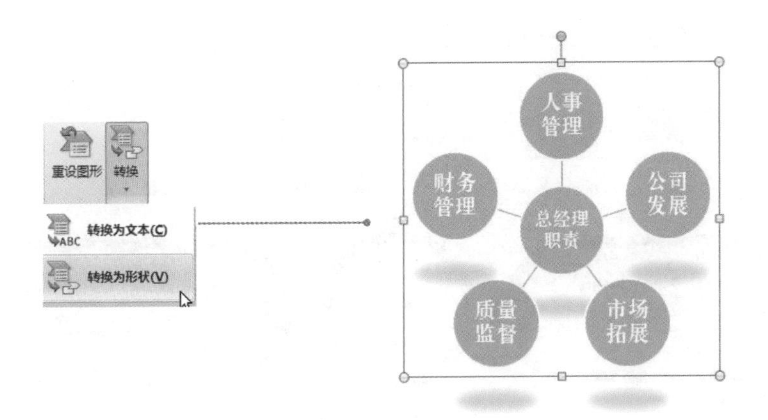

图7-21 将图示转化为形状

SmartArt图示是“牵一发而动全身”的，只要一处改变，整个图示就会随之调整，这样一来就大大降低的图示的灵活性，而将SmartArt转换为形状之后，操作起来就更加灵活了。

在第六章我们已经学会了用形状绘制图表的基本方法，图示与图表相似，都具图形的属性，所以我们也可以尝试用形状来绘制图示。

首先，我们来观察下面一组图示，这些都是在PowerPoint中利用形状绘制的，如图7-22～图7-24所示。

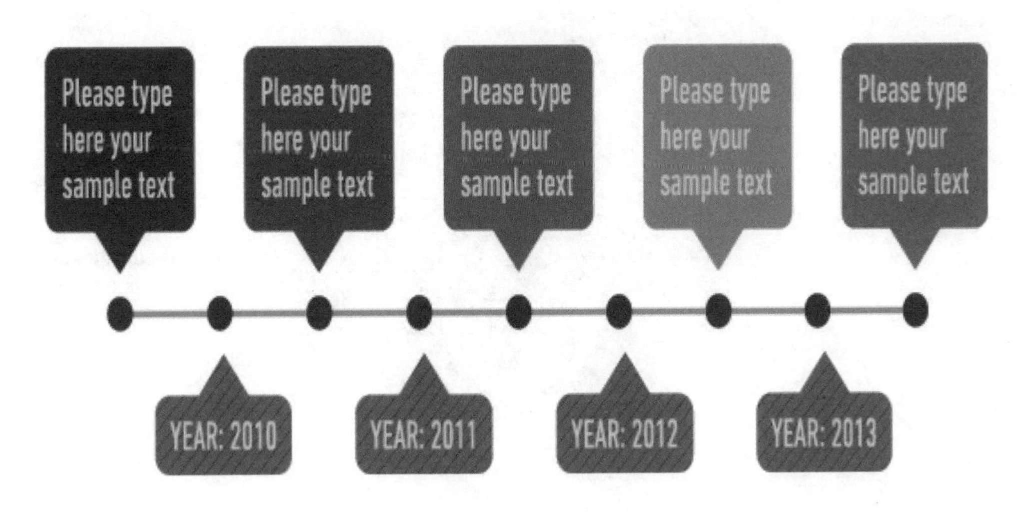

图7-22 形状绘制的图示（一）

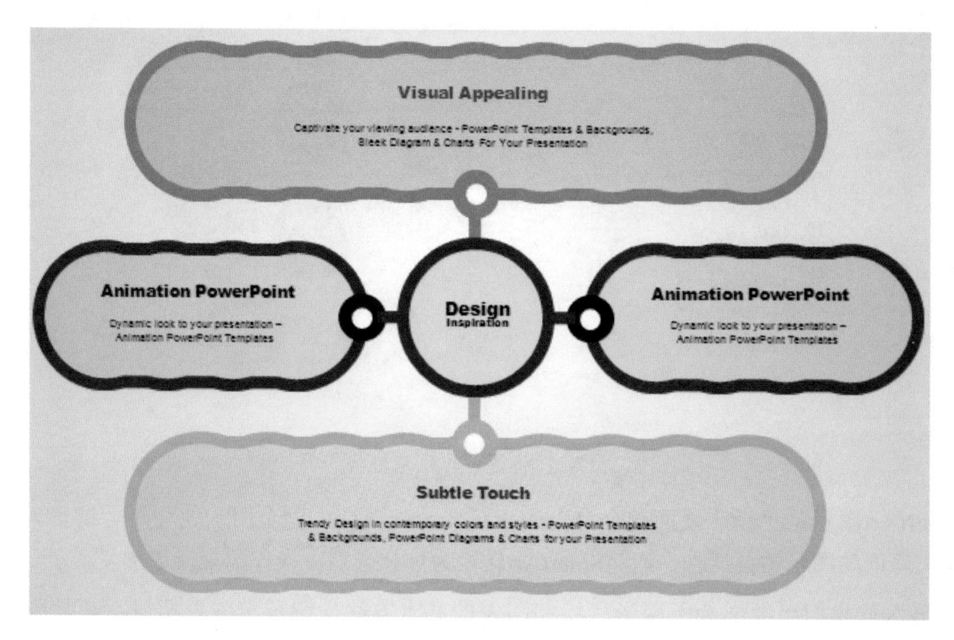

图7-23 形状绘制的图示（二）

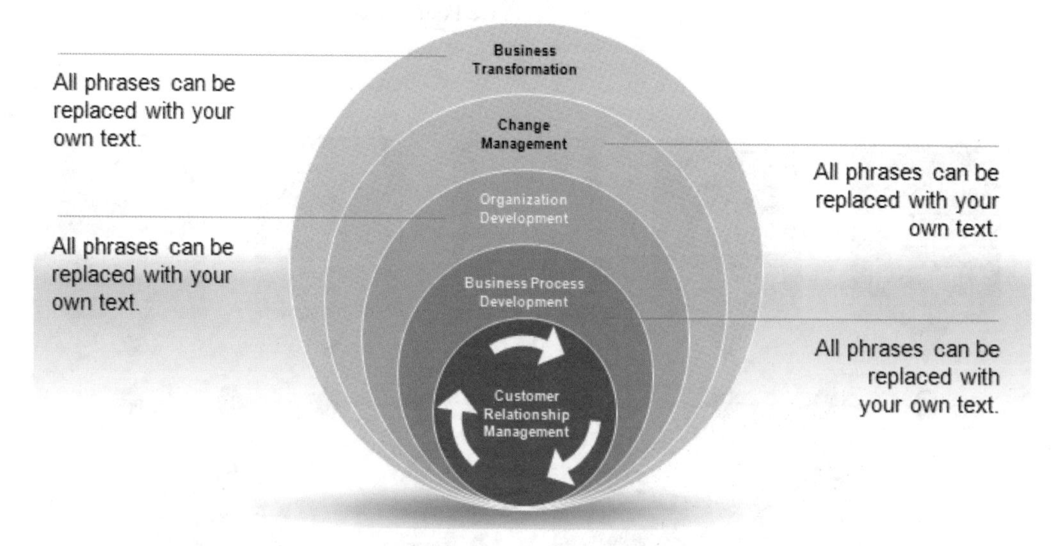

图7-24 形状绘制的图示（三）

下面我们将举例说明怎么在PowerPoint中绘制一个即时尚又实用的图示。首先单击“插入”选项卡“插图”组中的“形状”按钮，在弹出的下拉列表中选择“泪滴形”形状，然后将形状复制3个，调整形状的大小、方向和位置，如图7-25所示。

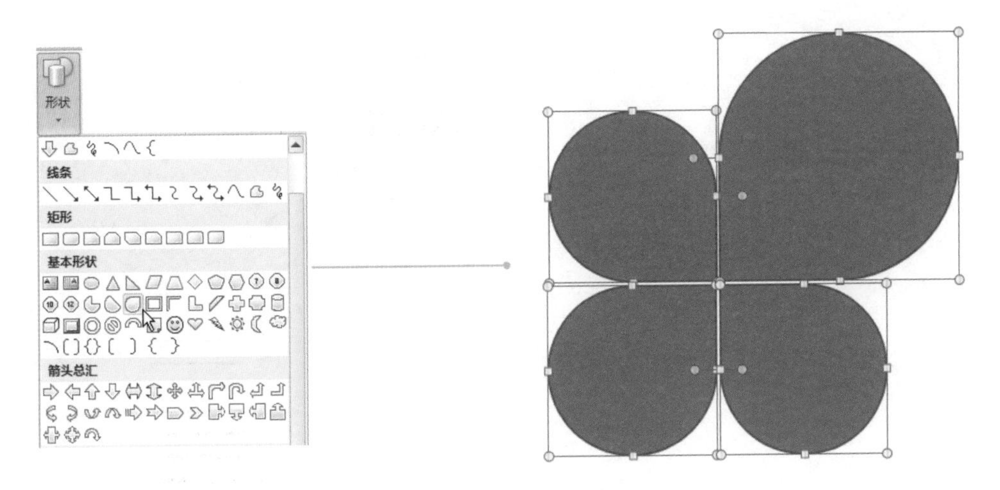

图7-25 绘制4个泪滴形状

选中其中较小的3个泪滴形状，打开“颜色”对话框，为其填充一种颜色，然后选择较大的水滴形状，为其添加同一色系的颜色，如图7-26所示。

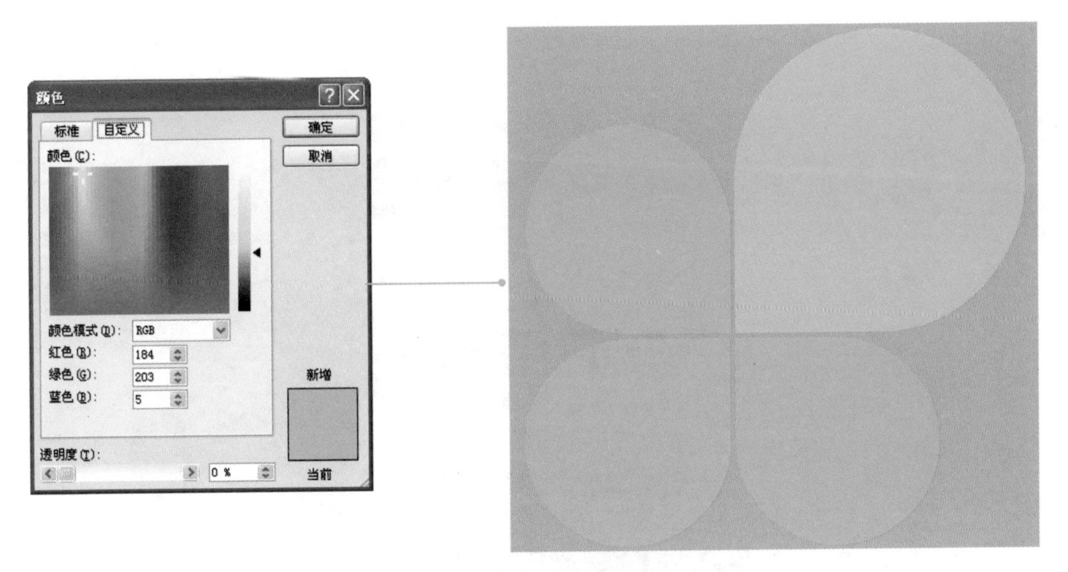

图7-26 填充形状的颜色

选中所有形状，单击“绘图工具 格式”选项卡中的“形状轮廓”按钮右侧的下拉按钮，在弹出的菜单中首先选择白色的边框颜色，然后选择“粗细/3磅”命令，如图7-27所示。

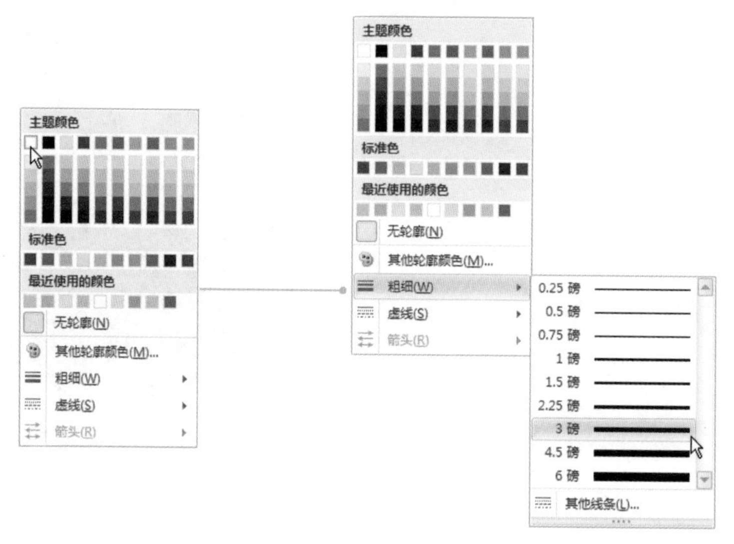

图7-27 设置形状的轮廓样式

最后，在形状中绘制文本框，并填充文本内容，完成图示的设计，最终的图示效果如图7-28所示。

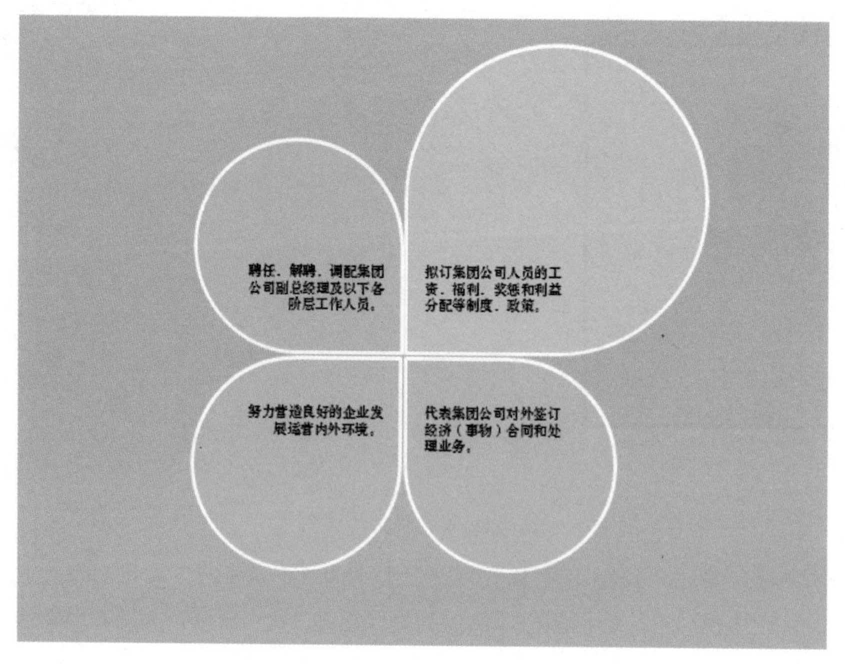

图7-28 绘制图示的最终效果

如图7-28所示的图示适合并列或组合的逻辑关系，下面的例子比较适合流程的逻辑关系，在制作这样的图示时，我们可能运用到比较高级的形状绘制方式。

首先，在幻灯片中绘制一个椭圆形状，然后将此形状复制3个，并按图7-29所示的方式重叠在一起。

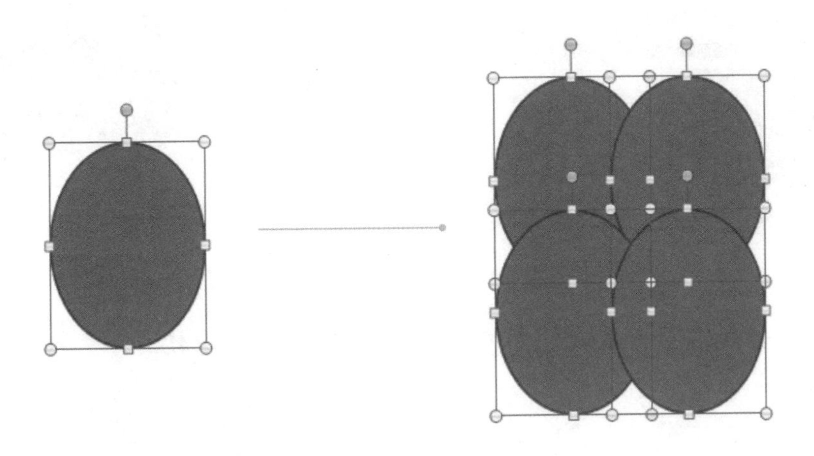

图7-29 绘制4个椭圆形状

接下来，保持4个椭圆的选中状态，然后单击“绘图工具 格式”选型卡中的“形状联合”按钮，将4个椭圆形状联合成一个新的形状，如图7-30所示。

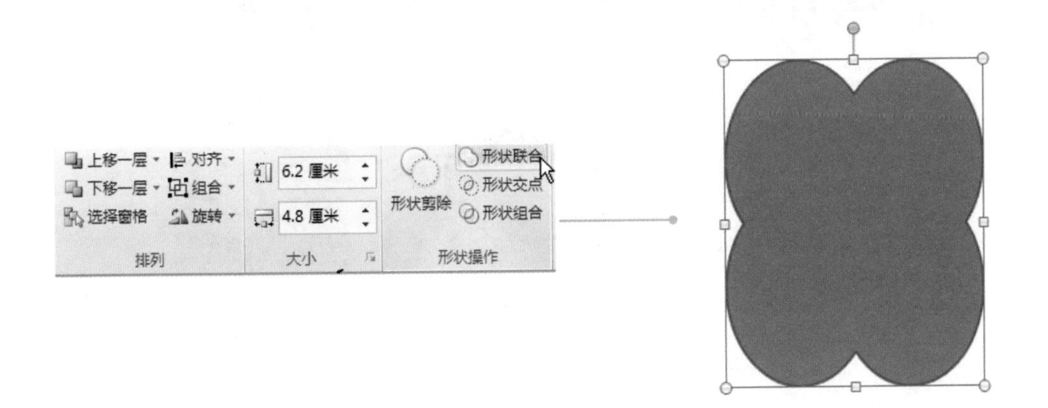

图7-30 联合形状

根据实际情况微调联合后的形状，然后绘制一个圆形放置在新形状的右侧，接着将新形状置于顶层，如图7-31所示。

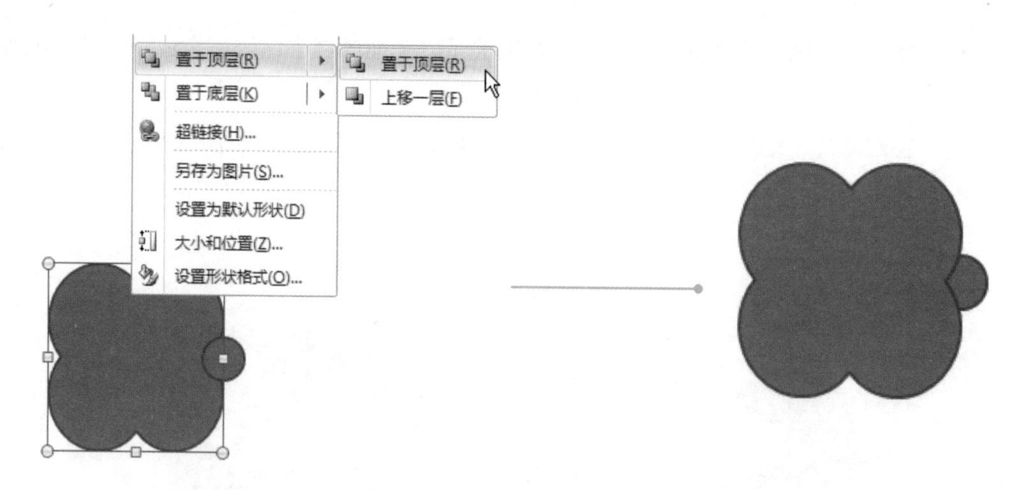

图7-31 调整形状的层次

将新形状和圆形组合在一起，然后将组合复制多个，并按照一定的顺序排列，最后形成如图7-32所示的效果。

图7-32 图示的初始形状

然后，根据自己的喜好，调整形状的填充颜色和边框格式，如图7-33所示。

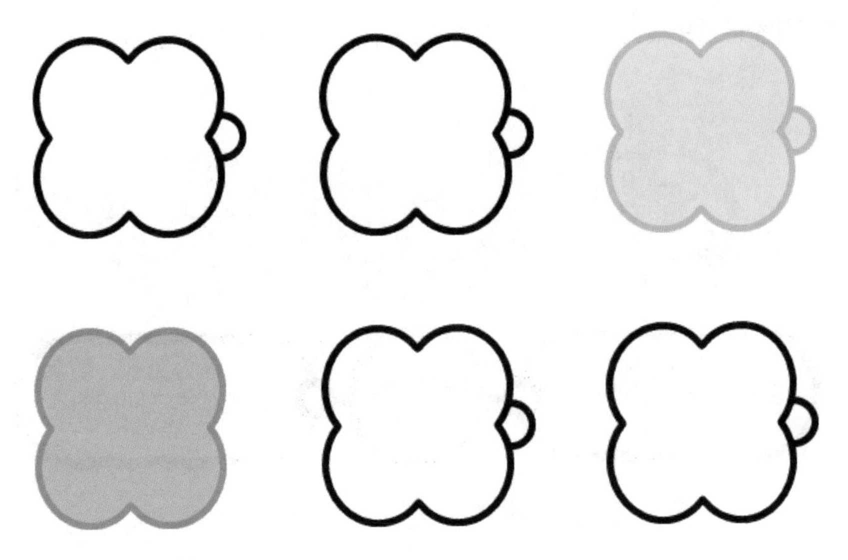

图7-33 调整形状的颜色

最后用虚线箭头形状连接各个形状，并在形状中填充文本内容，完成图示的制作，最终效果如图7-34所示。

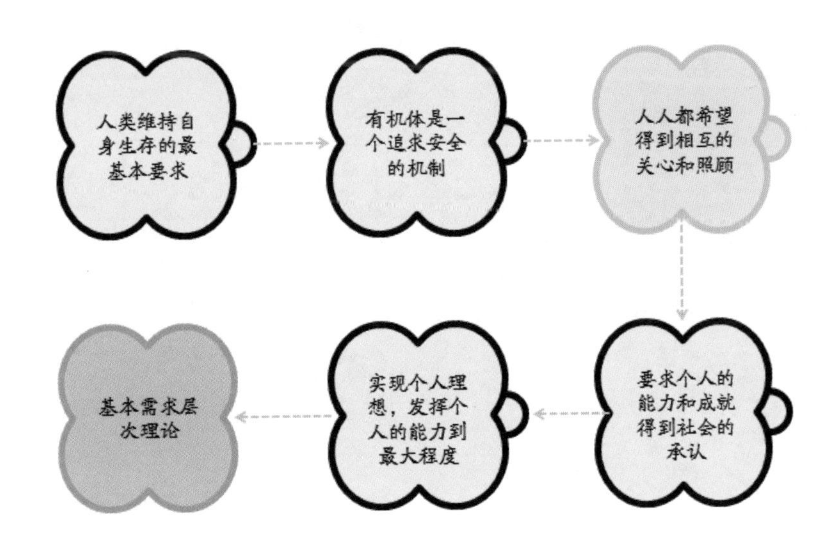

图7-34 图示的最终效果

图示的设计空间虽然很大，但是在设计图示的时候，我们也需要注意以下一些问题，如图7-35所示。

图7-35 图示设计的注意事项

Chapter 08

第八章

动画提高演示水准

如今PPT已不再是平面展示的载体，动态的展示效果成为重要的演示手段。而能实现这一效果就需要具备熟练的动画设计能力。

PPT红宝书……>> 08

Dynamic Transition
In PowerPoint

PPT中的转场动画应用

转场是光影技术中的一个名词，最初是指电视或电影中，一个段落结束，下一个段落开始，或者从一个场景进入到下一个场景，期间的过渡就叫做转场。

在PPT中，转场特指从上一张幻灯片进入到下一张幻灯片时的动态效果，我们又称之为“切换动画”。在PowerPoint 2010之前，并没有专门的转场动画，而从PowerPoint 2010开始，新增了一个功能选项卡——“切换”选项卡，专门提供幻灯片的转场动画设置，如图8-1所示。

图8-1 “切换”选项卡

单击“切换”选项卡“切换到此幻灯片”组中的“其他”按钮，在展开的列表中可以看到“细微型”、“华丽型”和“动态内容”这3种类型的切换动画，如图8-2所示。

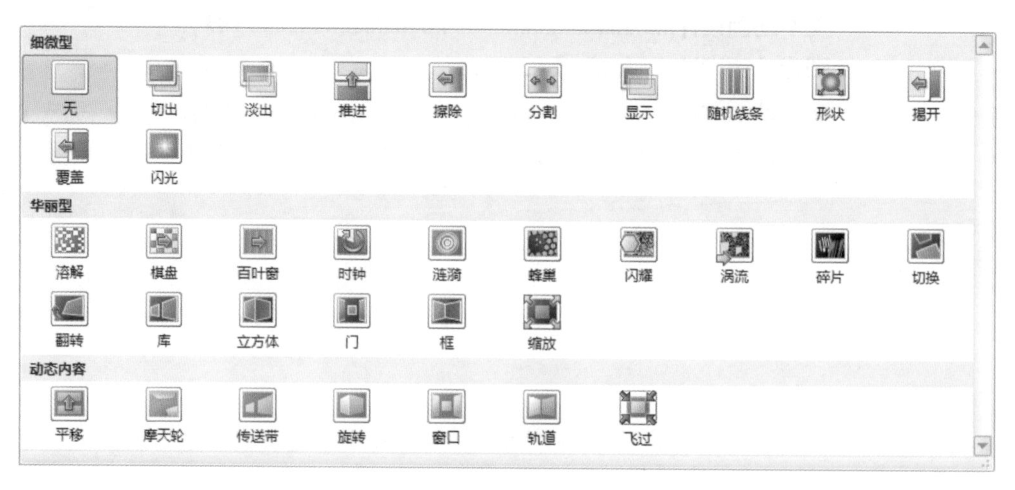

图8-2 三种切换动画类型

3种类型的切换动画各具特色，下面将分别对这三种切换动画类型进行介绍。

1 细微型切换动画

细微型幻灯片的切换动画包括切出、淡出、推进、擦除、分割、显示、随机线条、形状等11种基本的效果，这些效果简单自然，如图8-3和图8-4所示。

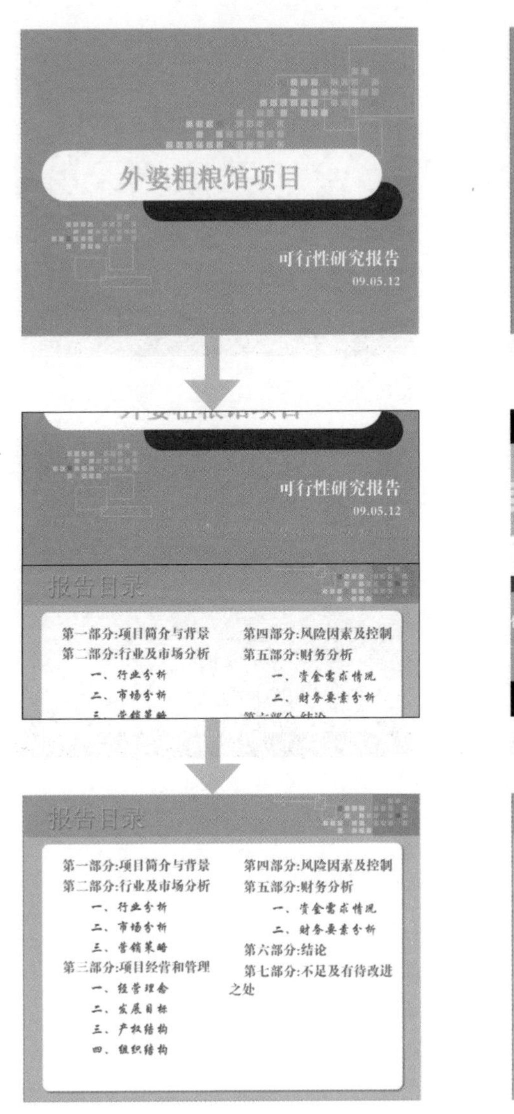

图8-3 “推进”切换动画效果

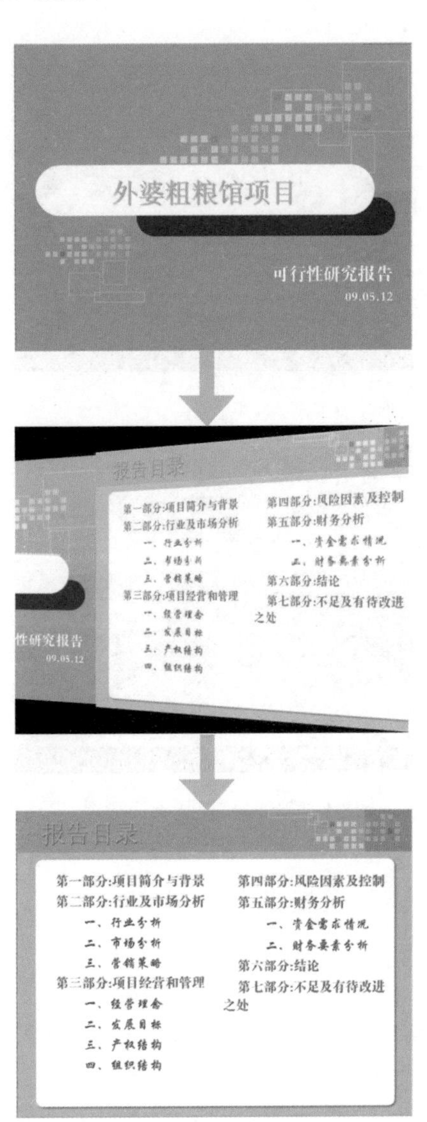

图8-4 “揭开”切换动画效果

2 华丽型切换动画

华丽型的幻灯片切换动画包括溶解、涟漪、碎片、翻转、门、立方体等16种效果，华丽型切换效果比细微型的效果复杂，且视觉冲击力更强，如图8-5和图8-6所示。

图8-5 “涟漪”切换动画效果　　图8-6 “立方体”切换动画效果

有人曾经质疑，为什么他设置的切换动画在播放的时候却消失了？这是因为在PowerPoint 2010中设置的一些切换动画，是不能在较低的版本中放映的。所以，我们在应用如3D效果等较新的切换效果时，一定要确定你所演示的场所是否有PowerPoint 2010或以上的版本。

3 动态内容切换动画

动态内容型的幻灯片切换动画包括摩天轮、传送带、窗口、轨道、飞过等7种效果，选择动态内容型切换效果主要应用于幻灯片内部的文字或图片等元素，如图8-7和图8-8所示。

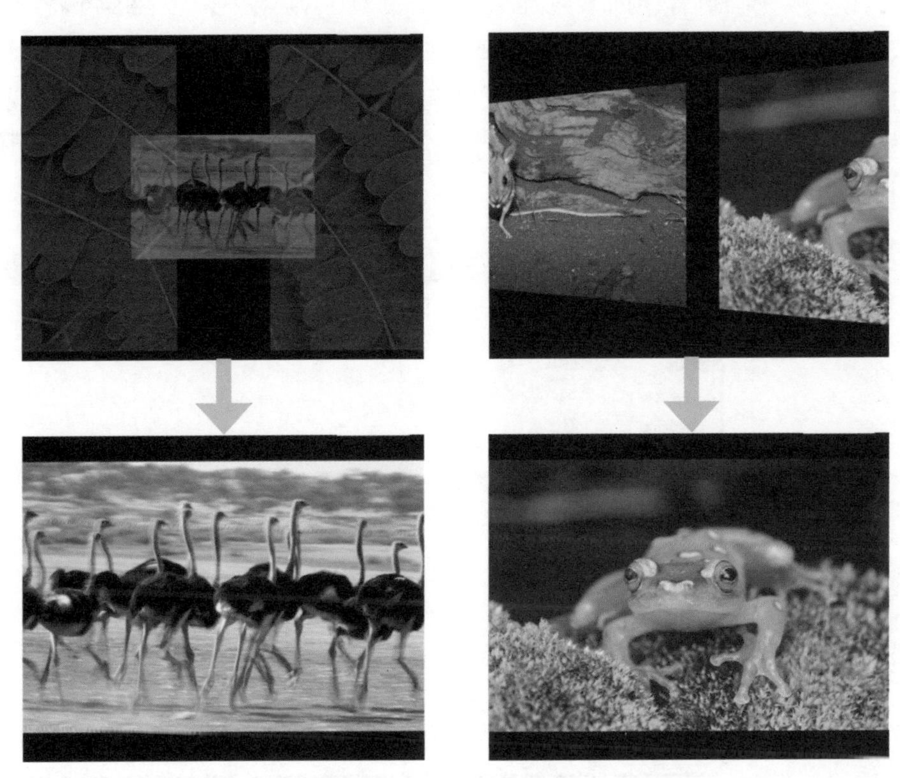

图8-7 “窗口”切换动画效果　　图8-8 “传送带”切换动画效果

以上所展示的切换动画都是系统默认的效果，我们还可以根据自己的需要设置效果。当我们选择某种切换动画效果之后，单击“切换到此幻灯片”组中的“效果选项”按钮，就会出现对应的效果选项可以选择。

例如，选择“动态内容”切换动画类型中的“飞过”动画效果，然后单击“效果选项”按钮，在其下拉列表中就会出现“放大”、“切出”、“弹跳切入”和“弹跳切出”4个效果选项，如图8-9所示。

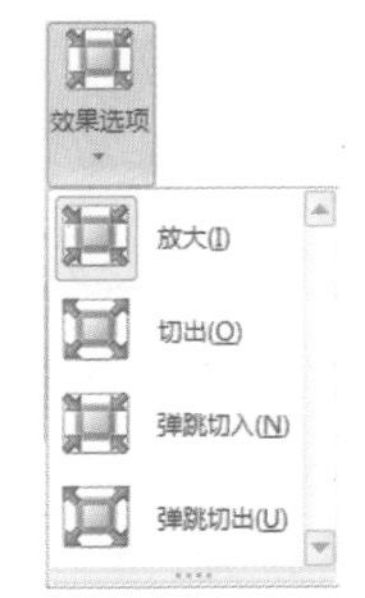

图8-9 “飞过”效果选项

有朋友问过这样的问题：“我设置的切换动画为什么不能自动播放呢？另外，如果我希望每张幻灯片的切换效果都一样，是不是要每张幻灯片都设置一次动画效果呢？”

针对这两个问题，我们就要借助“切换”选项卡中的“计时”组来实现了。例如，在“换片方式”栏中有“单击鼠标时”和“设置自动换片时间”两个复选框，如图8-10所示，当我们选中“单击鼠标时”复选框时，幻灯片的切换需要通过单击鼠标来实现。当我们在“设置自动换片时间”数值框中设置具体的换片时间后，例如设置为“2”秒，则幻灯片会在2秒之后自动切换。

图8-10 换片方式选项

另外，在“计时”组中单击“声音”下拉按钮，在其下拉菜单中有多种声音选项可以选择，如果选择“其他声音”命令，则可以打开“添加音频”对话框，通过此方式能选择自己喜欢的切换动画音效，如图8-11所示。

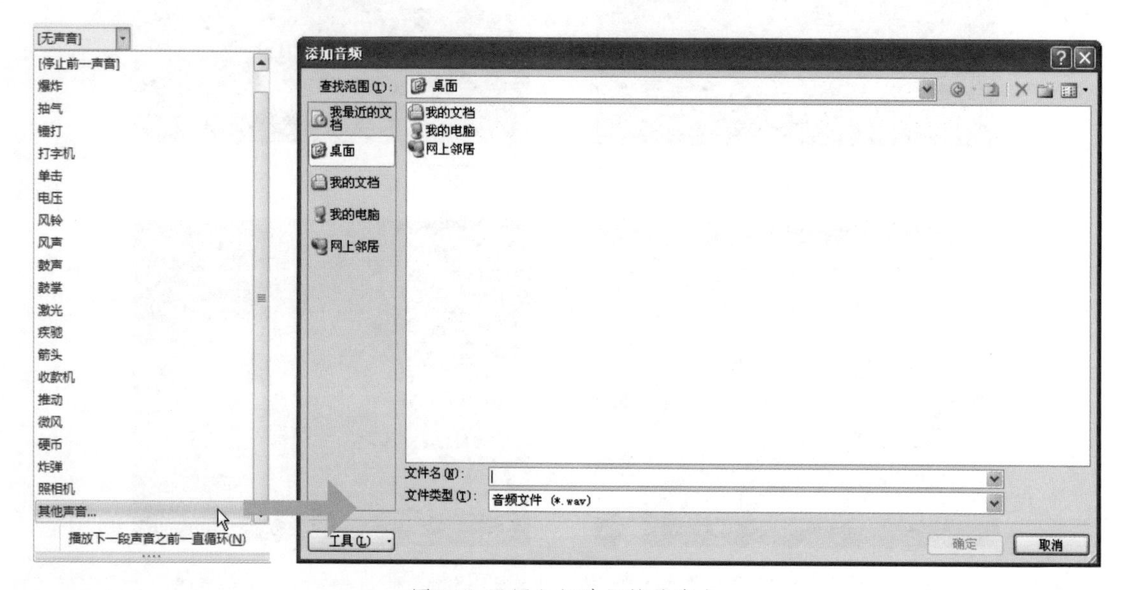

图8-11 设置幻灯片切换的声音

当我们设置完成一张幻灯片的切换动画时，如果需要该演示文稿中所有幻灯片的切换动画与此相同，则可以单击“全部应用”按钮。

在PowerPoint 2010中为我们提供了丰富的幻灯片切换效果，其中包括3D效果。但需要提醒大家的是，幻灯片的切换效果并不是越多越好，越复杂越好。在同份演示文稿中，建议大家选择统一的切换效果，如果幻灯片的内容需要，也可以变换效果，但不要太多。

PPT红宝书……>> 08

The Principle Of
Using Animation

动画应用的原则

我们为什么要在PPT中应用动画呢？

对于这个问题，大家几乎给予一个统一的答案：动画效果能让我们的PPT更具有吸引力。不过，一味追求动画效果，往往可能忽略制作PPT的真实目的。

不要让技术束缚
你的思维

1 必要原则

动画可以为我们的PPT演示增色不少，但并不是所有PPT都适合使用动画。我们在设计和使用动画的时候，切莫“没事找事”。

所谓没事找事是指，在某些PPT中并不需要动画，或者并不适合复杂花哨的动画效果，而制作者为了展示自己的动画功底，生搬硬套动画效果，结果不但没有为PPT的展示增光添彩，反而影响了PPT的正常放映，如图8-12所示。

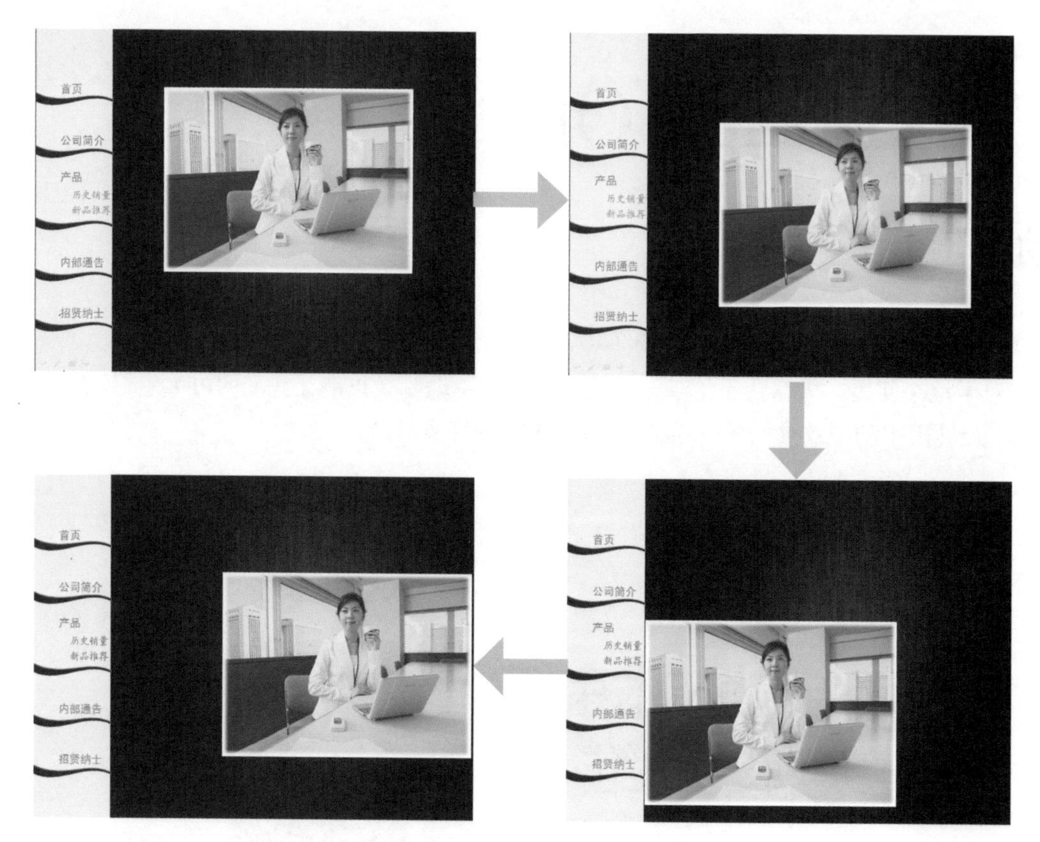

图8-12 多余的动画

如图8-12所示的幻灯片，本来只是为了单纯地展示一张图片，可以不加动画，如果一定要为图片添加动画，则可以选择一些简单的进入动画，例如“擦除”动画或“淡入”动画。而在本例中，制作者却使用了比较花哨的自由曲线强调动作路径动画，不仅没有产生美观的效果，还让整个演示显得拖沓、杂乱。

那么，到底哪些情况下不需要太多的动画呢？在此总结了一些情况，如下所示：

※ 在比较正式和严肃的演示文稿中，例如汇报PPT、重要会议PPT、教学PPT等，不要出现太多动画，且尽量使用简单、流畅、快速的动画。

※ 当演讲的观众是上级领导、前辈、老师，或是领域内的专家学者、年纪较高的观众，使用动画时需慎重，尽量避开花哨的动画效果。

※ 当演讲场所设备比较老化、软件长久没有更新的时候，最好不要使用动画效果，因为硬件条件不足，可能导致放映不能正常或流畅地进行。

在为上司或领导制作PPT的时候，最好不要使用太多的动画效果，如果设置了动画，建议将动画的开始方式设置为“单击时”，并提前告知上司或领导，哪些地方设置了动画，该怎么启动这样的动画效果。

2 流畅原则

PPT中的动画虽然与Flash中的动画有所差别，不过在PPT中也能实现如同Flash一样自然和流畅的动画效果。

PPT中的动画并不是由一帧一帧的画面构成的，而是由一个或多个动画效果配合实现的。要想制作流畅的动画效果，就必须注重以下三个因素，如图8-13所示。

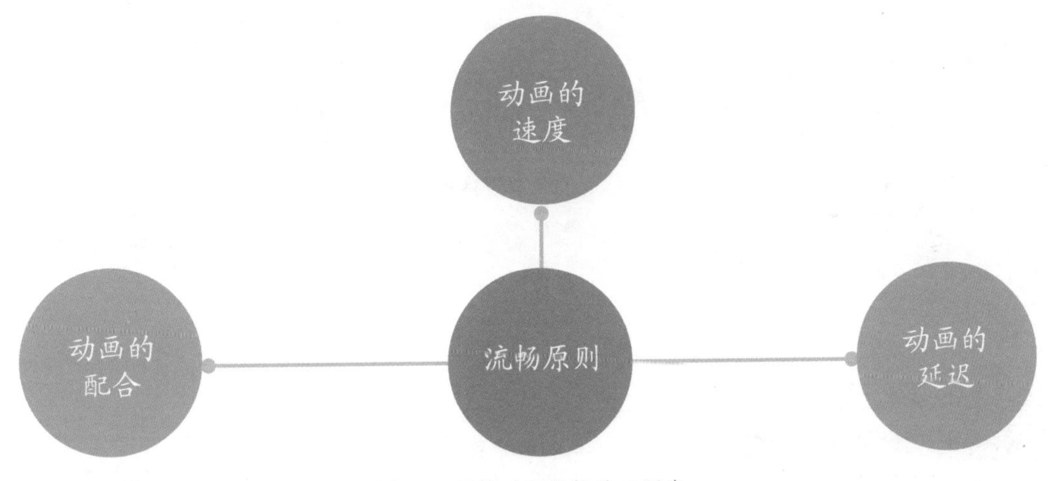

图8-13 保持动画流畅的三因素

首先，动画的配合是指，PPT中的对象在完成一组动态效果的时候，不一定是由单一的动画完成的，很可能需要其他动画的配合，才能符合正常的运动规律，看上去更加真实和自然。

例如，要完成树叶掉入水中的效果，至少需要三个步骤来实现。第一步是曲线动作路径动画，完成树叶落下这一动作。当树叶落入水中的时候，树叶就会消失，所以这时需要一个消失动画。另外，树叶落入水中，必然会导致水波荡漾，这时就需要水纹波动的动画。这组动作的分步情况如图8-14所示。

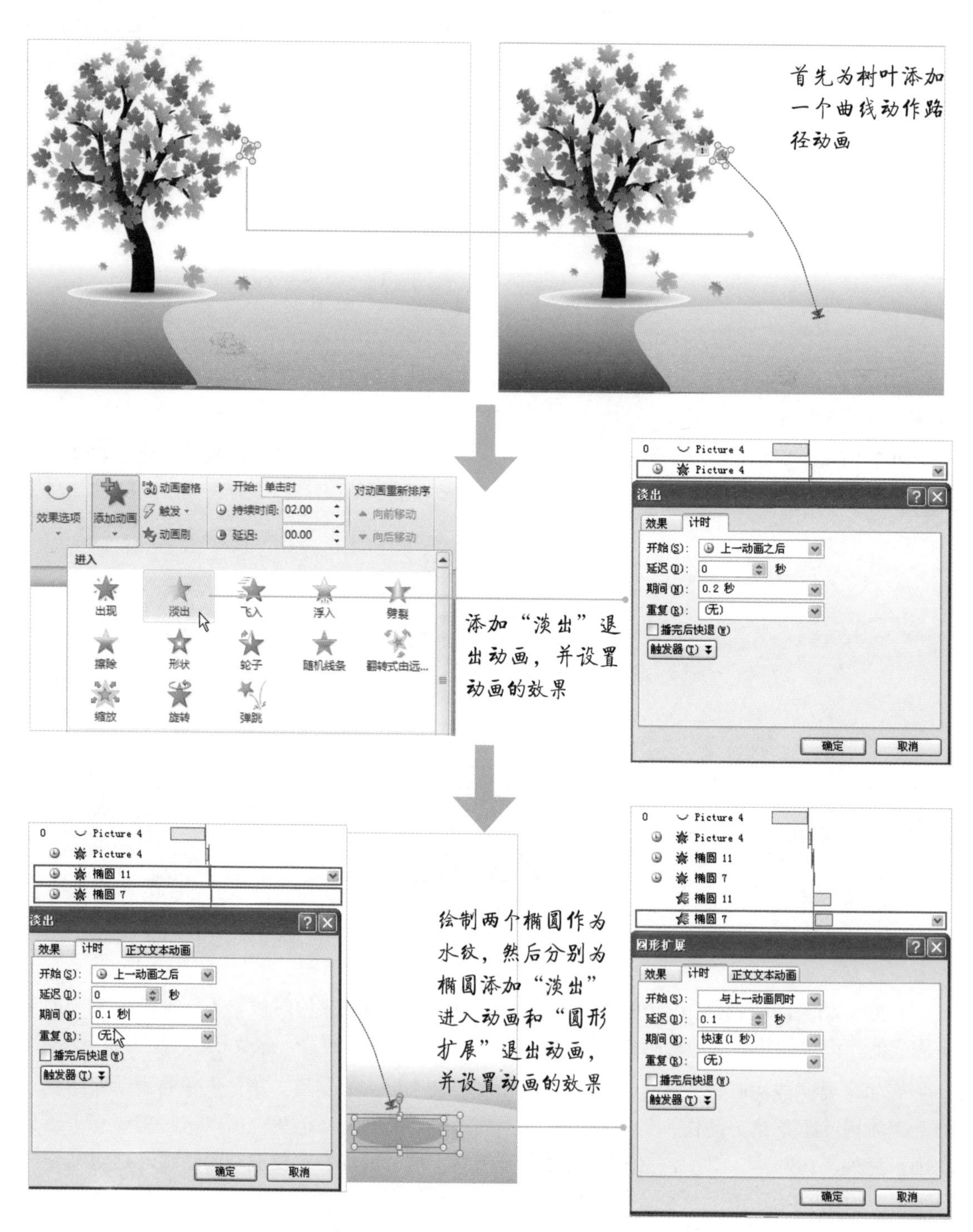

图8-14 多种动画配合的树叶飘落效果

从图8-14的分步情况可以看出，树叶落入水中的效果由4组动画配合完成的，最终实现流畅逼真的效果，如图8-15所示。

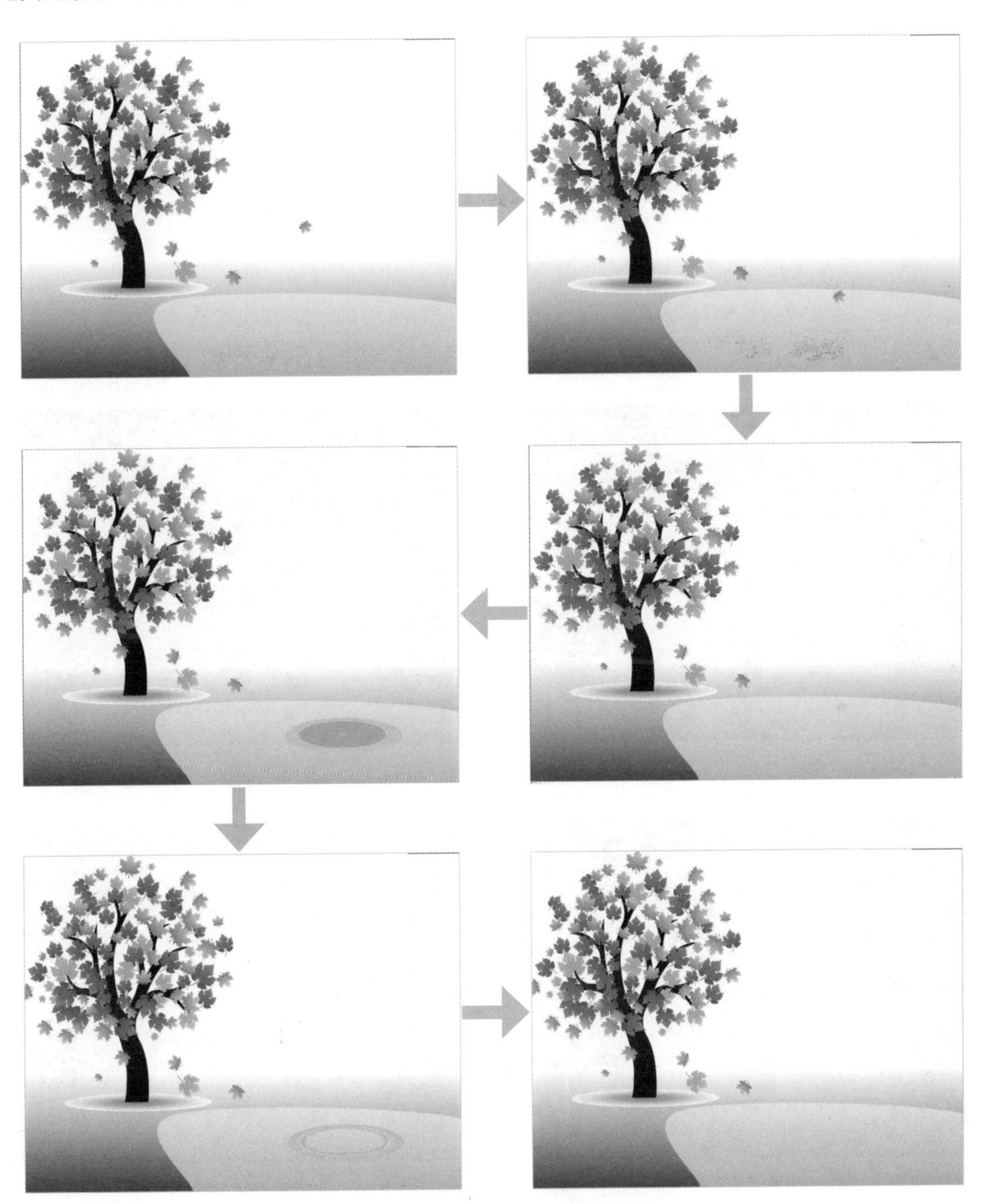

图8-15 树叶落水的动画效果

除了选择适当的动画进行配合之外，还要求制作者能控制好动画的速度。在动画效果对话框中，我们常见5种速度可选择，“非常慢（5秒）”、“慢速（3秒）”、“中速（2秒）”、“快速（1秒）”、“非常快（0.5秒）”，如图8-16所示。

在制作动画时，我们可以根据情况选择不同的速度，也可以手动输入，例如“0.01秒”等。通常情况下，多种动画配合的效果需要较快的速度，其流畅性会更好。

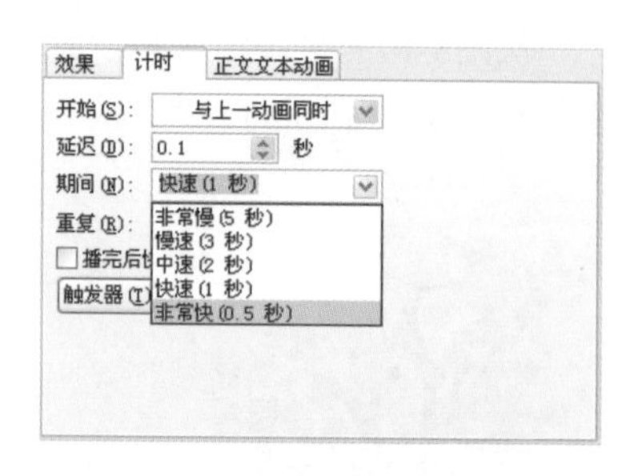

图8-16 可选择的速度

当然，也有例外的情况，例如在设计和制作一个计时器的时候，我们就可以把动画的速度大幅延长，比如手动输入“60秒”，则可以制作一分钟计时的计时器。且延长动画的时间不仅不会影响计时动画的效果，反而会使动画看上去更流畅，如图8-17所示的计时器效果。

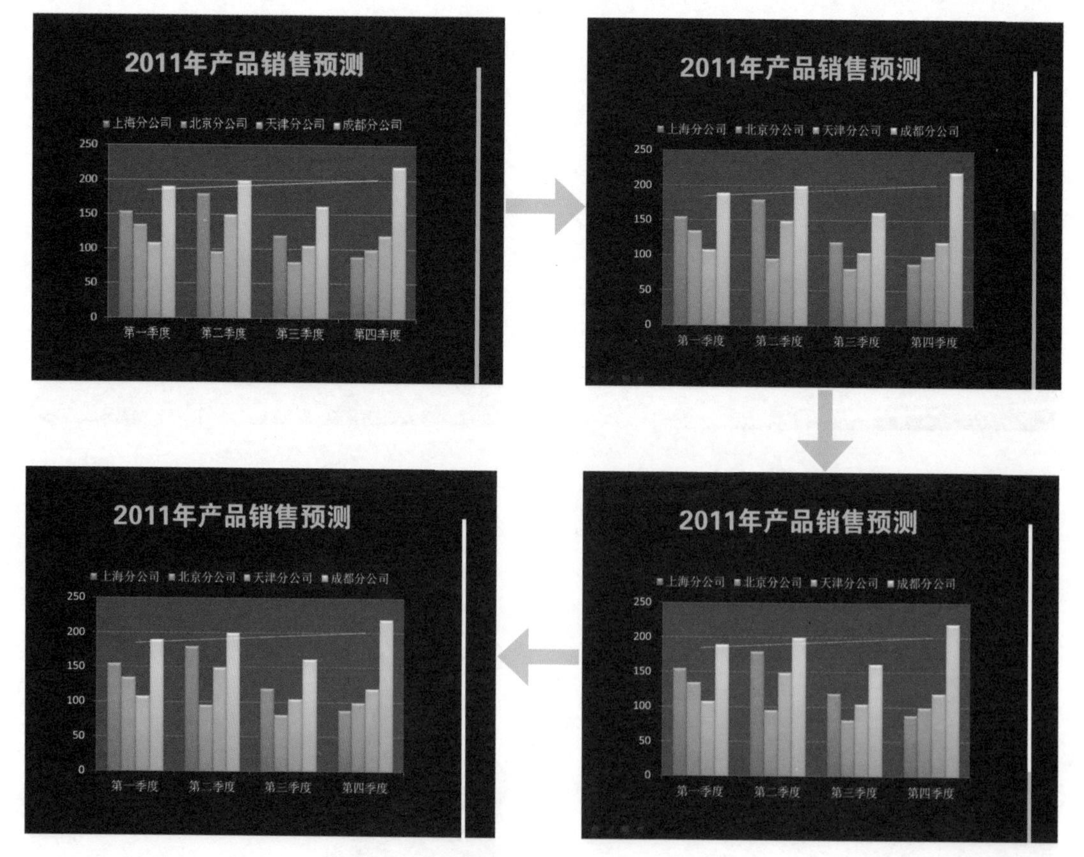

图8-17 延长动画速度的计时器动画效果

要实现如图8-17所示的幻灯片中最右侧的黄色条状一分钟倒计时的效果，关键在于设置动画的速度，具体的设置方法如图8-18所示。

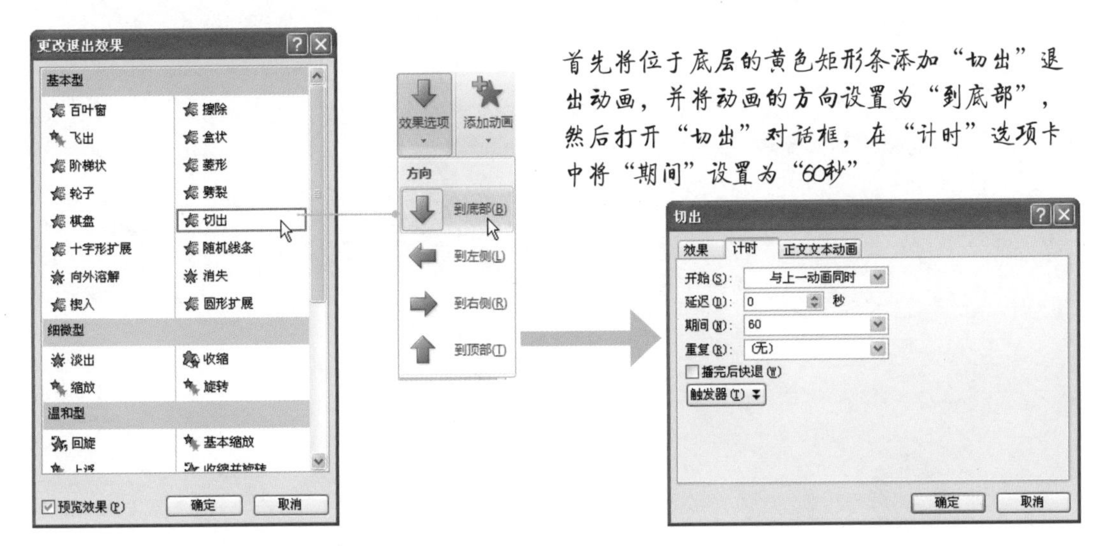

图8-18 设置计时器动画

动画的速度在PPT中又称之为动画的期间。在很多快速又连贯的动画效果中，动画的期间都小于0.5秒。而在某些动画中，动画的期间远远大于5秒。PPT中动画的期间有一定的取值范围，并不是无限小的，也不是无限大的。期间的取值范围是从0.01秒到600秒。在此范围内，可以随意设置。

很多人在设置动画效果的时候并不注重动画的延迟，只会简单地使用动画的三种开始方式，例如“单击时”、“与上一动画同时”、“上一动画之后”。其实，要满足多种动画的流畅，还需要适当设置动画的延迟。

因为很多动态效果并不是与上一动画同时出现的，也不是在上一动画完成之后才出现的，而是出现在上一动画开始到结束期间。这时，我们利用动画的延迟，就能很好地解决这个问题了。例如下面一组动画效果，如图8-19所示。

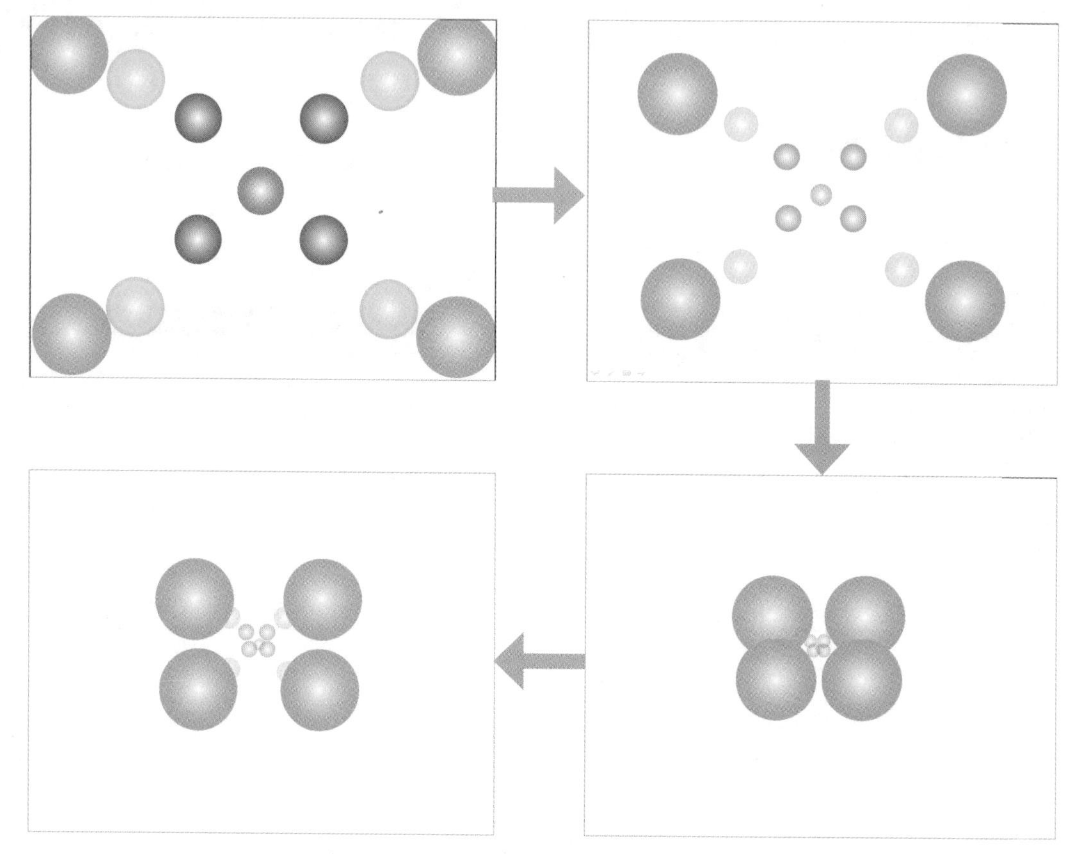

图8-19 彩球运动效果

如图8-19所示的动画效果，是我们常见的具有较高视觉冲击力的动画。四面八方的彩球从中间蓝色的彩球开始运动，向中间聚拢，最后缩小并消失。该效果中，每组动画并不是同时开始的，也不是相继开始的，而是在上一组动画开始之后的0.2秒后，下一组动画开始出现。因此才构成了这样连续的效果。

该效果主要由3组直线动作路径动画和3组“玩具飞车”退出动画交叉组成，且每组动画的开始方式都为“与上一动画同时”，从上至下，每组动画的延迟分别为“0.2秒”、“0.4秒”、“0.6秒”、“0.8秒”和“2秒”，如图8-20所示。

椭圆 2
椭圆 8
椭圆 9
椭圆 5
椭圆 2
椭圆 8
椭圆 9
椭圆 5
椭圆 3
椭圆 6
椭圆 10
椭圆 11
椭圆 3
椭圆 6
椭圆 10
椭圆 11
椭圆 4
椭圆 7
椭圆 14
椭圆 15

图8-20 动画窗格

3 创意原则

创意是在制作和设计动画中最重要的技能，但又是最难培养和把握的。我们很难把“创意”进行步骤化，告诉大家第一步应该做什么，第二步应该做什么。因为创意是主观的，可能是有意识的，也可能是无意识的。可能是天生的，也可能是后天培养的。

创意就是人无我有，
人有我优

“人无我有，人有我优”也可以作为生产创意的手段。当大家都没有想到使用这样的方式进行表达的时候，你率先使用了，就可能因为创意脱颖而出。当大家都开始使用这样的方式时，你做得更好，或者将它进行了改进，则又可能因为创意吸引大家的注意。正如我们所欣赏到的大师作品，大都取胜于创意。

PPT红宝书……>> 08

The Design Of
Opening Animation

片头动画设计

片头动画也就是我们常说的幻灯片的开场。不同的人对片头有不同的理解。有的人认为片头就是首页的标题幻灯片，做不了什么“大动静”；也有人认为片头就是导航幻灯片，在一开始就向观众提示所要讲的内容。

片头其实是从电影中引申出来的，纵观电影的发展，我们不难看出，起初电影的片头大多数为黑色的屏幕上依次出现电影名称、主创人员的名字，接下来，电影的片头进入了有色彩有画面的时期；而现在，电影的片头更是酷炫多姿了。为什么片头会有这样的转变呢？因为市场需要！

如今大家都知道，产品重在宣传和包装，例如同一种纯净水，因为包装不同，有的只能卖1元钱，而且买的人很少，有的却可以卖到5元钱，买的人还相当多。这就是包装的魅力。有时候，我们的PPT也需要包装，这样更能吸引观众的眼球。

1 观赏型片头

观赏型的片头具有一定的局限，并不是所有的PPT都适合。一般来讲，比较生活化的、娱乐性质较强的PPT比较适合这类片头，如图8-21所示的片头。

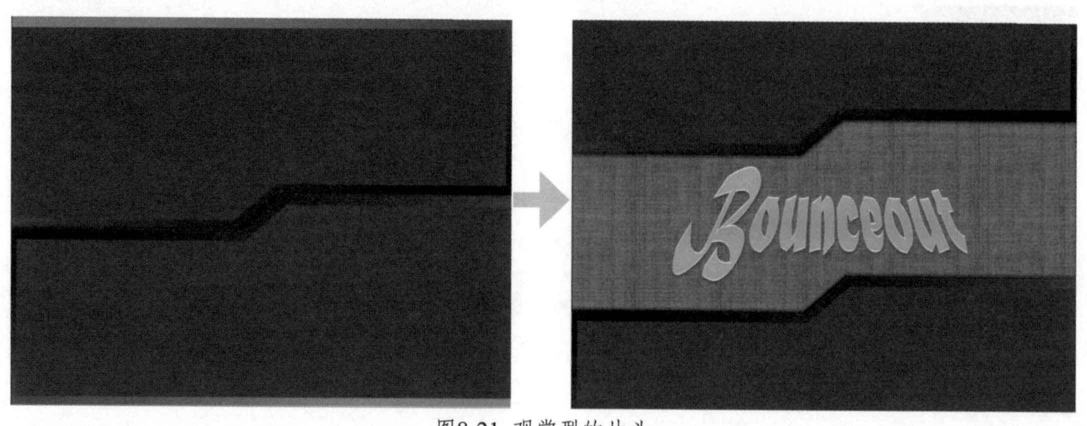

图8-21 观赏型的片头

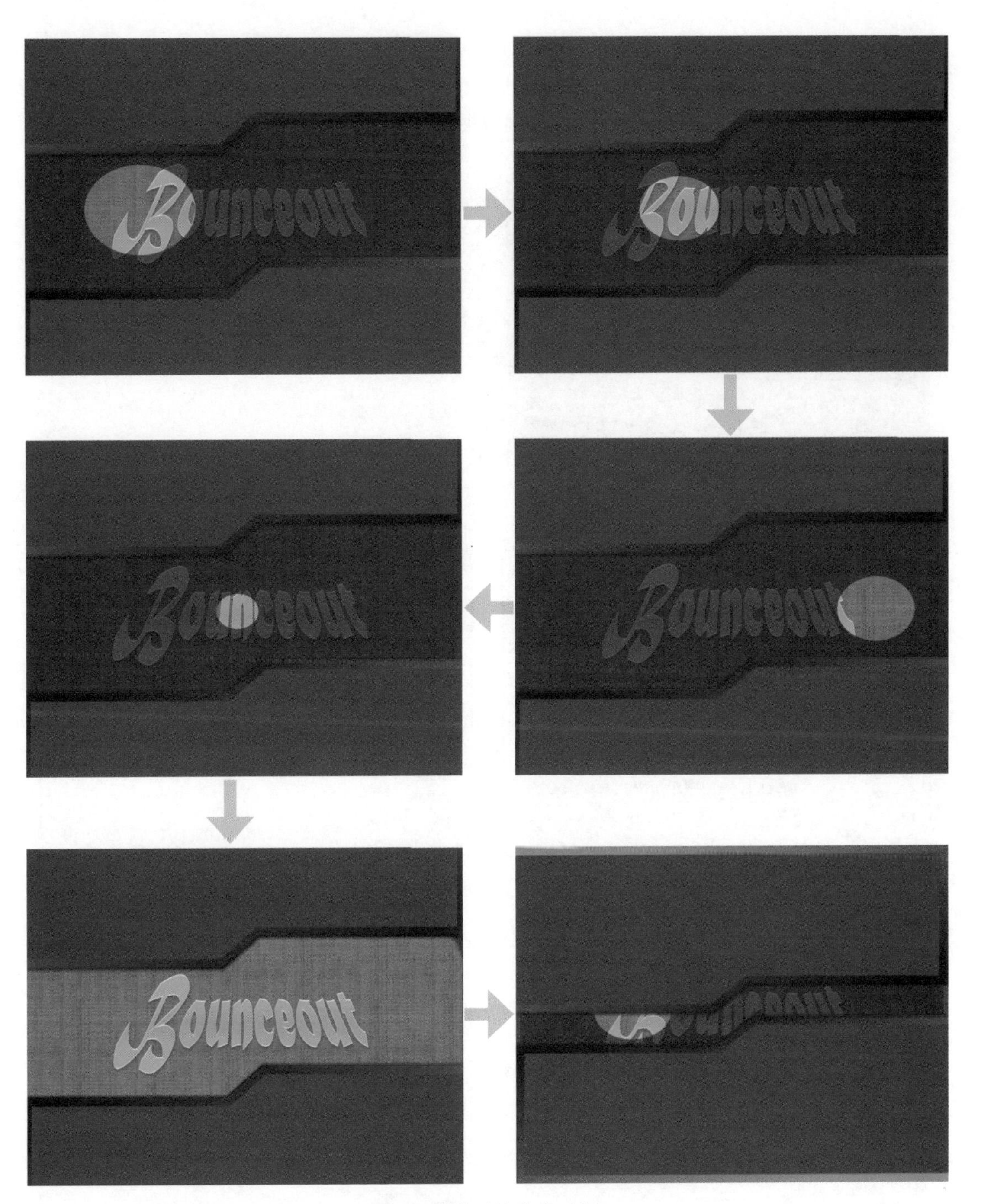

图8-21 观赏型的片头（续）

如图8-21所示的片头动画为娱乐型PPT的片头。动画开始的时候，灰色的闸门分别向上下展开，露出幻灯片的标题；随后画面变暗，出现一个大小变化的光圈，在标题上左右移动，最后光圈消失，阀门重新关上。要实现这样的动画效果，可以分为以下几个步骤，如图8-22所示。

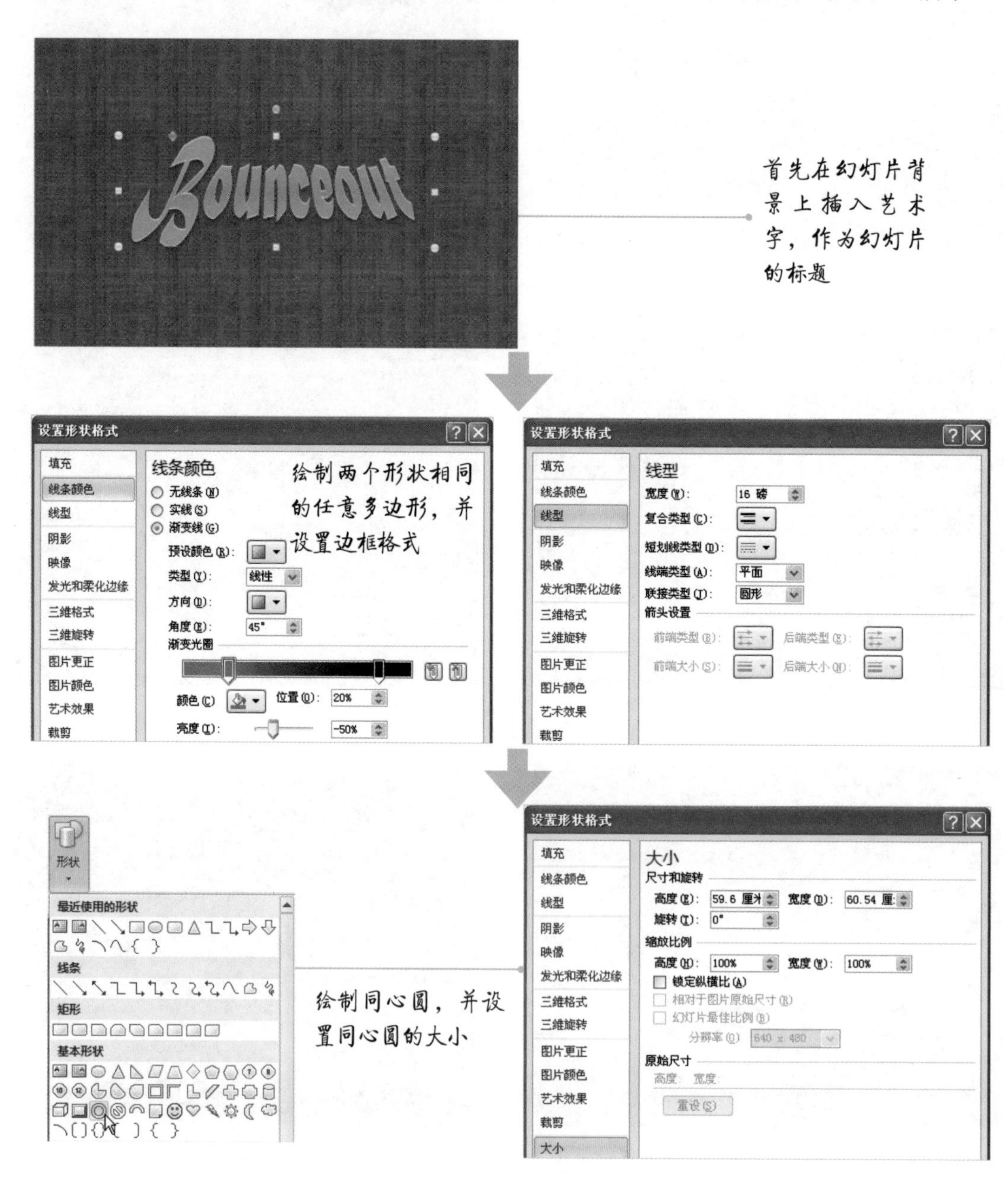

图8-22 观赏型片头动画的分步1

该片头主要是由艺术字、任意多边形和同心圆3种元素组成，这3种元素必须按照一定的层次排列，如图8-23所示。

图8-23 片头元素的层次

当我们将动画需要的图形元素绘制成功之后，就需要为各元素添加动画效果了，具体方法如图8-24所示。

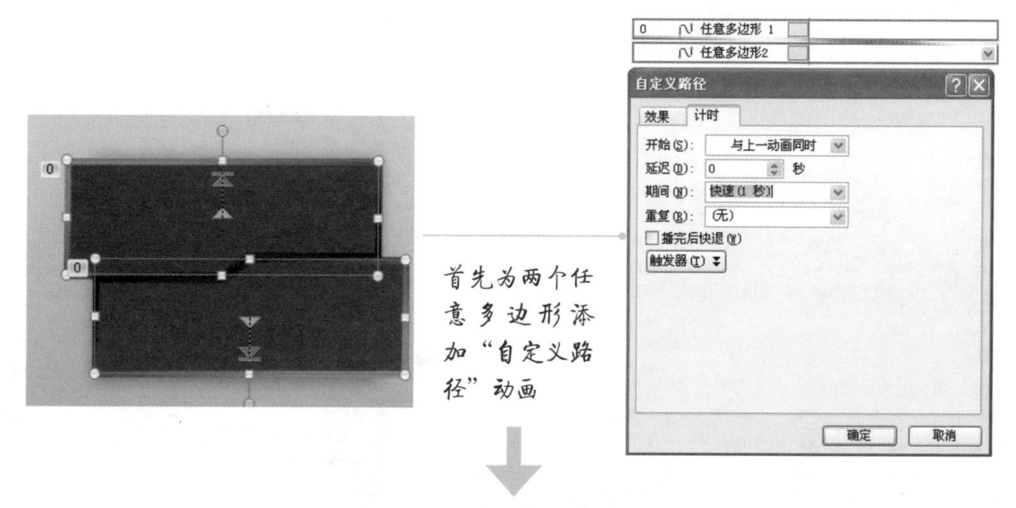

图8-24 设置案例片头动画的方法

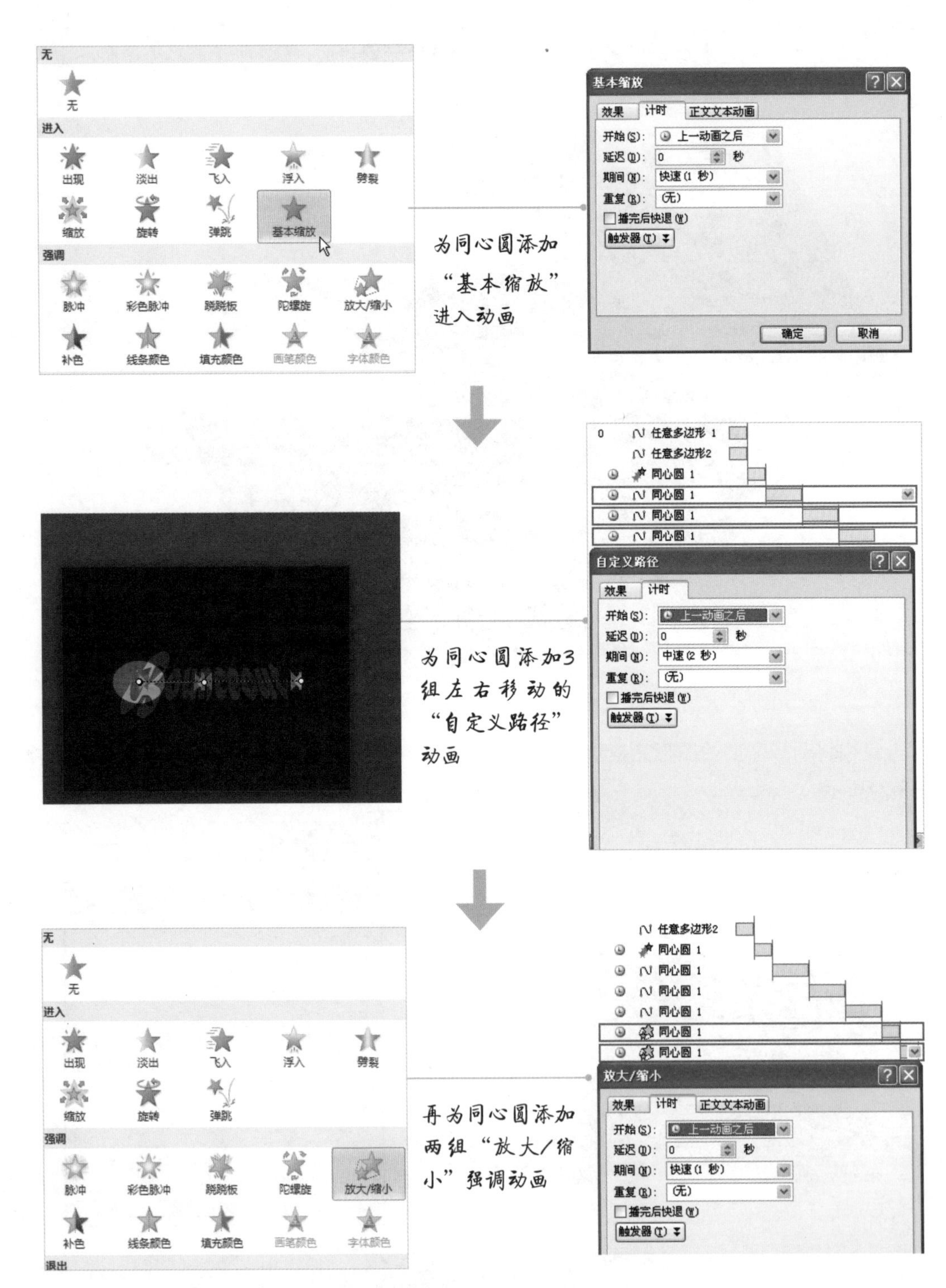

图8-24 设置案例片头动画的方法（续）

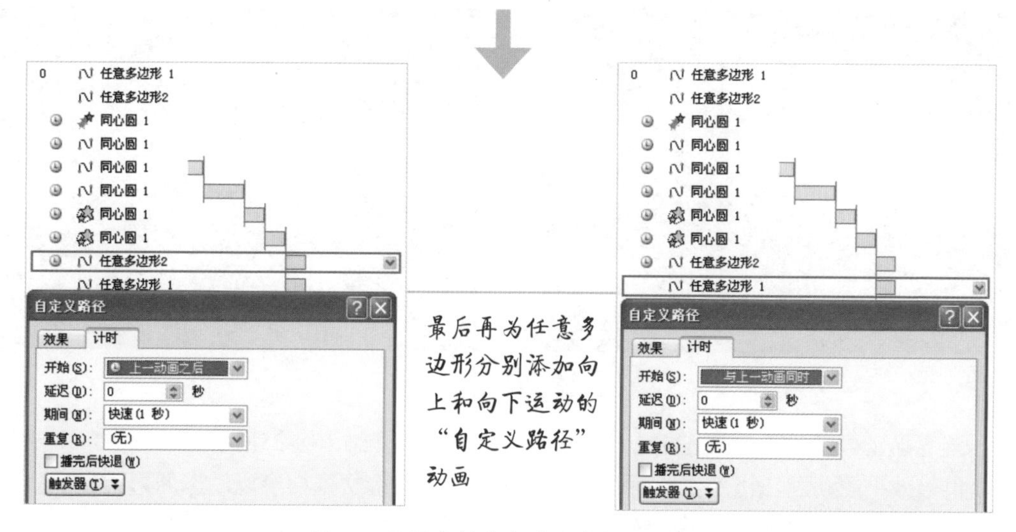

图8-24 设置案例片头动画的方法（续）

2 导航型片头

与观赏型片头相比，导航型片头的使用范围更加广阔。另外，有一个最大的特点在于，导航型片头动画中，通常会涉及到交互效果。所谓交互效果是指当我们触发一个对象时，就能开启另一个对象。

首先，我们来观察下面一组传统的导航型片头，如图8-25所示。

图8-25 传统的导航片头

图8-25 传统的导航片头（续）

传统导航动画的设计重点在于点缀导航的文本内容，例如图8-25所示的动画中，主要利用了“淡出”效果的动画，让“作者简介”、“片段欣赏”等文本内容以动态的形式相继出现。这类导航的制作方式非常简单。下面来欣赏另一组导航片头动画，如图8-26所示。

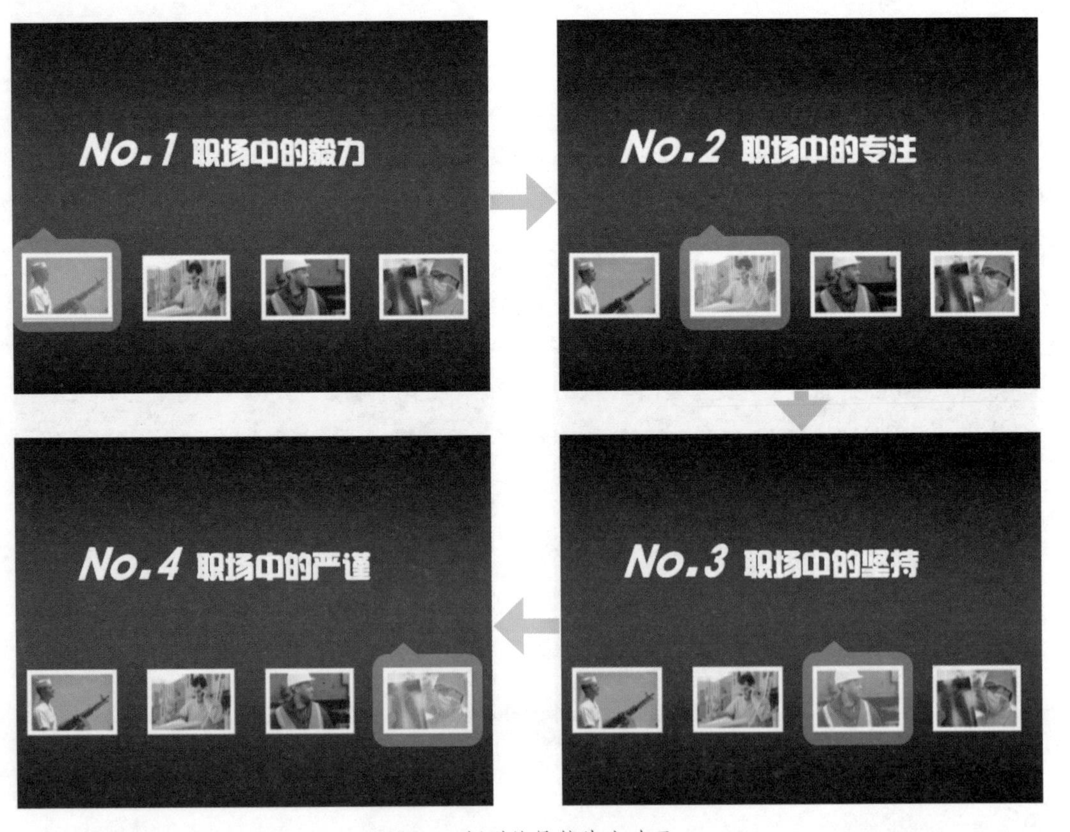

图8-26 新型的导航片头动画

如图8-26所示的导航动画，在动画开始之前，整张导航幻灯片是这样的状态，如图8-27所示。展示效果中的所有动画都是由触发启动的。例如，当我们单击第一幅黑白图片时，图片会变成彩色，同时出现一个半透明的对话框，提示图片所指代的文本内容。

与传统型的导航片头相比，新型的导航多了些实际意义，且与网页导航更加相似，给人一种新颖且实用的感觉。

要实现如图8-26所示的效果，主要分为4个步骤，如图8-28所示。

图8-27 动画开始之前

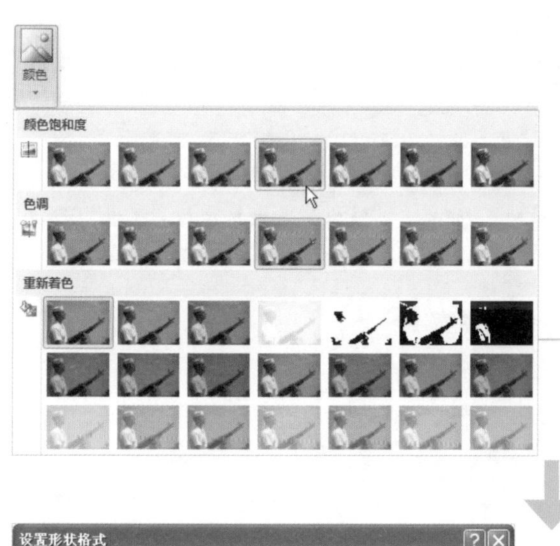

首先选中图片，单击“图片工具格式”选项卡中的“颜色”按钮，恢复图片的色彩

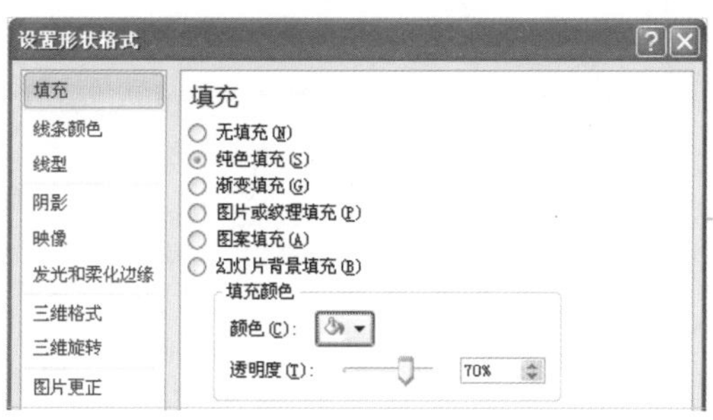

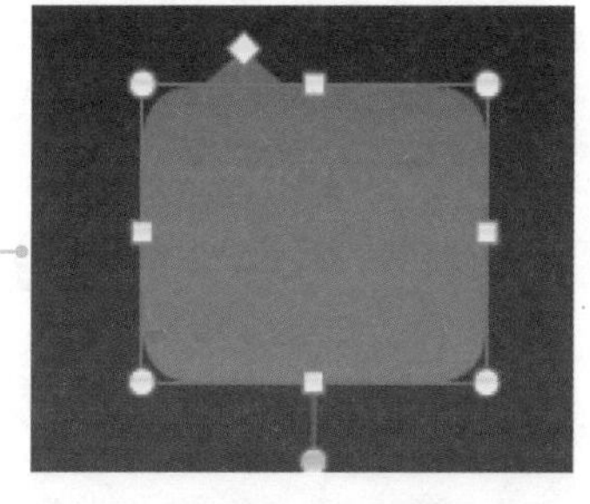

绘制一个“圆角矩形标注”形状，并设置形状的填充颜色

图8-28 制作新型的导航动画

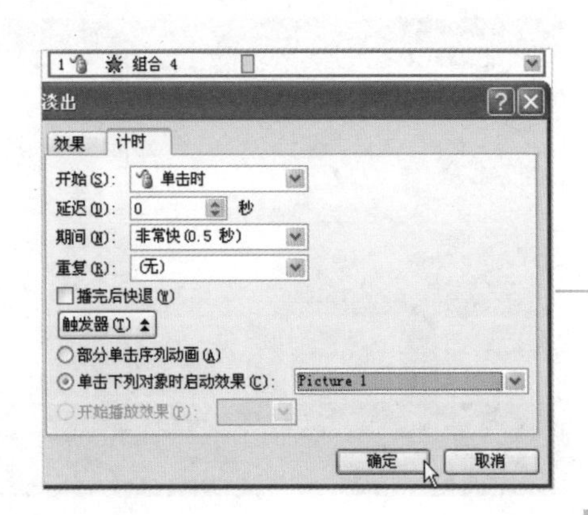

将形状与彩色图片组合，并重叠放置在黑白图片之上，为其添加“淡出”触发器动画，触发对象为第一张黑白图片

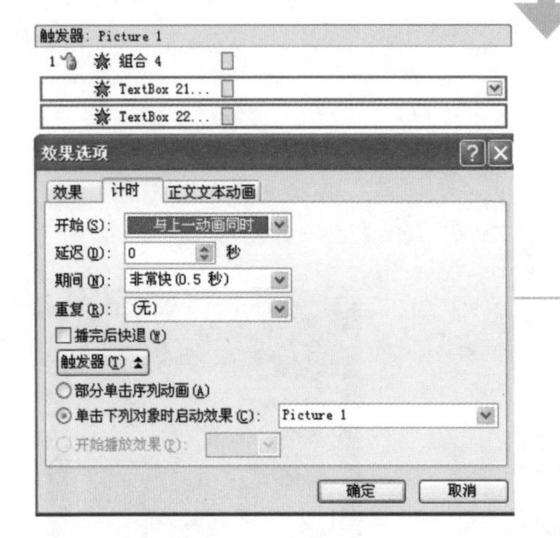

为文本“如何取胜职场”和“NO.1职场中的毅力”分别添加“淡出”退出动画和“淡出”进入动画，并设置动画的开始方式

图8-28 制作新型的导航动画（续）

在制作触发器动画的时候，我们需要注意两个方面，第一，建议大家使用“选择窗格”窗格重新命名幻灯片各对象，以便准确设置触发器对象；第二，在制作触发器之外的动画时，一定要注意动画的开始方式和顺序，否则可能受到触发器动画的影响。

按照图8-28所示的方法设置剩余的图片，就可以实现图8-26所示的导航动画效果了。需要注意的是，导航图片还需要添加一定的交互效果，才能更好地达到“导航”这一目的。

要实现交互效果，可以通过为对象插入超链接或者动作的方式来实现，例如将文本“NO.1职场中的毅力”超链接到下一张幻灯片，其操作方法为：选中文本框，单击“插入”选项卡中的“动作”按钮，打开“动作设置”对话框，在“单击鼠标”选项卡中选中“超链接到”单选按钮，并在其下拉列表中选择“下一张幻灯片”选项，如图8-29所示。

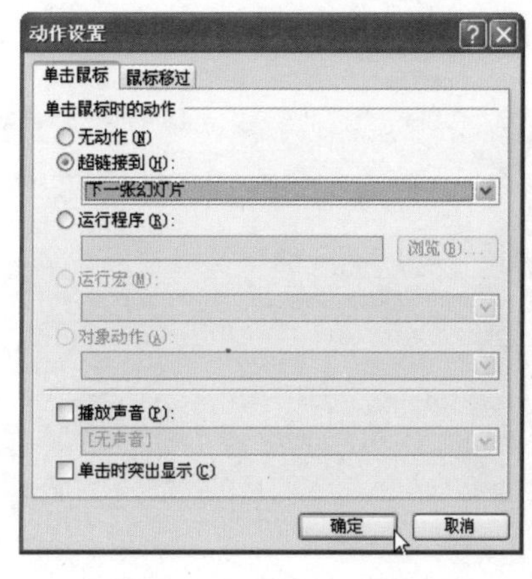

图8-29 添加交互效果

PPT红宝书……>> 08

The Design Of
The Text Animation

文本动画设计

文本是幻灯片中最重要的元素之一，大多数的PPT都是以文本内容为主的，这就会导致一种状况：文本内容太多，让人觉得枯燥乏味。

你的PPT有这样的
催眠效果吗？

《牡丹亭》是明朝剧作家汤显祖的代表作之一，汤显祖，明朝人，字义仍，号若士，江西临川人。出身书香门第，为人耿直，敢于直言，一生不肯依附权贵，明嘉靖年间曾任给事中，四十九岁时弃官回家。他从小受王学左派的影响，结交被当时统治者视为异端的李贽等人，反程朱理学，肯定人欲，追求个性自由的思想对他影响很大。在文学思想上，汤显祖与公安派反复古思潮相呼应，明确提出文学创作首先要“立意”的主张，把思想内容放在首位。这些思想在他的作品中都得到了具体体现。

如果为文本内容添加适当的动画，效果就完全不一样了，如图8-30所示。

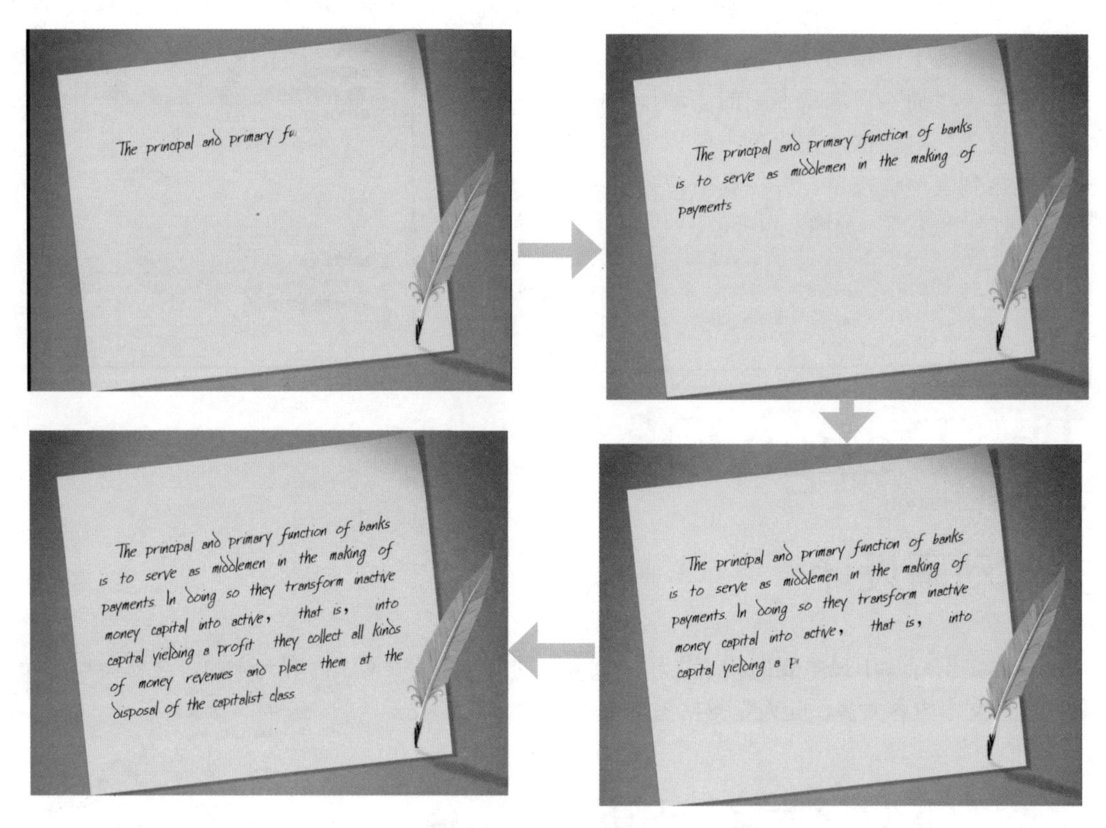

图8-30 手写效果文本动画

如同8-30所示的文本动画是最简单的，为文本添加“擦除”动画之后，再设置动画的效果，如图8-31所示。

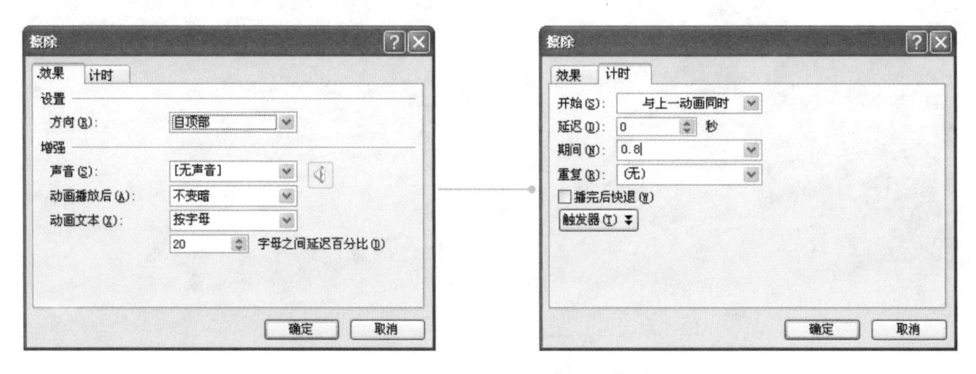

图8-31 设置手写文本动画的方法

从图8-31的左图中可以看出，在“动画文本”列表框中我们选择“按字母”选项，“字母之间延迟百分比”数值设置为了“20%”，这样设置有什么意义呢？

“动画文本”列表框中有3个选项：整批发送、按字/词、按字母。每种方式都有不同的特点，一般情况下，“动画文本”的选项会与“组合文本”的选项结合使用，如图8-32所示。

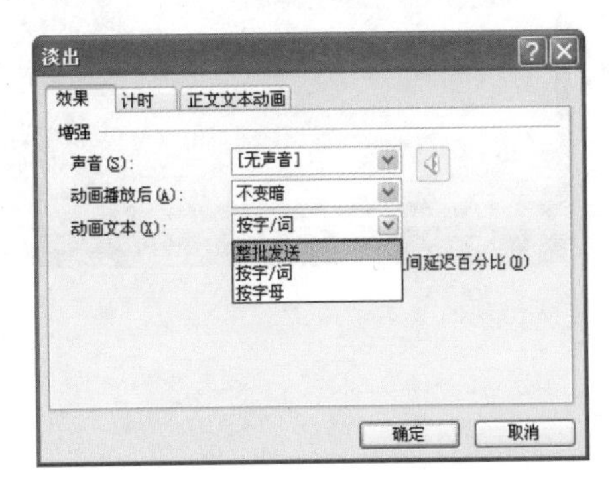

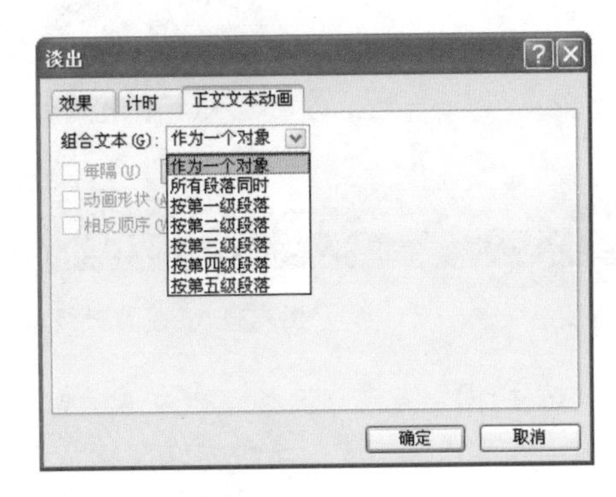

图8-32 “动画文本”的选项与“组合文本”的选项

※ **“整批发送”方式**：默认情况下，在幻灯片中为文本添加动画之后，都会以整批发送的方式展示动画。整批发送就是指所有的文本内容作为一个整体一次性出现，如图8-33所示的文本动画效果。

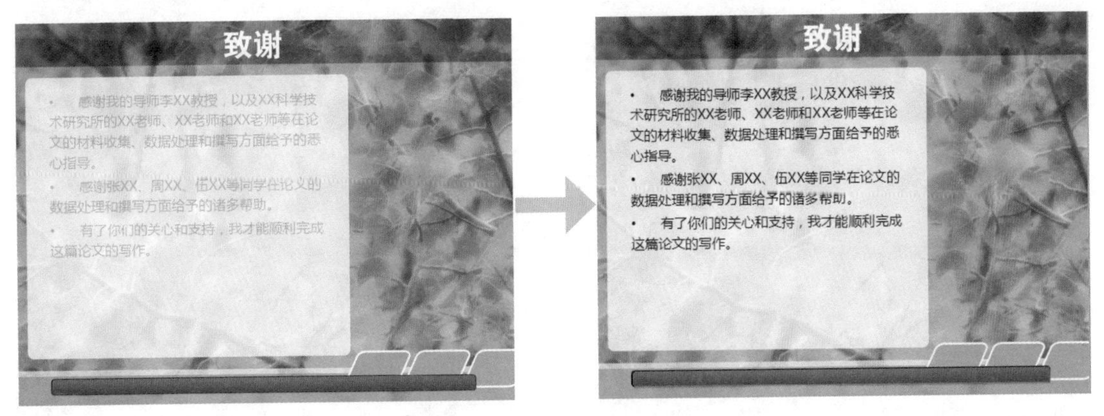

图8-33 整批发送的“淡出”文本动画效果

※ **“按第一级段落”**：在“组合文本”列表框中有作为一个对象、所有段落同时、按第一级段落、按第二级段落等选项，如图8-34所示的文本动画效果，即是在“动画文本”列表框中选择了“整批发送”选项，又在“组合文本”列表框中选择了“按第一级段落”选项，这时文本将以段落的形式整批发送。

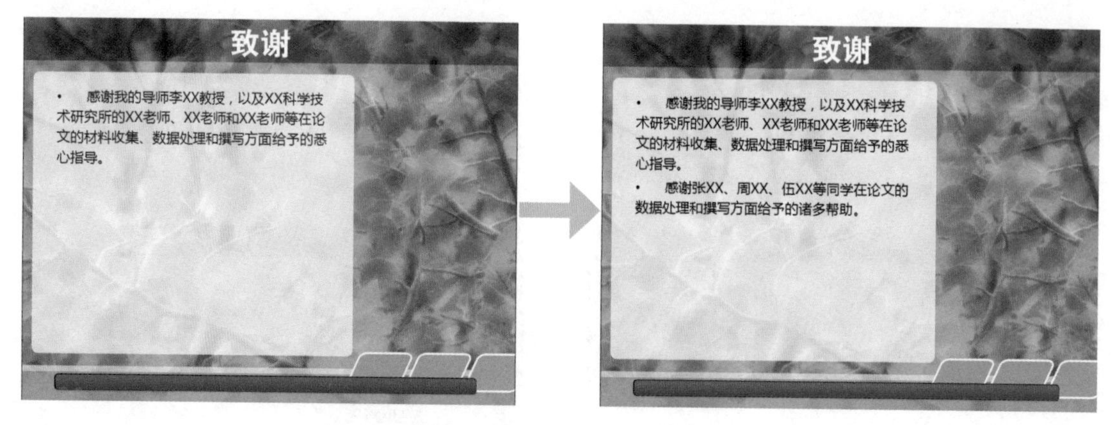

图8-34 “按第一级段落”方式出现的文本动画

※ **“按字/词”方式**：选择这种方式，文本将以一个字或者一个词语的形式依次出现动画效果，在中文文本中，这种方式比较常见，效果如图8-35所示。

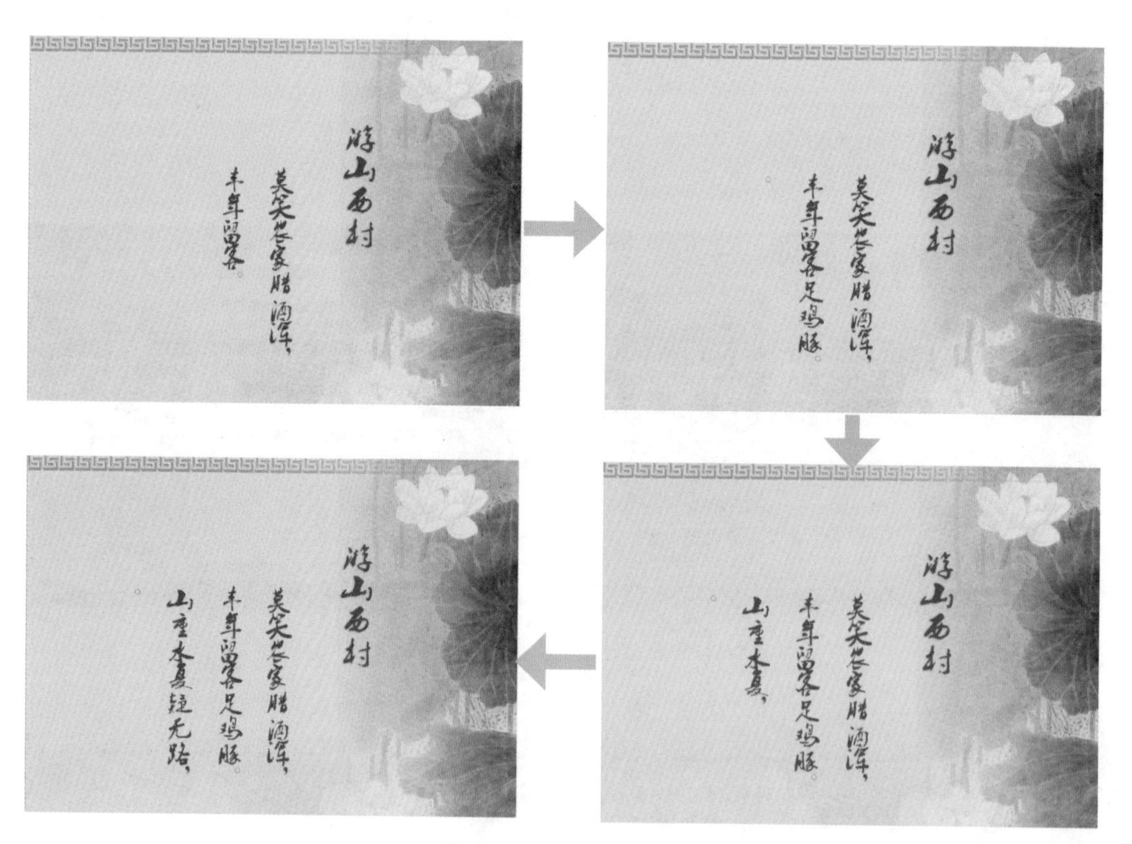

图8-35 “按字/词”方式出现的文本动画

※ **“按字母”方式**：这种方式是指文本按照一个一个的汉字或者字母依次出现动画效果，多用于英文文本中，如图8-30的案例所示。

无论我们在“动画文本”中选择怎样的选项，只要文本有大纲级别，我们都可以再次设置“组合文本”选项。除此之外还可以设置字母延迟数值，数值越接近1，动画越慢。

经常听到有朋友询问“书卷效果”的文本动画怎么制作呢？看来书卷效果在大家眼中是比较流行的。虽然书卷效果并不是严格意义上的文本动画，但这种动画与文本有着十分密切的关系，在此，我们将解密书卷效果的制作方法。首先来观察图8-36所示的幻灯片，这是一组书卷效果的幻灯片。

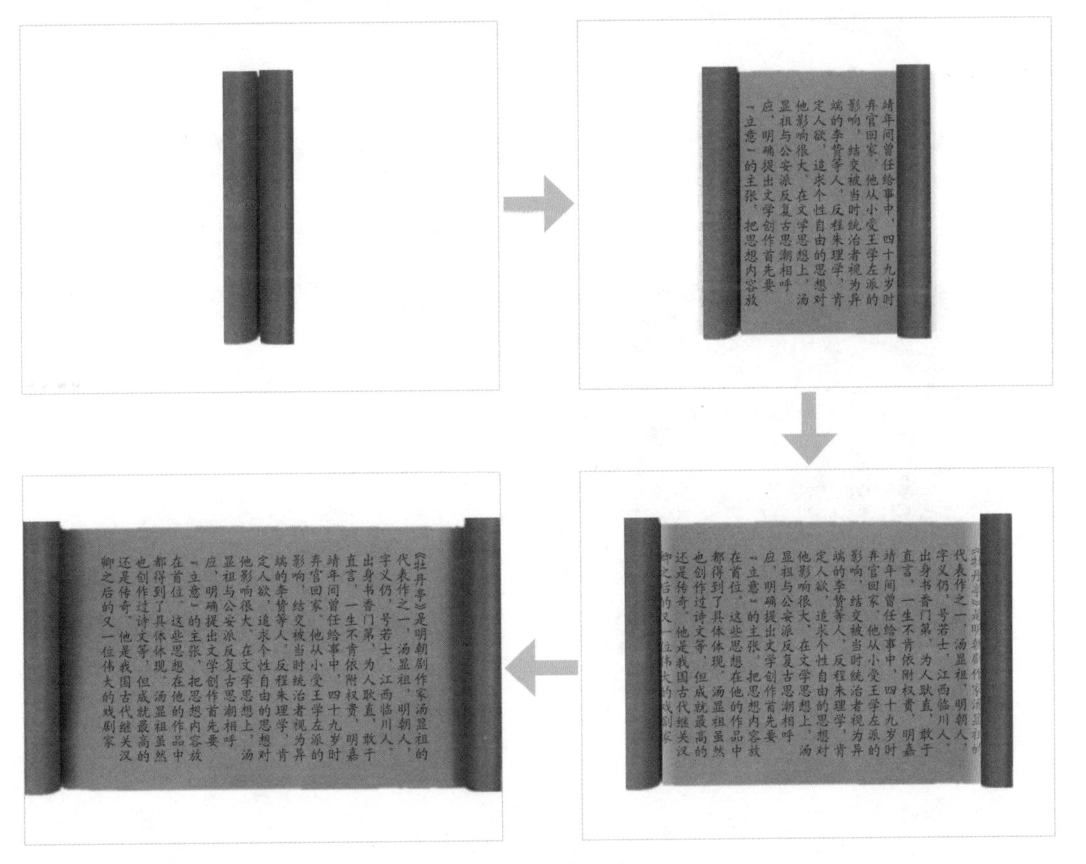

图8-36 画卷文本动画

表面上看，如图8-36所示的动画效果只有一个对象，即书卷图片及其上的文本内容。但事实上，这组动画中包括了3个对象：画卷图片及其上的文本内容和两个画轴，如图8-37所示。

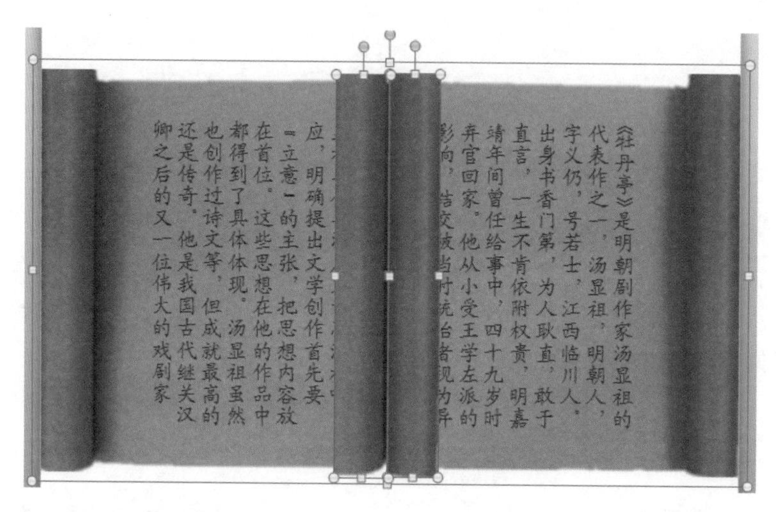

图8-37 组成动画的对象

我们要实现画卷从中间向两边慢慢展开这一效果的动画，就需要为这3个对象分别添加动画效果，具体方法如图8-38所示。

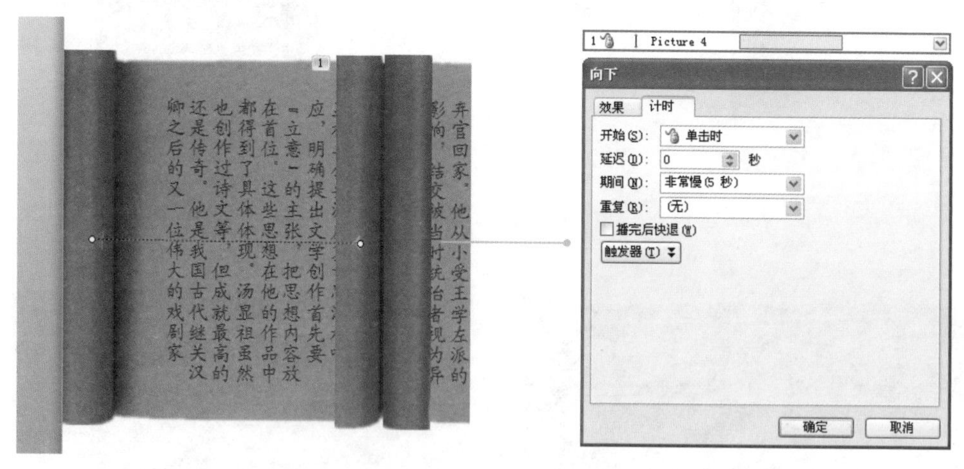

首先为左边的画轴添加一个水平向左的直线动作路径动画，动画停止的位置与画卷左画轴相重合，然后设置动画的效果

图8-38 制作画卷动画效果的方法

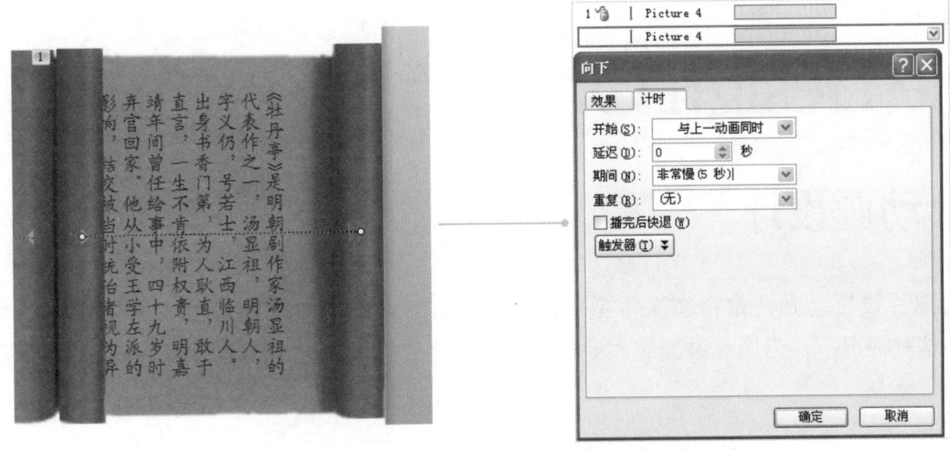

为右边的画轴添加水平向右的直线动作路径动画，动画停止的位置与画卷右画轴相重合，然后设置动画的效果

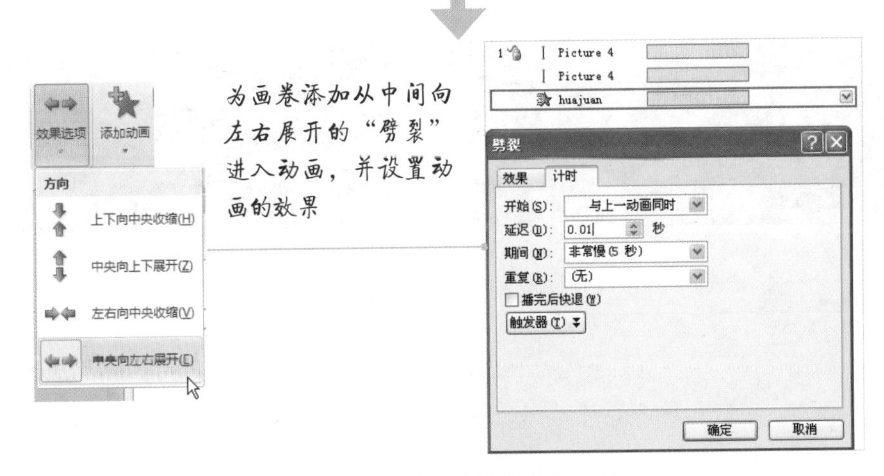

为画卷添加从中间向左右展开的“劈裂”进入动画，并设置动画的效果

图8-38 制作画卷动画效果的方法（续）

在画卷动画效果的制作中，需要特意提出的是：画卷图片的“劈裂”动画的期间应该与画轴动画的期间相同，另外，画卷动画应该有短暂的延迟，例如本案例中，画卷动画的延迟为“0.01秒”，只有这样设置动画的效果，才能让动画看上去更加自然、逼真。

PPT红宝书……>> 08

The Design Of
Image Animation

图片动画设计

为图片设置动画通常指在文本型的PPT中偶尔出现一些插图，并为这些插图添加动画效果。在这种情况下，为图片添加的大多动画效果就比较简单、快速，如图8-39和图8-40所示的动画效果。

图8-39 变色动画

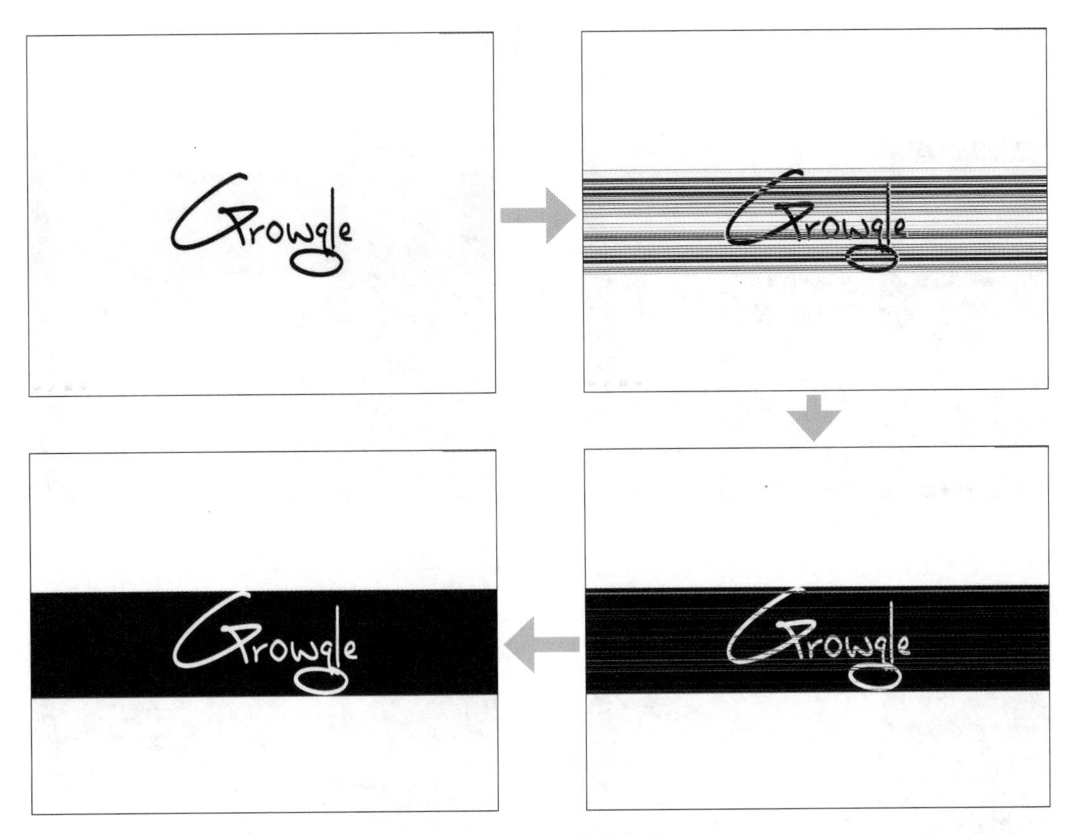

图8-40 随机线条型图片动画

以上两种图片动画是我们经常使用的，在如图8-39所示的变色动画中，其实有两张完全一样的图片重叠在一起，底层的图片做黑白处理，顶层的图片为彩色，然后为彩色的图片添加“淡出”的进入动画，如图8-41所示。

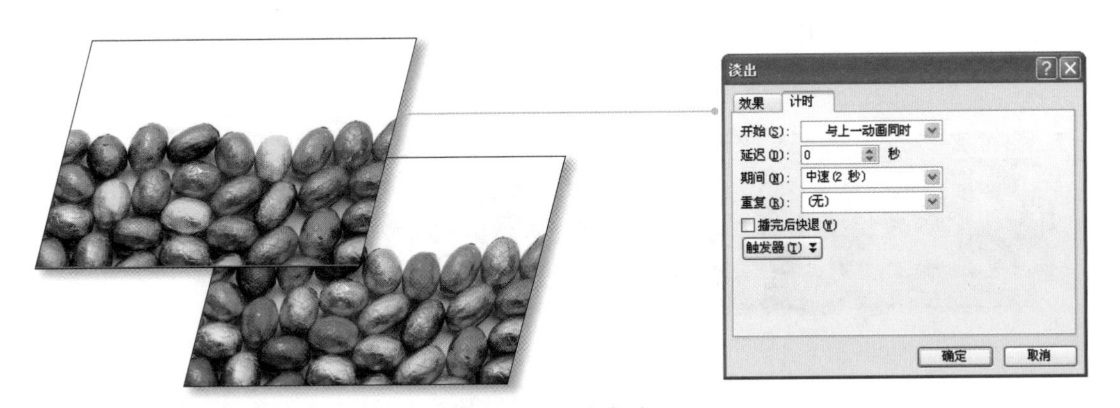

图8-41 设置变色动画

比前两种图片动画复杂一些，但依然非常流行的，要属如图8-42所示的滚动轮播的图片动画效果。

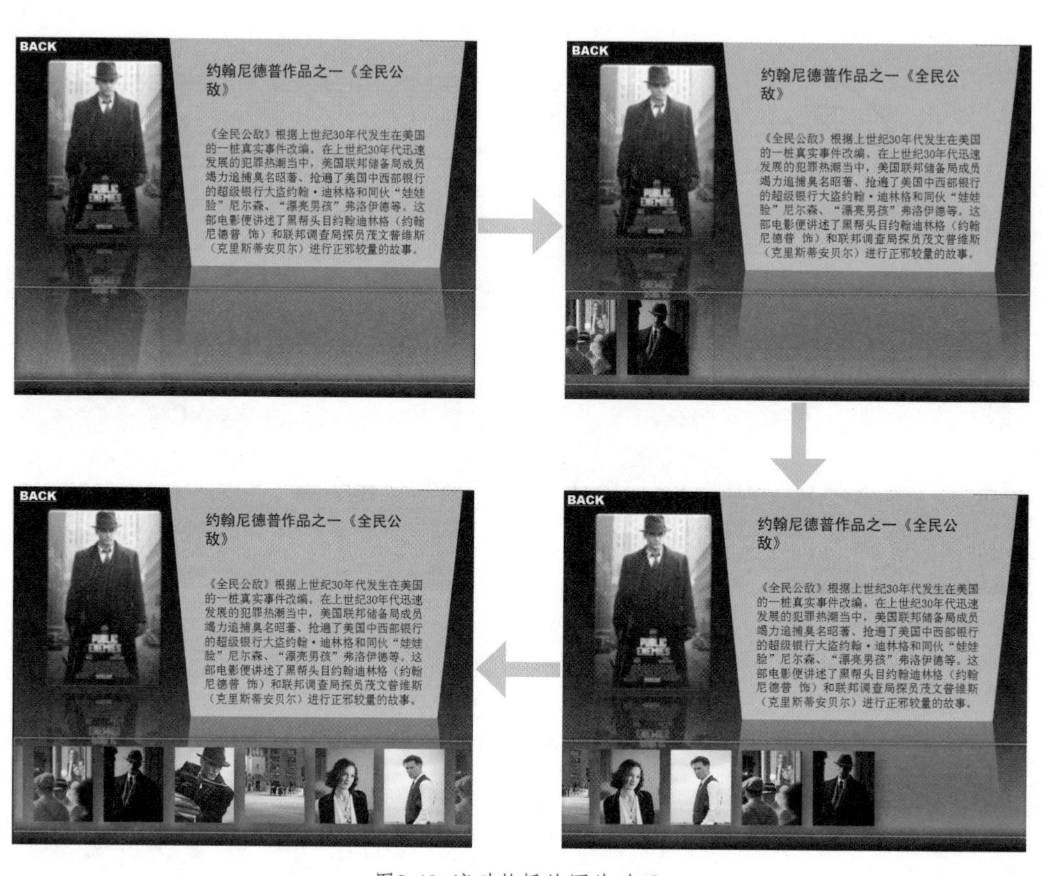

图8-42 滚动轮播的图片动画

在如图8-42所示的幻灯片中，页面下端的图片从左向右依次滚动播出，要实现这样的效果，可以分为以下几个步骤，如图8-43所示。

图8-43 制作轮播图片动画的方法

将第二组图片错位排放在第一组图片的右侧

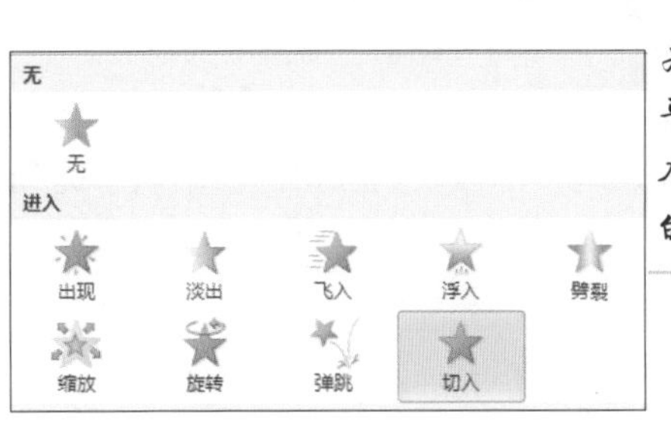

为第一组动画添加水平向右的“切入”进入动画，并设置动画的效果

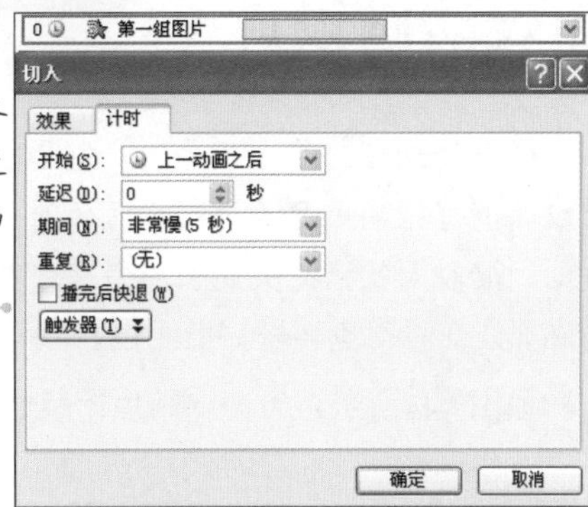

再为第二组图片添加水平向右的“切出”退出动画，并设置动画的效果

0 第一组图片
第一组图片
切出
效果
计时
开始(S): 上一动画之后
延迟(D): 0 秒
期间(N): 非常慢(5 秒)
重复(R): (无)
播完后快退(W)
触发器(T)
确定
取消

0 第一组图片
第一组图片
第二组图片
切入
效果
计时
开始(S): 与上一动画同时
延迟(D): 0 秒
期间(N): 非常慢(5 秒)
重复(R): (无)
播完后快退(W)
触发器(T)

再为第二组图片添加水平向右的“切出”退出动画，并设置动画的效果

图8-43 制作轮播图片动画的方法（续）

The Design Of
Diagram Animation

图表动画设计

图表是幻灯片的元素之一，但是图表的使用并没有文本和图片一样频繁。不过对图表动画的设计也有相当重要的意义。因为凡是涉及到图表的PPT，通常都涉及到数据的展示，一提到数据，很多人就已经头痛了，怎么才能让枯燥的数据多些趣味呢？不妨试一试让数据动起来，也许观众会看得更轻松，更明白。

如图8-44所示，为没有添加动画效果的图表数据。

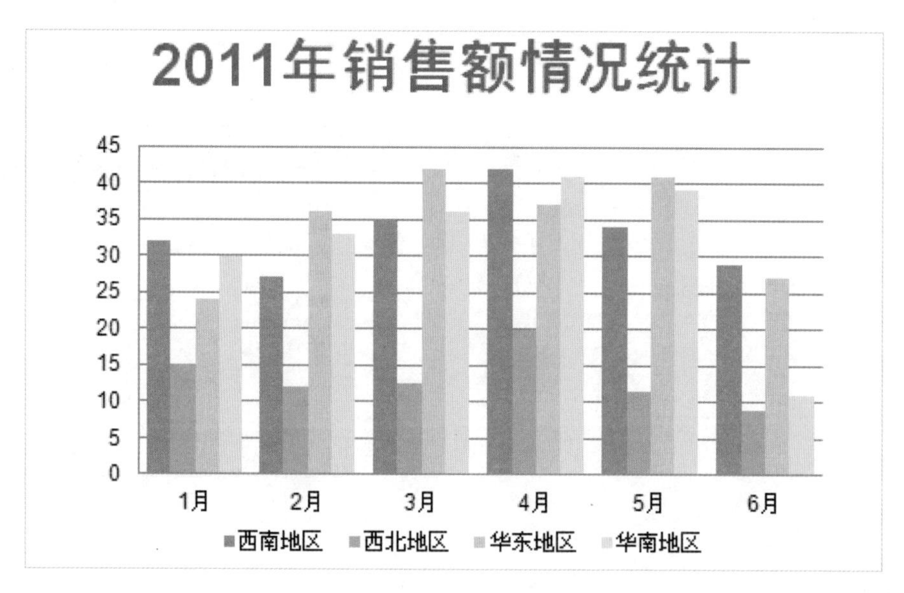

图8-44 没有添加动画的图表

如图8-44所示为某公司2011年上半年4个地区的销售情况，我们在看该图表时，会有两个疑问：1、不同的颜色对应的到底是哪个地区？2、怎么能一眼就看出每个月不同地区的情况？

是的，要读懂这张图表，我们需要花足够的时间去对照图例。但是，为该图表添加动画之后又会是怎样的效果呢？首先来观察如图8-45所示的第一种动画方案的效果。

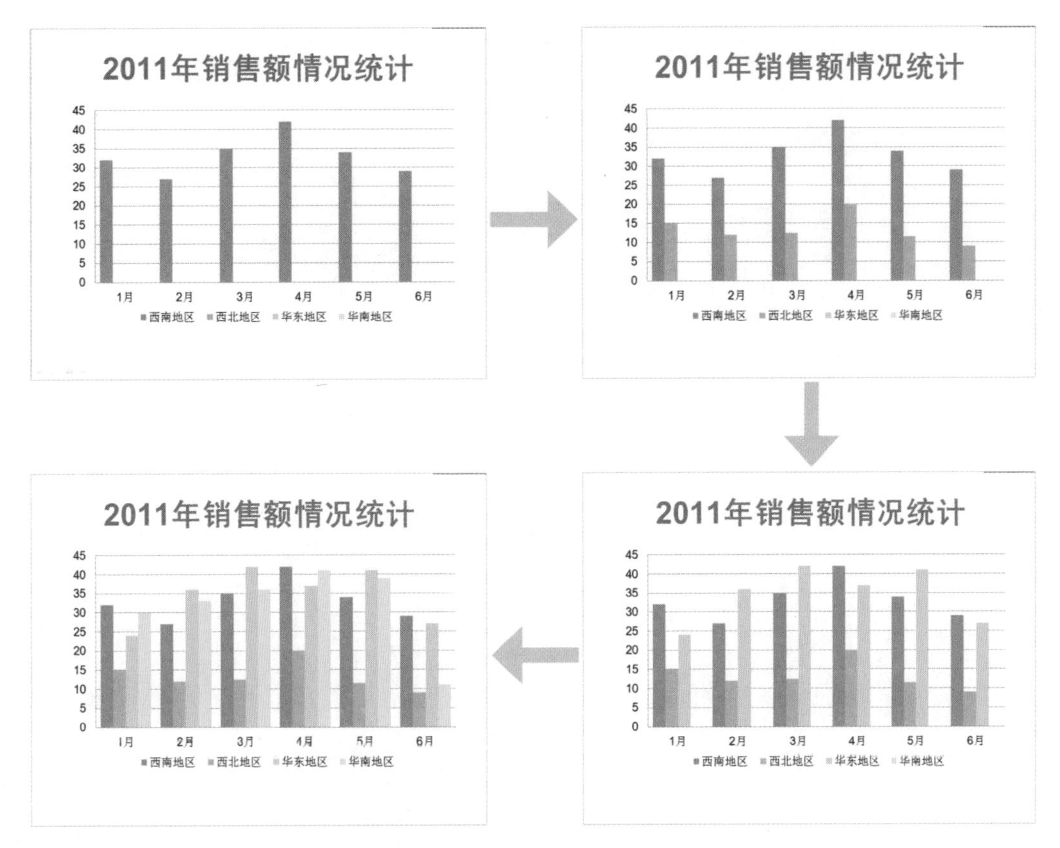

图8-45 按系列方式出现的图表动画

如图8-45所示，图表动画是按照每个地区依次出现的，也可以让图表动画按照每个月依次出现，如图8-46所示。

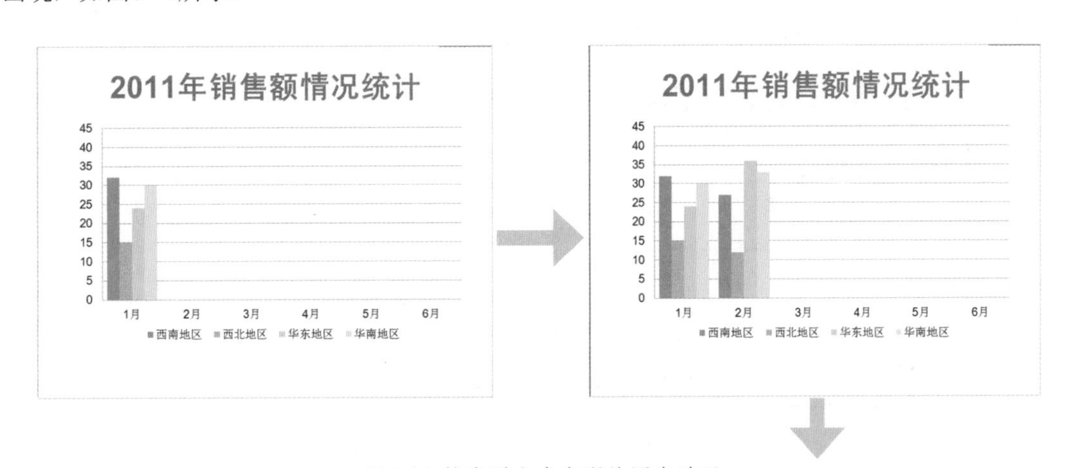

图8-46 按类型方式出现的图表动画

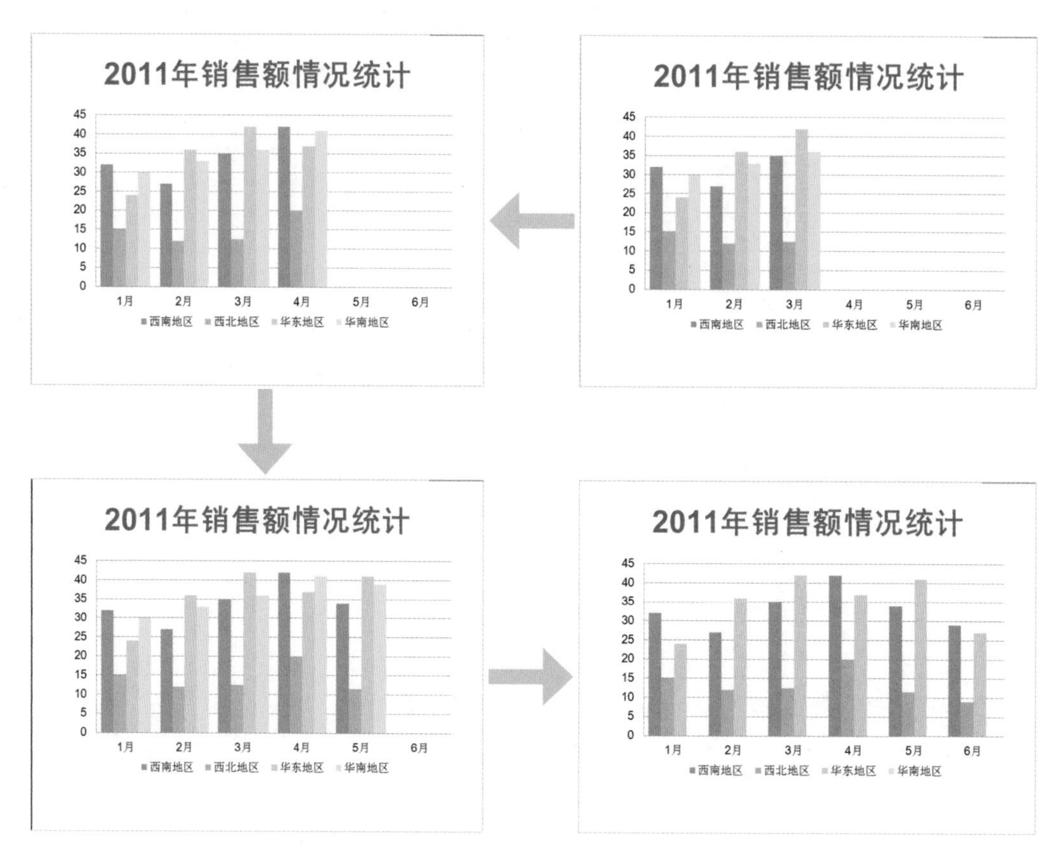

图8-46 按类型方式出现的图表动画（续）

如图8-46所示的图表动画是按类型方式设置的，为图表添加动画之后，在其动画对话框中会出现一个“图表动画”选项卡，在“组合图表”下拉列表中有5个选项可以选择，选择不同的选项能产生不同的动画效果，如图8-47所示。

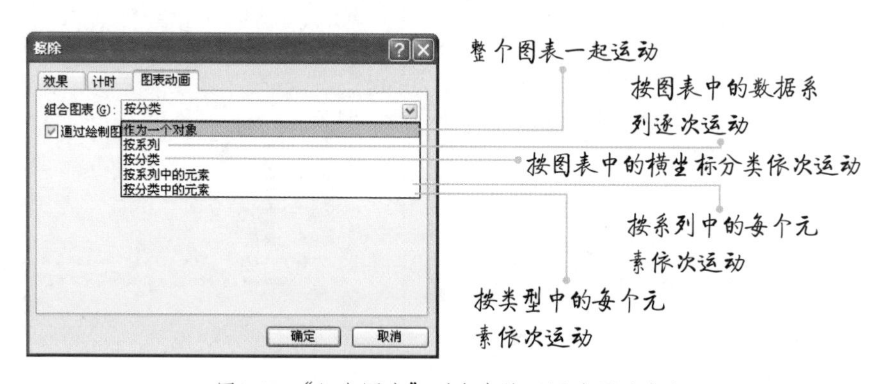

图8-47 “组合图表”列表中的不同选项及意义

在为幻灯片对象设置动画时，“淡出”动画和“擦除”动画是最常见的，两者比较相似但又存在着明显的差别，在为文本和图表添加动画时，建议选择“擦除”动画，因为擦除动画会随着对象的发展方向开始运动，使对象在出现的时候更加自然。

Skills Practice

实践技巧 制作具有动态效果的演示文稿

本章已经向大家介绍了幻灯片中常见动画效果的制作和设计方法。接下来，我们将带领大家动手制作一份具有动态效果的演示文稿，其中包括文本动画、图形、图片动画，最终效果如图8-48所示。

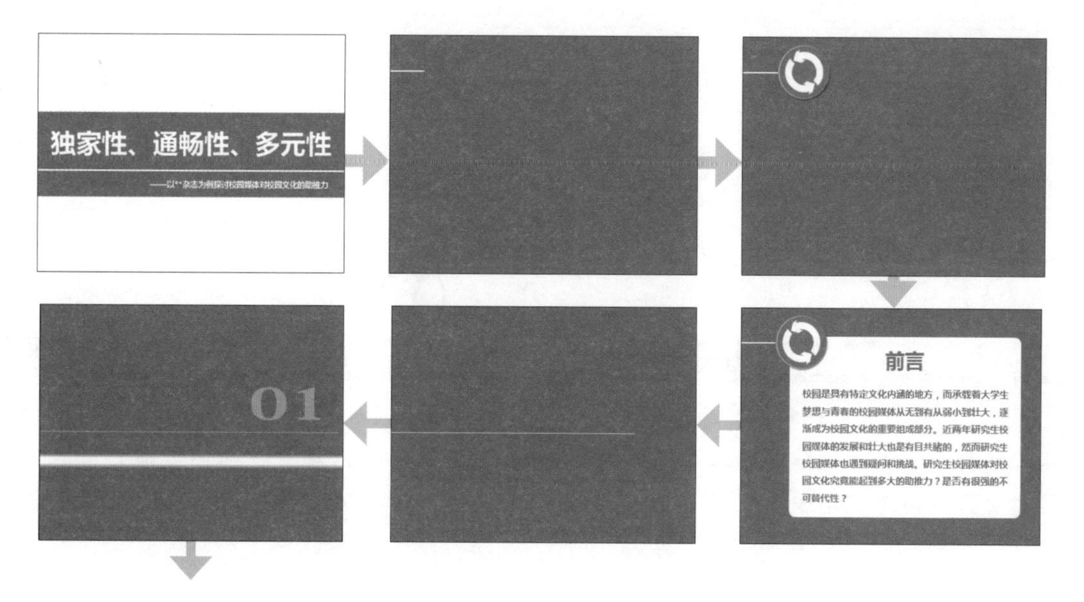

图8-48 演示文稿的最终效果

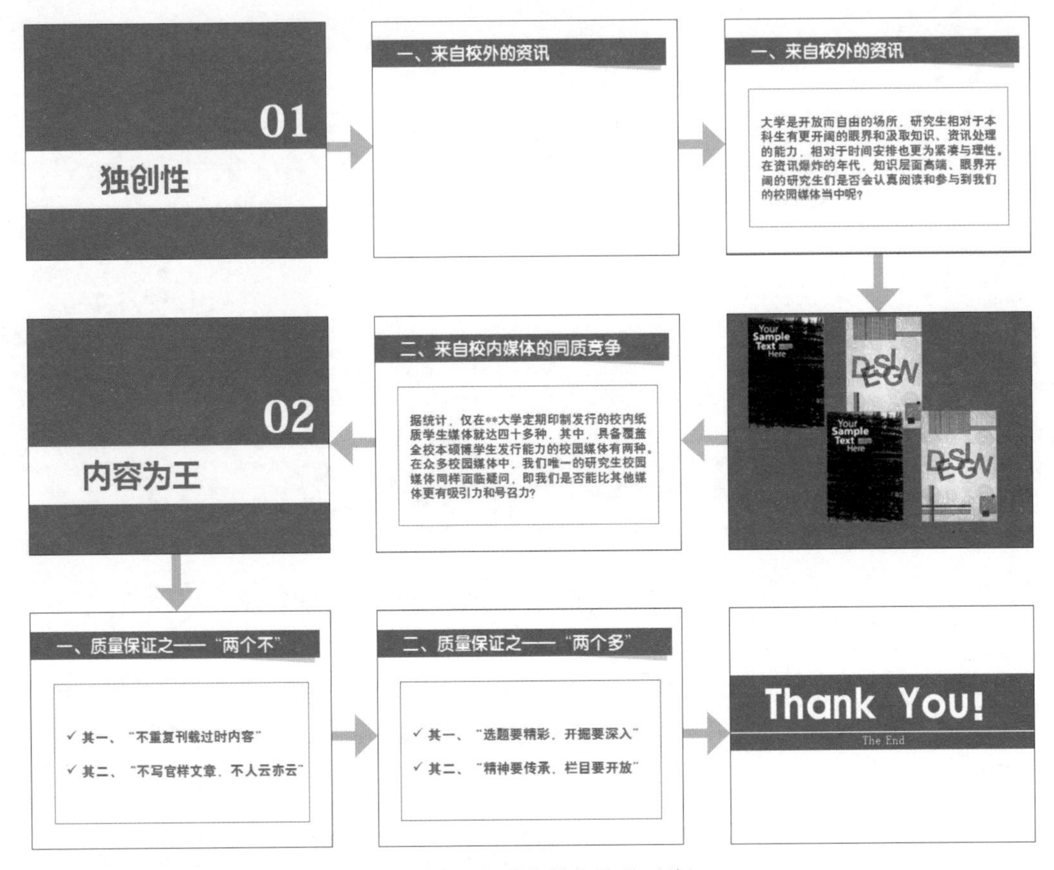

图8-48 演示文稿的最终效果（续）

结合本章所学的内容，为了让大家对这些动画技巧有个综合的应用，下面将具体介绍本案例的制作要点。

01 为标题文本添加动画

在标题幻灯片中选中标题和副标题文本内容，并为文本添加“随机线条”进入动画，动画方向为“水平”，开始方式为“与上一动画同时”，期间为“快速”。

02 设置第二张幻灯片的线条动画

选中第二张幻灯片的线条形状，为其添加“擦除”进入动画，动画方向为“自左侧”，开始方式为“与上一动画同时”，期间为“非常快”。

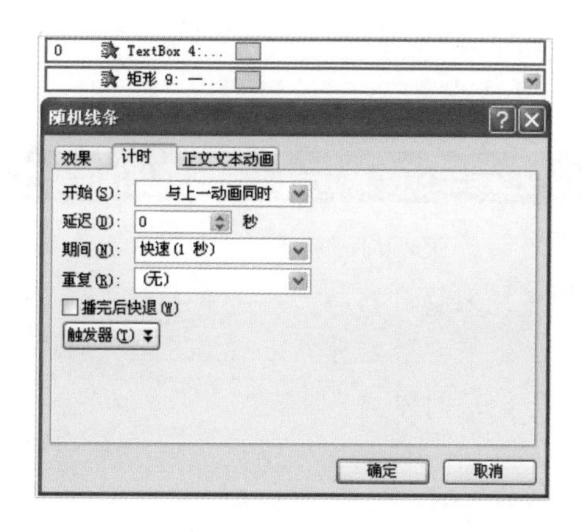

03 为第二张幻灯片的图形添加动画

为第二张幻灯片中的圆形图像添加“擦除”进入动画，方向为“自左侧”，开始方式为“上一动画之后”。期间设置为“0.3秒”。

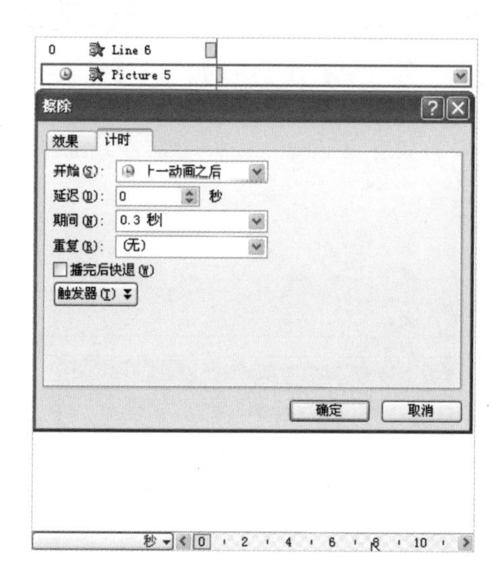

04 为第二张幻灯片的文本添加动画

选中第二张幻灯片的文本内容，然后为其添加“淡出”进入动画，“动画文本”方式为“按字/词”，开始方式为“上一动画之后”，期间为“非常快”。

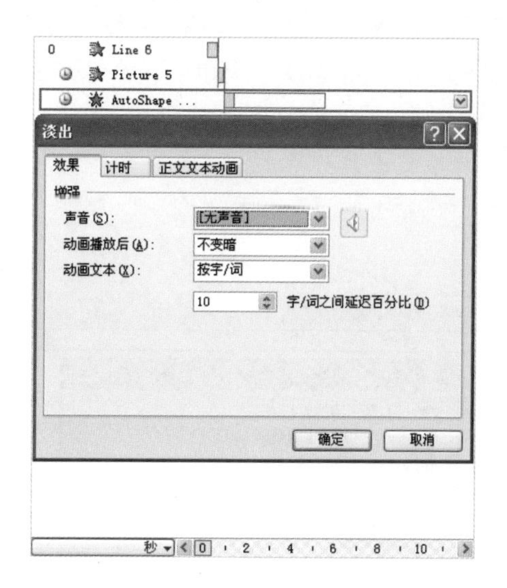

05

为第三张幻灯片的线条添加动画

选中第三张幻灯片中的线条形状，为其添加“飞入”进入动画，动画方向为“自左侧”，开始方式为“上一动画之后”，期间为“非常快”。

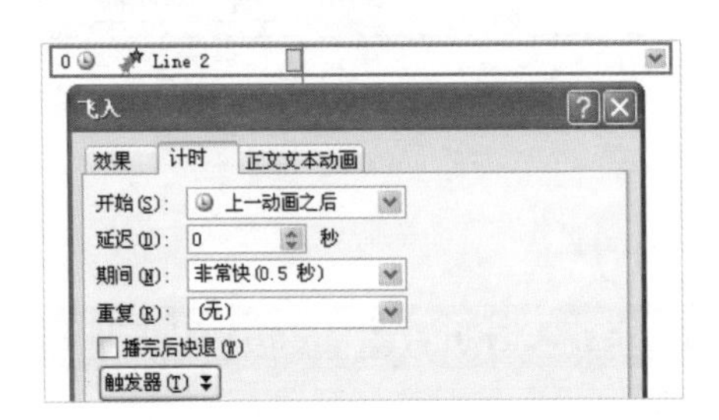

06

为第三张幻灯片的矩形添加动画

选中第三张幻灯片中的矩形形状，为其添加“劈裂”进入动画，动画方向为“中央向上下展开”，开始方式为“上一动画之后”，期间为“非常快”。

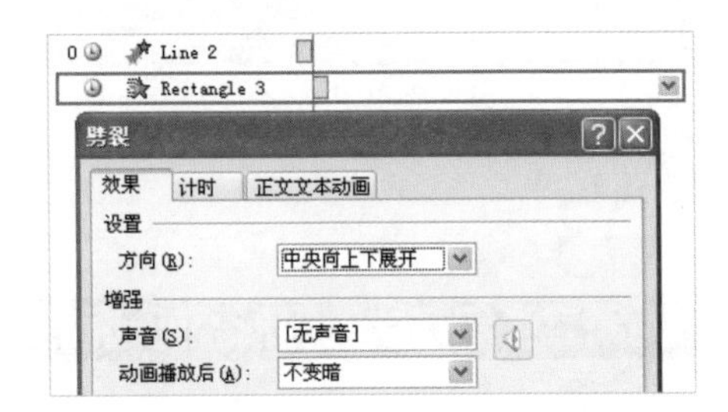

07

为文本添加“压缩”动画

首先选中文本“01”，为其添加“压缩”进入动画，再选中文本“独创性”，动画的开始方式为“与上一动画同时”，期间为“非常快”。

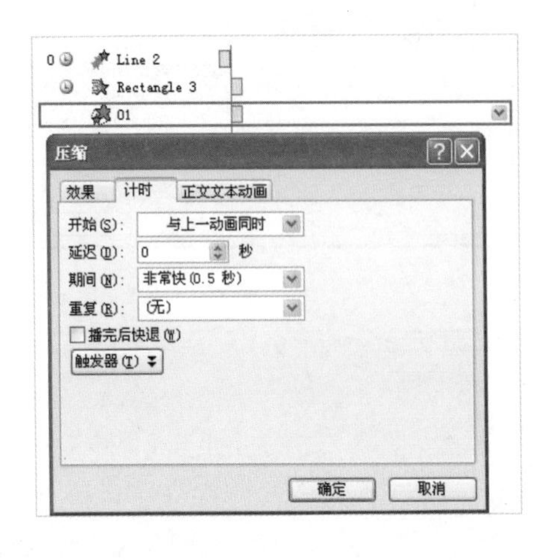

08

为文本添加“伸展”动画

选中文本“独创性”，为其添加“伸展”进入动画，开始方式为“与上一动画同时”，延迟为“2.5秒”，期间设为“非常快”。

09 为文本添加直线动作路径动画

首先选中文本“01”，为其添加水平向左的直线动作路径动画，再选中文本“独创性”，为其添加水平向右的直线动作路径动画。动画的开始方式为“与上一动画同时”，期间为“非常快”。

10 为第四张幻灯片文本添加动画

首先为第四张幻灯片的标题文本及标题图形添加“淡出”进入动画，开始方式为“与上一动画同时”，期间为“非常快”，然后为正文文本添加“浮入”进入动画，开始方式为“上一动画之后”。

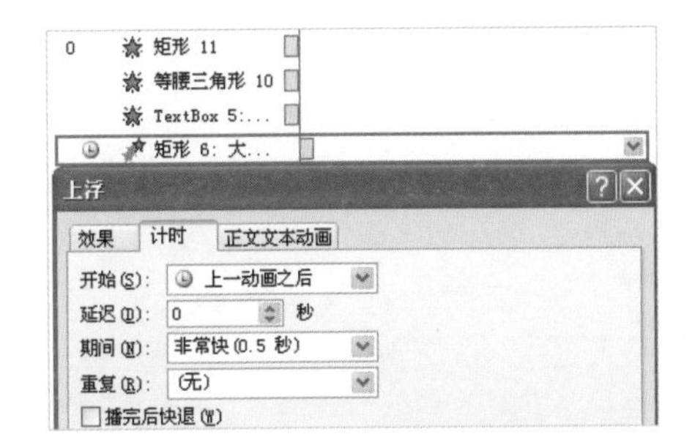

11 重叠图片

选中第五张幻灯片中的图片，复制图片并重叠放置在原图片之后，将底层的图片设置为黑白色。

12 为顶层图片添加直线动作路径动画

选中顶层图片，分别为其添加向右下角运行的直线动作路径动画，开始方式为“与上一动画同时”，期间为“中速”。

13 为底层图片添加动画

选中底层的黑白图片，为其添加“淡出”进入动画，开始方式为“与上一动画同时”，期间为“快速”。剩余幻灯片的动画效果可参考步骤1到13的做法。

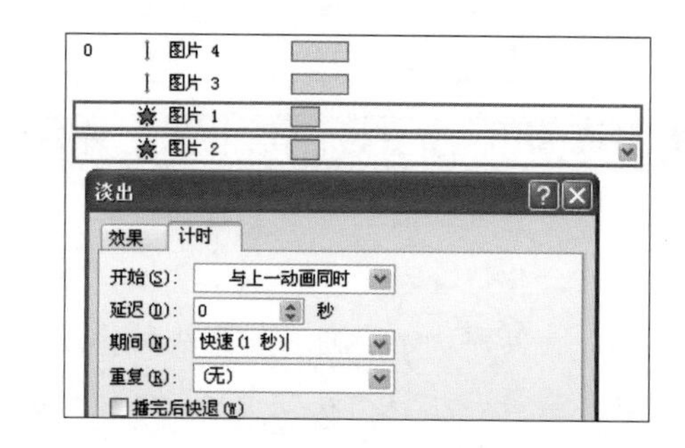

Chapter 09

第九章

最后来一个完美的SHOW吧

PPT只是一种辅助工具，一次演讲成功的关键在于你会不会SHOW。因此，在本书最后我们一起来讨论“秀”的技巧。

PPT红宝书……>> 09

Confidence And Enthusiasm
Is Indispensable

你要有信心和热忱

我们常常听到身边有人说："不行，我真的不行！"

其实到底行不行，要努力试过才知道。很多事情并不是我们做不到才失去了信心和热忱，而是因为我们失去了信心和热忱才很难做到。

被称为环球"第一CEO"的美国通用电气公司原首席执行官麦克·韦尔奇，担任通用CEO二十年之久，事业的辉煌不仅来源于他的才华，也来源于他的自信。麦克·韦尔奇曾经说过，他一切的成就都是围绕着"自大"而展开的。如果没有这份自信，估计今天我们并不会知道"麦克·韦尔奇"这个名字。

之前看过一部有关演讲的电影《国王的演讲》，电影中的国王由于受到童年经历的影响，在公共场合表现得比较怯弱，甚至在演讲中出现口吃的现象，但是有一场至关重要的演讲正等待着他，为了演讲顺利，他进行了多种训练。最后终于慢慢找回了自信，虽然口吃已经不能纠正，他却用他的自信把口吃变成一种演讲风格，并获得了巨大的成功。

丘吉尔说："如果有自信，就连结巴也可以转化为停顿，或者有趣的口头禅，或者是个人的演讲风格。”可想而知，自信对于演讲有多么重要。

陈荣杰——亚洲青年超级演说家，自信成功学的创始人，从事演讲培训工作超过6年时间。陈荣杰最出名的就是“自信演讲”特殊培训营。每年有很多人参加这样的培训，从而受到启发，学习自信演讲的技巧。将其用于工作和生活中，有可能获得意想不到的收获。

无论你是公司白领、老板、学生，还是领导，无论你从事什么行业，都需要面对这个公众社会，都有可能在公众面前进行演讲。因此掌握一定的演讲技巧是尤为必要的，而自信恰好是一切技巧的基础。这就是为什么很多人愿意花费高昂的培训费去学习自信的原因。其实要做到自信并不是那么困难，你只需要明白以下几点即可，如图9-1所示。

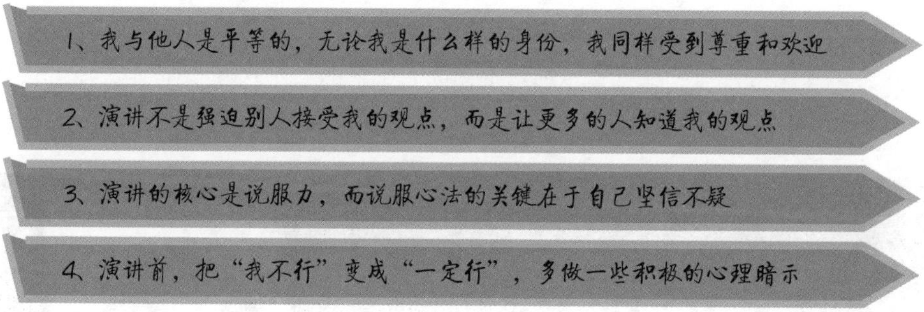

1、我与他人是平等的，无论我是什么样的身份，我同样受到尊重和欢迎

2、演讲不是强迫别人接受我的观点，而是让更多的人知道我的观点

3、演讲的核心是说服力，而说服心法的关键在于自己坚信不疑

4、演讲前，把“我不行”变成“一定行”，多做一些积极的心理暗示

图9-1 演讲者需要信心

Speech Skills

Is Also Very Important

还需有演讲的技巧

凡是著名的政治人物，都具有一副好口才。三寸不烂之舌能抵过百万雄狮。例如历史上著名的演讲马丁·路德·金《我有一个梦想》、拿破仑的《蒙特罗特战役》演讲、奥巴马的总统就职

演讲……

我们前期花费时间和精力做出来的PPT，就是为了在演讲过程中可以发挥作用。所以最后关头，还是需要自己的演讲来做个完美的收官。

当然，演讲是要讲究技巧的。例如穿什么样的衣服，用什么样的表情和语调，怎么用眼神进行交流等等，在此，我们将介绍一些更为重要的演讲技巧，以快速提高大家的演讲能力。

1 让思维主宰你的PPT

印度佳片《三傻大闹宝莱坞》中有这样一个有趣的片段：不会印度语的“消声器”的演讲稿已经被更改，但是他却毫不知情，继续眉飞色舞地照本宣科，结果把整个晚会都搞砸了。所以，即便在台上表现得再好，没有思想也是不行的。苹果的创始人乔布斯曾经说过：“我不喜欢使用PPT，因为我不想它来控制我的思想。”

“People who know what they're talking about don't need PowerPoint”，乔布斯的这句话并不是说PPT没有必要，而是强调演讲者的思想是多么重要。

我们再次建议，PPT由演讲者自己制作，只有自己制作的PPT，才能完全与自己的思维相吻合，当你给大家演示的内容，正是你想要表达的信息时，你才能带给大家一个有情绪的演讲，才可能用这种情绪去感染别人。

2 集中精力，抓住焦点

第一次带着你的PPT上台演讲的时候，你可能会考虑很多问题，比如：现场的设备会不会出现问题，话筒万一没声音了怎么办，我该站在什么位置比较合适，万一有观众提问我不能顺利回答怎么办，万一忘词了怎么办……

可能出现的突发状况太多了，但是人的精力是有限的。假如你有十分的精力，每一种状况你都分出一分精力去担忧，那么，真正用在演讲内容上的精力就少了。

走上台之后，除了你的演讲，其他什么也不要担忧，你要相信，观众可以原谅突发状况，但绝不能容忍演讲者在台上心不在焉。

3 控制时间和篇幅

前段时间参加了一个关于防灾减灾的研讨会，会议规定每位嘉宾的分享时间最好控制在15分钟以内。但是很多嘉宾都超时了，有的嘉宾为了控制时间，不得不草草结束；甚至有嘉宾没有发言，直接播放了一遍幻灯片。

超时是经常会出现的问题，这是由于演讲者在准备内容的时候缺乏计划。一般而言，一段15分钟的演讲，幻灯片的张数最好控制在10张以内。当然，演讲的内容也需要不断提炼，如果你有10条信息要传递给你的观众，但是在15分钟内观众只能接受3条信息，那么，你就需要考虑如何将10信息浓缩为3条。

在有时间控制的演讲中，经常出现“头重脚轻”的现象。也就是说，演讲者在演讲初期，会介绍一些背景信息，以便吸引观众的注意力，而这样可能花费很多时间，以至于内容讲到了一半，时间就到了，不得不把剩下的内容一句话带过。这是演讲中的大忌，因此，演讲者一定要注意控制演讲的时间和篇幅，最好在幻灯片中设计一个计时动画，很好地提醒时间。

4 演讲不是朗诵

当一个演讲者在台上目不转睛地看着电脑屏幕，一边放映幻灯片，一边朗读上面的文本内容，全程没有任何表情，没有语音语调的变化，也不和观众有任何互动。这样的演讲你会有什么感受呢？乏味，无趣，甚至感觉在浪费自己的时间对吗？

成功的演讲绝对不是诵读幻灯片，即使你所讲的内容与幻灯片上的文本完全相同，也要抬头挺胸，看着你的观众，用自己的话再重述一遍。如果你照本宣科，只会让观众对你产生怀疑和反感。

PPT红宝书……>> 09

Give The Monkey Exactly

What Your Audience Want

学会“讨好”你的受众

很多设计师朋友都有过这样的抱怨：“客户/老板的口味真奇怪，他们完全不能理解我的作品，百般挑剔，让我改来改去，最后面目全非”、“我的作品很好，可惜客户不懂欣赏”、“我们设计师的创造力都毁在这群客户手上了”……

千万不要说你和上面的抱怨有强烈的共鸣，因为那样会影响到你的工作成效。在实际的工作中，一味强调自己的思想，忽略别人的感受，是幼稚和愚蠢的做法。工作中难免会出现分歧，我们必须去学会平衡。

如图9-2所示为世界上最神奇的图片。在左图中，你看到的是爱因斯坦还是玛丽莲梦露？那么，在右图中，你看到的是男人的腿，还是女人的腿呢？

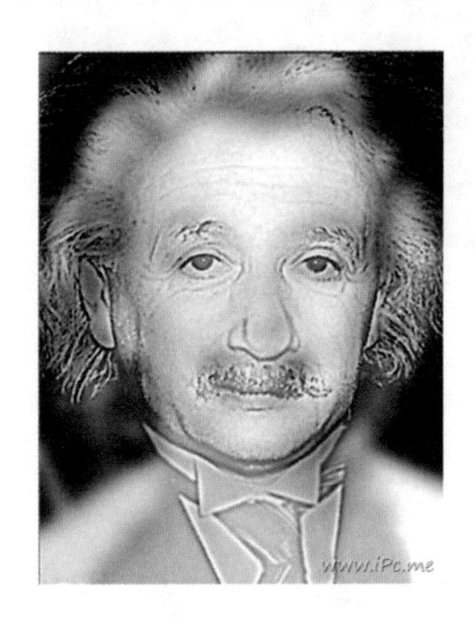

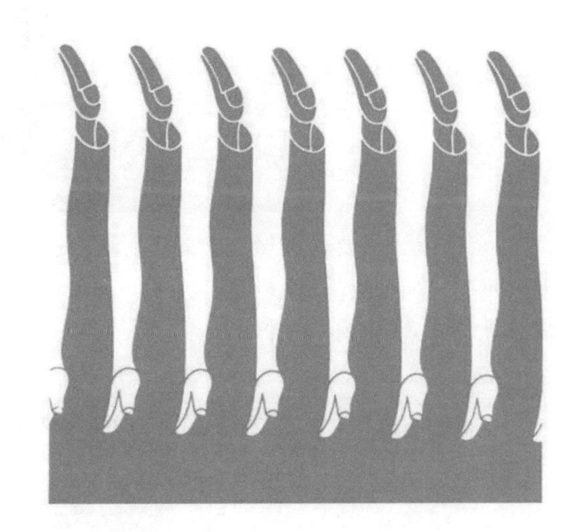

图9-2 神奇的图片

这一组图片之所以神奇，是因为不同的人看到的画面并不一样。例如左图，近视眼看到的是玛丽莲·梦露，戴上眼镜后看到的是爱因斯坦；没有近视的人近看是爱因斯坦，远看又是玛丽莲梦露。而右图中，有的人看见的是朝上的黄色的男人的腿，而有的看见的是朝下的，白色的女人的腿。

在此为大家展现这组图片是想告诉大家，在制作我们的PPT时，也要学会这种取巧方法，让不同的人，从不同的观点出发，可以看到不同的东西。也就是说，在制作PPT的过程中，你要让不同的受众能看到他们期望看到的东西，同时又能很好地表现自己的观点。

1 保存实力，规避风险

也许你会疑问，做PPT和“规避风险”有什么关系。其实，他们是有关系的，特别是在职场中，如果你不了解别人的喜好，采用很冒失的态度去处理，就很可能给你带来职场的危机。

例如，老板或上司要求你做一份PPT。这可能是个很好的表现机会，特别是对于刚进入公司的新人来说，你也许有一种想要“大干一场”的冲动。但是，这个时候你需要冷静思考下面几个问题，如图9-3所示。

1、我到底为谁做这份PPT？直接上司还是另有其人？

2、对方要我做这份PPT的目的是什么？

3、我应该做成什么样的水准才不会失礼？

图9-3 需要考虑的问题

如上图所示的第一个需要考虑的问题，如果是你的直接上司要求你做一份PPT，那么你尽可能理解上司的要求之后认真去准备；如果并不是直接上司要求你做PPT，那么，建议你委婉地拒绝，否则可能引来不必要的麻烦。

第二个问题，要学会揣测对方找你制作PPT的目的。如果上司是刻意考察你的能力，那么，你就应该尝试着做得好一些，多一些自己的思路在PPT中；如果上司是因为时间紧张，而将自己的工作转交给你，那么，你大可做一份“普普通通”的PPT，不用出彩，也不会出错，否则，你今后的额外工作任务可能会加重。

有两种情况，你应该尽量拒绝去做PPT。第一，其他部门的上司找你做，所谓不在其位不谋其政，不是那个部门的，最好不要跨界做那个部门的工作。第二，为上司的上司做PPT，一般会有两种结果：你做得不错，上司以后会经常找你替他做，与此同时，你上司的上司并不知情，你做了“无名英雄”；另一种结果是，你做得并不满意，你的上司受批评之后会迁怒于你。

第三个问题，做成什么样的水准才不会失礼？有人说当然是做得越好，技术含量越高才不会失礼。如果你这样想，就很危险了。千万不要试图一口气在上司面前证明自己多有能力。在职场中，大多数PPT是用来简单展示的，而不是炫耀制作技术的，你必须考虑到你的上司能不能成功驾驭你做的PPT。

另外，要尽量保存实力，要知道，别人对你的要求只会越来越高。就像一个田径运动员，如果在第一次比赛的时候就超常发挥，今后的比赛只要不能达到第一次的速度，就会被人误以为其有所松懈。

帕金森效应是新入职场的朋友有必要了解的，它是指在职场中，你的上司可能需要一个能干的人来协助他的工作，但是上司并不会喜欢比自己还能干的人。所以，如果你还是新人，你并不完全了解你的上司，那么你最好做一份普通的PPT，不要锋芒毕露，否则遭来上司的反感。

2 学会理解，不要太以自我为中心

不管是为自己做PPT还是为别人做PPT，你都需要了解其他人的想法。例如，你的上司是怎么想的，他希望在你的PPT中看到什么？你的同事是怎么想的，他们是否能接受你的观点？你的客户是怎么想的，你讲的这些内容他们会感兴趣吗？

很多朋友希望自己做的PPT能够起到震撼的作用，甚至期盼一种“语出惊人”的效果。要知道，这样冒进的做法可能带来正面效应，也可能为你带来负面效应。

有位朋友帮单位领导做一份PPT，领导给了他一份文本材料，于是他将文本材料按照自己的理解重新整理了一次，然后再制作成PPT。第二天，领导使用PPT进行演讲时，发现在PPT上根本找不到自己材料中准备的信息，演讲时当众出丑了，这位朋友的下场也就可想而知了。

因此，在做PPT的时候我们要学会理解。帮别人做的PPT最好遵循演讲者原本的意思，不要画蛇添足加入自己的观点，更不要按照自己的思路去主观地修改演讲者的信息；当自己制作PPT演示给别人的时候，也需要了解受众的心理，考虑到受众的接受能力，不要凡事以自己为中心。

3 要学会制造亮点

如果你是PPT的制作者和演示者，那么你就需要在你的PPT中制造出亮点。当然，这个亮点并不是你自己认为的亮点，而是你的受众都能感受到的“亮点”，如图9-4所示。

图9-4 不同人眼中的不同亮点

要制造受众认可的亮点，我们就要投其所好了。受众最关心什么？想知道什么？什么直接影响到他们的利益？这些都是可以制造亮点的地方。

例如，你的领导有什么核心的理论或观点，在你的PPT中巧妙提到这一点，领导眼中，它就是亮点；你的学生希望了解到期末考试的大致方向，在你的课件中提到复习的方向和方法，学科的重点和难点，那么对于他们来说，这也是亮点；在讨论会上，你的PPT展现出不同的观点和看法，在众多的“异口同声”中独树一帜，这也是一种亮点。

如果你已经找准了亮点，就要有意识地把它提炼出来，这才能达到最终的目的。

PPT红宝书……>> 09

Have The Rehearsal

Before The Speech

演示之前先预演

我们建议大家要对自己的演讲充满自信，但是并不代表你可以毫无准备地完成你的演讲。自信和自大是有区别的。所谓有备无患，在演讲之前，一定要配合自己所做的PPT进行至少一次的预演。

在PowerPoint中，为用户提供了一项预演的功能——“排练计时”，即在真实的放映演示文稿的状态中，同步设置幻灯片的切换时间，等到整个演示文稿放映结束之后，系统会将所设置的时间记录下来，以便在自动播放时，按照所记录的时间自动切换幻灯片。

排练计时的具体方法很简单，打开演讲时要用的PPT，切换到“幻灯片放映”选项卡，单击“设置”组中的“排练计时”按钮，此时幻灯片将切换到全屏模式放映，并在幻灯片的左上角出现一个“录制”对话框，如图9-5所示。

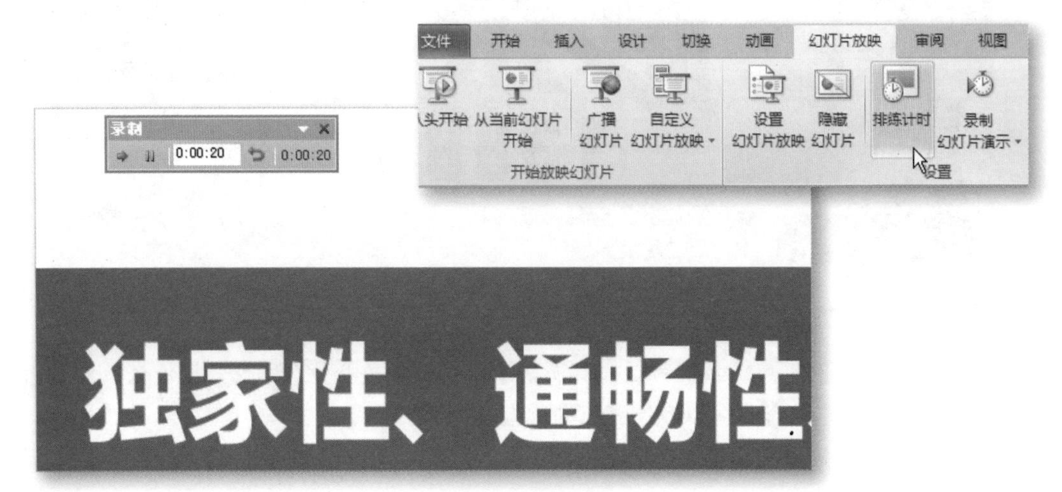

图9-5 排练计时

当第一张幻灯片排练计时完成之后，单击“录制”对话框中的“下一项”按钮，将切换到第二张幻灯片继续计时。当幻灯片放映完成时，会打开一个对话框询问是否保存排练计时，单击“是”按钮，如图9-6所示。

图9-6 保留排练计时

排练计时完成后，切换到“幻灯片浏览”视图，在每张幻灯片的左下角可以查看到该张幻灯片播放所需要的时间，如图9-7所示。

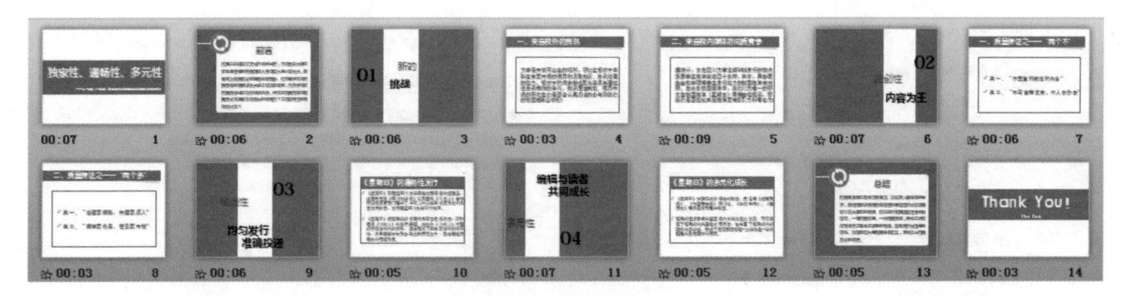

图9-7 查看排练计时

在排练计时中，不仅能够预估演讲需要的时间，还可以在反复的预演中，设定受众可能提出的问题，并提前做好各种准备，确保演讲顺利进行。

在PowerPoint 2010中有一项“录制幻灯片”的功能，它与排练计时有异曲同工之妙。它不仅可以记录幻灯片的放映时间，同时允许用户使用鼠标、激光笔或麦克风为幻灯片加上注释，这些都可以使用“录制幻灯片”演示功能记录下来，从而使演示文稿在脱离演讲者时能智能放映。

PPT红宝书……>> 09

Remember To

Send To The Audience Notes

记得向受众发放讲义

在较短的时间内，要受众记住演讲者要传达的所有信息，几乎是不可能的。即便在演讲过程中受众记住了一些，一旦演讲结束之后，就可能忘记。这个时候，演讲者就要记住为受众发放讲义。讲义不仅能够帮助受众更好地理解和记忆演讲的内容，也有利于自己的团体在今后的工作中参考和重复使用。PowerPoint软件就可以将PPT创建为讲义，并发送到Word文档中，以便演讲者编辑、打印和发放。

在PowerPoint 2010的“文件”选项卡中，选择“保存并发送”选项卡的“创建讲义”命令，并单击其右侧的“创建讲义”按钮，如图9-8所示。

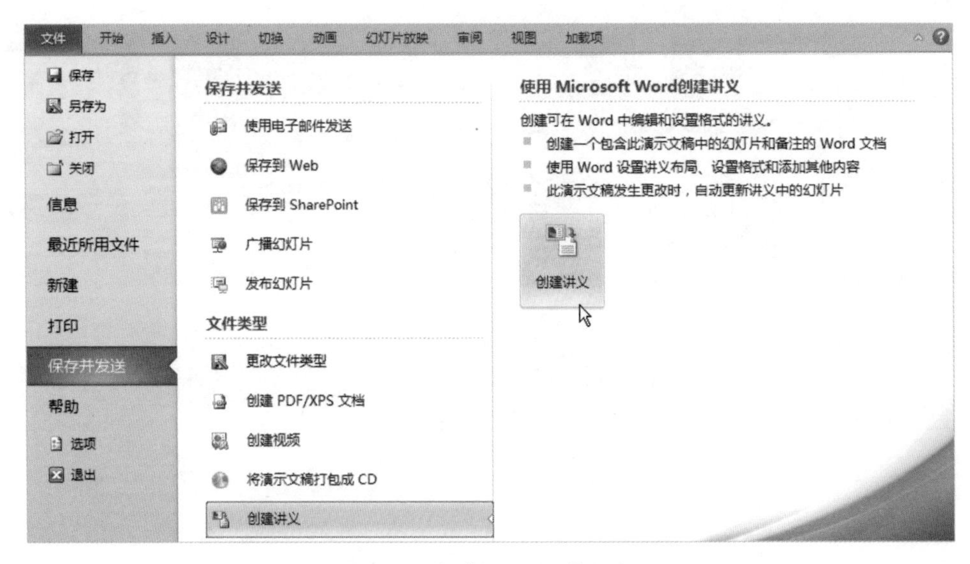

图9-8 单击“创建讲义”按钮

此时将打开“发送到Microsoft Word”对话框，在其中可选择讲义的版式，然后单击“确定”按钮确认发送到Word文档，如图9-9所示为备注在幻灯片旁的讲义版式。

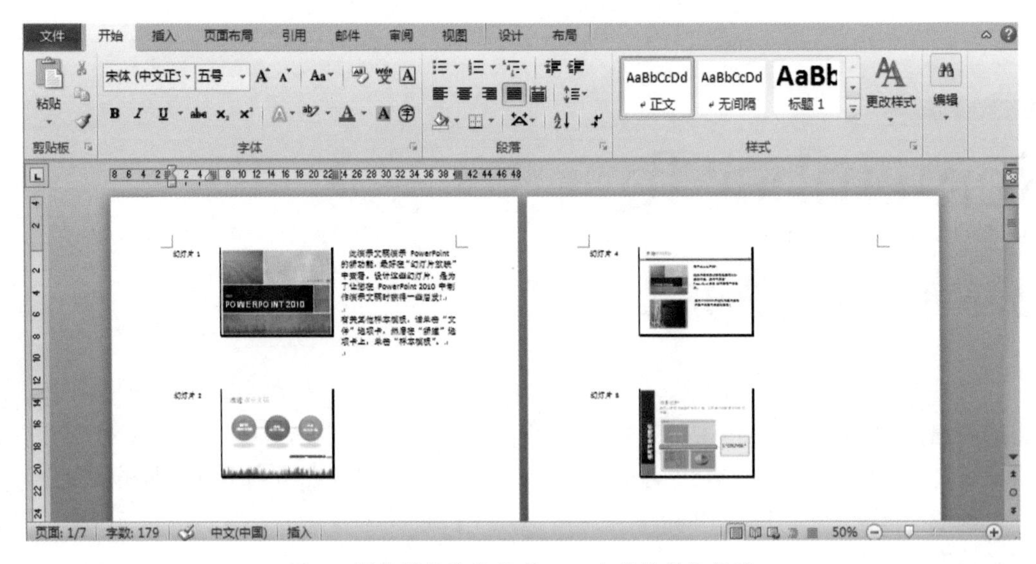

图9-9 创建讲义并发送到Word文档的最终效果

PPT红宝书……>> 09

Learn To

Play Your Best Card For Your Speech

可以为演示加分的绝招

华山论剑，每位高手都会有自己的必杀技。当然，在演讲台上，你也可以有自己的绝招。如果别人很少使用，你却适当使用了，就可能为你的演示加分。

在此，我们介绍几种较为简单的技巧，如为PPT添加隐形的备注、演讲中适当变换语调、利用道具使演讲更加生动形象等，只要合理地将这些技巧融入到你的演讲中，就可能成为你演讲的绝招。

1 绝招1——添加隐形的备注

隐形备注是演讲者容易忽略的功能。然而备注对于在大型场合进行演讲是很有帮助的，它可以在PPT放映的同时，让演讲者清楚地看到“幕后”资料，从而提高演讲的质量。

在幻灯片中添加备注一般有两种途径，如下所示。

※ 在PowerPoint的普通视图状态下，在幻灯片编辑界面下端的备注栏中插入鼠标光标并输入相应的备注内容，如图9-10所示。

图9-10 添加备注方法一

※ 第二种方法是单击“视图”选项卡中的“备注页”按钮，在工作区将出现一个页面，上半部分显示对应的幻灯片，下半部分为输入备注内容的文本框，如图9-11所示。

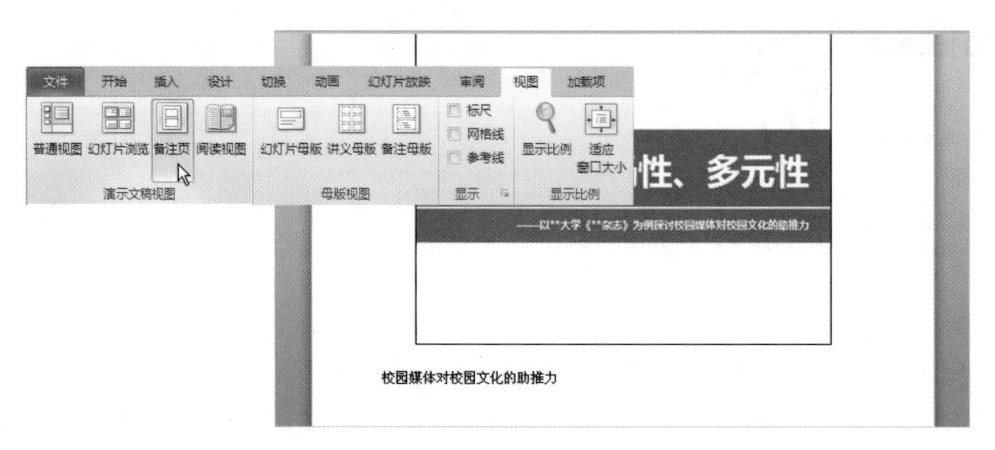

图9-11 添加备注的方法二

添加备注之后，为了不让你的受众看到你所添加的备注内容，就必须把现有的备注变成隐形的备注，即PPT的放映过程中，你能够从你的电脑中看到备注信息，但是受众却不能从屏幕上看到。这就需要我们利用“演讲者视图”来放映PPT，如图9-12所示。

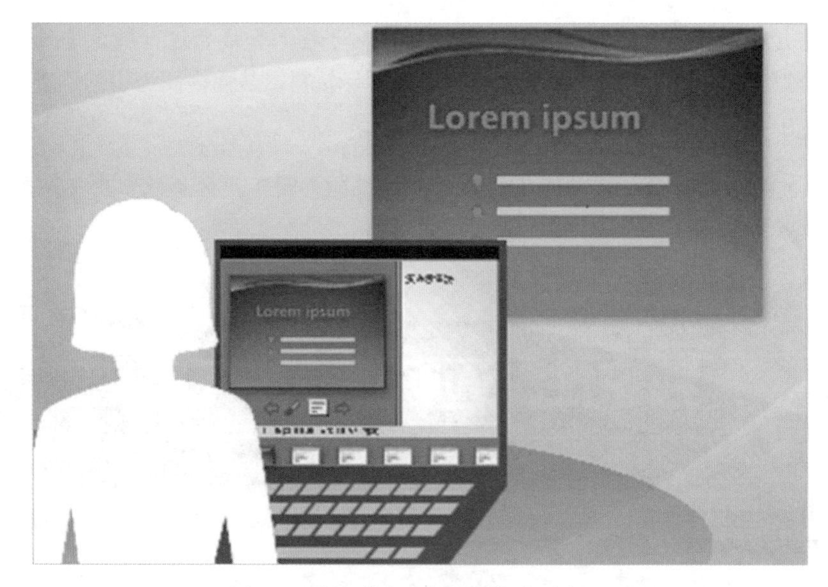

图9-12 利用“演讲者视图”查看备注

要实现这一效果的前提是你的电脑必须连接了外部的显示设备，开启显示设备；然后打开电脑的“显示 属性”对话框，切换到“设置”选项卡，在其中选择显示器“2”，并选中“将Windows 桌面扩展到该监视器上”复选框。接下来打开需要放映的演示文稿，打开 “设置放映方式”对话框，在其中的“幻灯片放映显示于”下拉列表中选择“监视器 2 默认监视器”选项，同时选中“显示演示者视图”复选框，如图9-13所示。

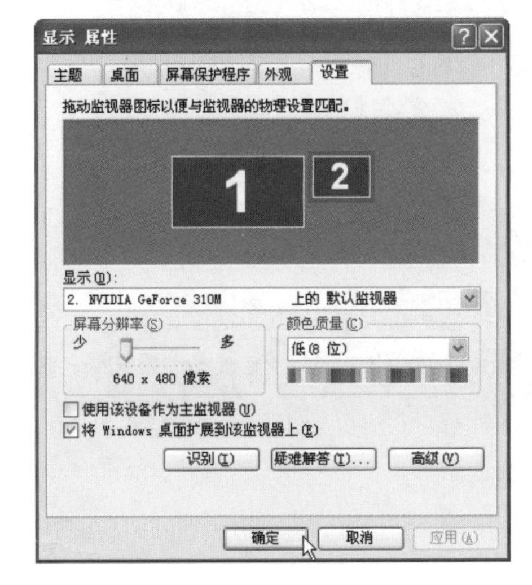

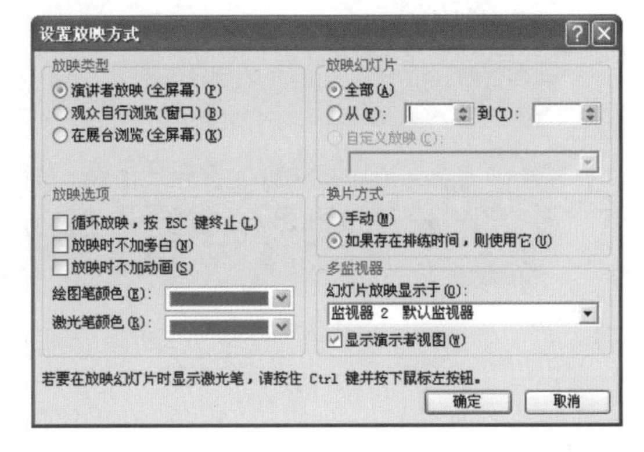

图9-13 设置显示器参数

2 绝招2——适当变换语调

我们说话时，声音的高低、强弱、平仄、停顿就构成了语调，它用以表达高兴、喜悦、难过、悲哀、愁苦、犹豫、轻松、坚定、豪迈等各种情绪。当我们长时间用同一种语调说话时，就容易让人产生疲倦感。因此，适当地变换语调有利于缓和观众的情绪，提升他们的注意力。

语调的变化无外乎轻重、快慢、高低和停顿的变化，而带动这些变化的是演讲的具体内容，以及演讲者的即时情绪，演讲现场观众的反应。具体的技巧有以下几种，如图9-14所示。

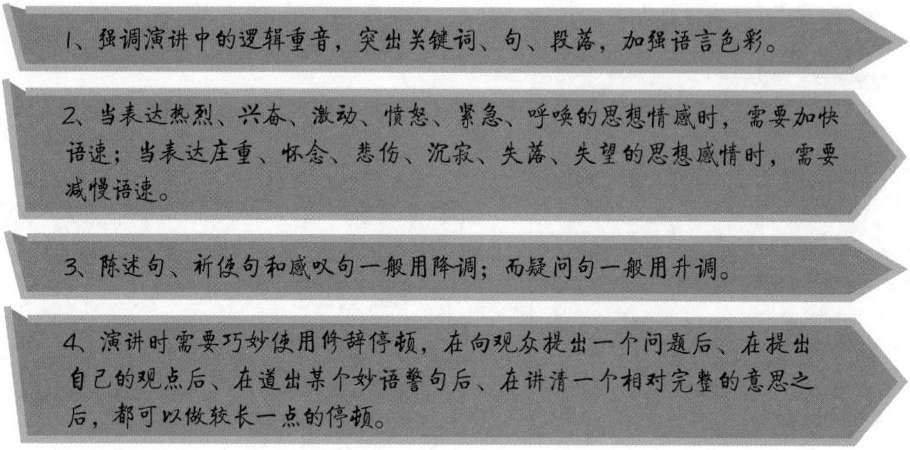

1、强调演讲中的逻辑重音，突出关键词、句、段落，加强语言色彩。

2、当表达热烈、兴奋、激动、愤怒、紧急、呼唤的思想情感时，需要加快语速；当表达庄重、怀念、悲伤、沉寂、失落、失望的思想感情时，需要减慢语速。

3、陈述句、祈使句和感叹句一般用降调；而疑问句一般用升调。

4、演讲时需要巧妙使用修辞停顿，在向观众提出一个问题后、在提出自己的观点后、在道出某个妙语警句后、在讲清一个相对完整的意思之后，都可以做较长一点的停顿。

图9-14 语调变化的技巧

3 绝招3——利用道具与受众互动

美国成功学大师戴尔·卡耐基曾说："以细节来丰富演讲，最佳的方法之一，是在其中加入道具的展示，也许，你花费数小时只为了告诉我如何挥动高尔夫球杆，而我却可能感到厌烦。可是，你若站起来表演把球击下球道时该怎么做，那我就会全神贯注倾听了。"

很多人误以为PPT就是演讲的道具，其实不然。PPT只是辅助演讲的工具。而道具可能是一张纸，一只笔，也可能是一种模型，一项产品。根据你的需要，选择最能引起受众广泛关注的道具，就能为你的演讲添色不少。